机电类新技师培养规划教材

变频调速

中国机械工业教育协会
全国职业培训教学工作指导委员会机电专业委员会　组编
陈立香　主编

机械工业出版社

本套教材是根据中国机械工业教育协会、全国职业培训教学工作指导委员会机电专业委员会组织制定的技师教学计划大纲编写的。本教材的主要内容包括通用变频器基础，通用变频器的选用、安装和维护，PLC 与变频器组成的调速系统，变频器在货梯改造中的应用，变频器在金属切削机床中的应用，变频器在恒压供水系统中的应用，变频器在风机系统中的应用，变频器在中央空调系统中的应用，变频器在注塑机中的应用等知识。在每章的最后均设有小结和复习思考题，使学生能够巩固并检验本章所学知识。

本套教材的教学计划和大纲是根据《国家职业标准》中对技师的要求制定的，内容立足岗位，以必需、够用为度，符合职业教育的特点和规律。本教材配有教学计划和大纲、电子教案，部分教材还有多媒体课件和复习思考题，可供中高级技校、技师学院、高等职业院校等教育培训机构使用。

图书在版编目（CIP）数据

变频调速/陈立香主编．—北京：机械工业出版社，2009．8（2025．1 重印）

机电类新技师培养规划教材

ISBN 978-7-111-28009-5

Ⅰ．变…　Ⅱ．陈…　Ⅲ．变频调速－技术培训－教材　Ⅳ．TM921．51

中国版本图书馆 CIP 数据核字（2009）第 142255 号

机械工业出版社（北京市百万庄大街 22 号　邮政编码 100037）
策划编辑：王英杰　王振国　责任编辑：罗子超
版式设计：张世琴　责任校对：李秋荣
封面设计：王伟光　责任印制：张　博
北京建宏印刷有限公司印刷
2025 年 1 月第 1 版第 5 次印刷
184mm×260mm · 14．25 印张 · 348 千字
标准书号：ISBN 978-7-111-28009-5
定价：39．80 元

电话服务
客服电话：010-88361066
010-88379833
010-68326294

网络服务
机　工　官　网：www. cmpbook. com
机　工　官　博：weibo. com/cmp1952
金　书　网：www. golden-book. com
机工教育服务网：www. cmpedu. com

机电类新技师培养规划教材
编审委员会

本书主编　陈立香

本书参编　宋峰青

本书主审　岳庆来

前　　言

随着全球知识经济的快速发展，我国工业化建设也呈现迅猛发展之势，因而技术工人十分缺乏。为了顺应形势的发展要求，我国出台了一系列大力发展职业教育的政策：劳动和社会保障部颁布了最新《国家职业标准》，继续实行职业准入制度，并将国家职业资格由三级（初、中、高）改为五级（初、中、高、技师、高级技师），对技术工人的工作内容、技能要求和相关知识进行了重新界定。教育部根据国务院“大力开展职业教育”的精神进行了职业教育的改革，高职学院、中职学校相应地改制、扩招，以培养更多的技术工人。

经过几年的努力，技术工人在数量上的矛盾一定程度上得到缓解，但在结构比例上的矛盾却突显出来。高级工、技师、高级技师等高技能人才在技术工人中的比重远远低于发达国家，而且他们年龄普遍偏大，文化程度偏低，学习高新技能比较困难。为打破这一局面，加快数量充足、结构合理、素质优良的技术技能型、复合技能型和知识技能型高技能人才的培养，劳动和社会保障部提出了“新技师培养带动计划”，即在完成“3年50万”新技师培养计划的基础上，力争“十一五”期间在全国培养技师和高级技师190万名，培养高级技工700万名，使我国从“世界制造业大国”逐步转变为“世界制造业强国”。为此，劳动和社会保障部决定：除在企业中培养和评聘技师外，要探索出一条在技师学院中培养技师的道路来。中国机械工业教育协会和全国职业培训教学工作指导委员会经研究决定，制定机电行业的技师培养方案。

在上述原则的指导下，中国机械工业教育协会和全国职业培训教学工作指导委员会机电专业委员会组织30多所高级技校、技师学院和企业培训中心等单位，经过广泛地调研论证，决定首批选定五个工种（职业）——模具工、机修钳工、电气维修工、焊工、数控机床操作工作为在技师学院培养技师的试点。对学制、培养目标、教学原则、专业设置、教学计划、教学大纲、课程设置、学时安排、教材定位、编写方式等，参照《国家职业标准》中相关工种对技师和高级技师的要求，结合各校、各地区企业的实际，经过历时三年的充分论证，完成了教学计划和教学大纲的制定和审定工作，并明确了教材编写的思想。

使用本套“机电类新技师培养规划教材”在技师学院培养技师，招收的学员必须符合的条件是：已取得高级职业资格（国家职业资格三级）的高级技校的毕业生，或具有高级职业资格证书的本职业或相近职业的人员。本套教材的编写充分体现“教、学、做”合一的职教办学原则，其特点如下：

（1）教材内容新，贴合岗位实际，满足职业鉴定要求。当今国际经济大格局的进程加快了各类型企业的先进加工技术、先进设备和新材料的使用，作为技师必须适应这种要求。教材中也相应增加了新知识、新技术、新工艺、新设备等方面的内容。另外，教材的内容以《国家职业标准》中对技师和高级技师的知识技能要求为基础，设置的实训项目或实例从岗位的实际需要出发，是生产实践中的综合性、典型性的技术问题，既最大限度地体现学以致用的目的，又满足学生毕业考工取得职业资格证书的需要。

(2) 针对每个工种（职业），均编写一本《相关工种技能训练》。随着全球化进程的加快，我国的生产力发展水平和职业资格体系应与国际相适应。因此，技师应该是具有高操作技能的复合型人才。例如，模具工技师不应仅是模具工方面的行家里手，还应懂得车、铣、数控、磨、刨、镗和线切割、电火花等加工技术，以适应现代制造业的发展趋势。故此《相关工种技能训练（模具工）》中，就包含上述内容。其他工种与此类似。

(3) 理论和技能有机结合。劳动和社会保障部颁布的“新技师培养带动计划”中明确指出“建立校企合作培养高技能人才”的制度，现在许多技师学院从企业中聘请具有丰富实践经验的工程技术人员作为技能课教师，各专题理论与实践融合在一起的编写方式，更适于这种教学制度。

(4) 单独编写了两本公共课教材——《实用数学》和《应用文写作》。新时代对技师的要求不仅是技术技能型人才，还应是知识技能型甚至是复合技能型的高技能人才，有一定的数学理论基础和写作能力是新技师必备的素质。《实用数学》运用微积分知识分析解决生产中的实际问题，少推理，重应用；《应用文写作》除介绍普通事务文书、经济文书、法律文书、日常事务文书的写法外，还教授科技文书的写法，其中科技论文的写法对于技师论文的写作会有很大裨益。

(5) 本套教材配有电子教案。电子教案包括教学计划、教学大纲、每章的培训目标、内容简介、重点难点，教师上课的板书，本章小结、配套习题及答案等等。

(6) 练习题是国家题库及各地鉴定考题的综合归纳和提升。

本套教材的编写得到了各技师学院、高级技工学校领导的高度重视和大力支持，编写人员都是职业教育教学一线的优秀教师，保障了这套教材的质量。在此，对为这套教材出版给予帮助和支持的所有学校、领导、老师表示衷心的感谢！

本书由陈立香任主编，宋峰青参加编写，岳庆来任主审。

由于编写时间和编者水平所限，书中难免存在不足或错误，敬请广大读者不吝赐教！

中国机械工业教育协会

全国职业培训教学工作指导委员会机电专业委员会

目　　录

第一章　通用变频器基础

本章应知

1. 变频器的额定参数。
2. 变频器的基本组成和结构。
3. 变频器变频调速的控制原理。
4. 电力电子器件的相关知识。

本章应会

1. 认识变频器。
2. 变频器面板的拆装。
3. 变频器的基本操作。

第一节　通用变频器的基本认识

一、认识三菱变频器

1. 变频器的组成部件

从外部结构上看，变频器有开启式和封闭式两种。开启式的散热性能好，但接线端子外露，适用于在电气柜内进行安装；封闭式的接线端子全部在内部，不打开盖子是看不见的。这里所讲的变频器是封闭式的。

1）变频器的外观如图 1-1 所示。中间有按键和显示窗的部件是参数单元，也叫操作单元，左上角有两个指示灯，上面的是电源指示灯，下面的是报警指示灯，电源进线和接电动机的出线孔在变频器的下部，图中看不见。

2）变频器前盖板及操作面板，如图 1-1 所示。

拆卸前盖板和操作面板后的结构如图 1-2 所示。

2. 功能单元简介

通用变频器的功能单元根据变频器生产厂家的不同而千差万别，但是它们的基本功能相同。主要功能有以下几个方面：

1）显示频率、电流、电压等参数。

2）设定操作模式、操作命令、功能码等。

3）读取变频器运行信息和故障报警信息。

4）监视变频器运行状况。

5）变频器运行参数的自整定。

6）故障报警状态的复位。

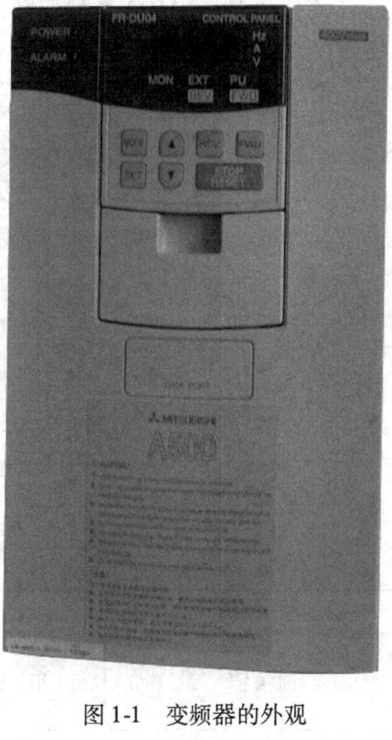

图 1-1　变频器的外观

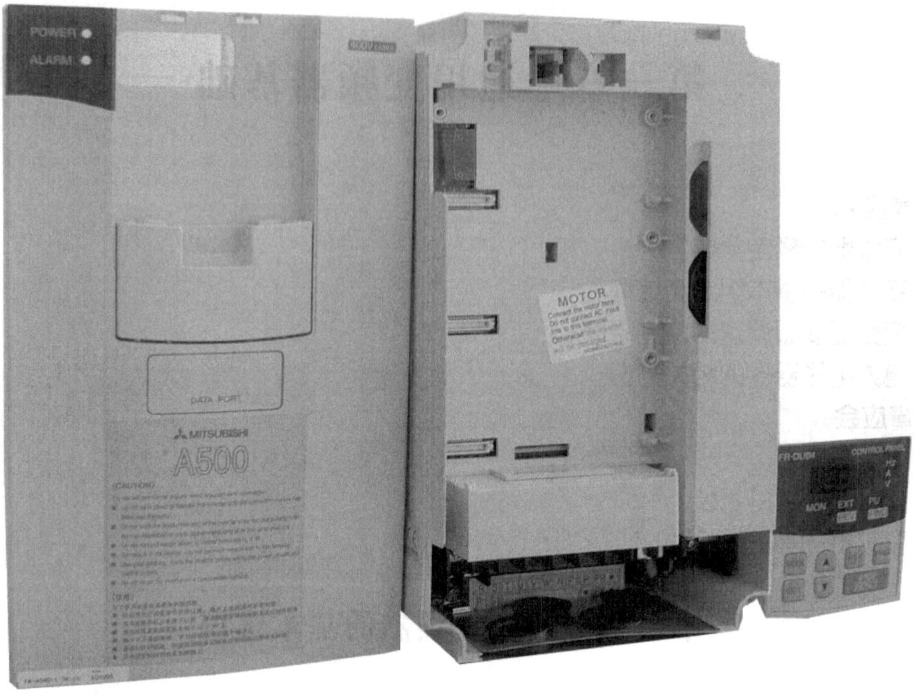

a)　　　　b)　　　　c)

图 1-2　拆去盖板后的结构

a）前盖板　b）主机　c）参数单元

三菱公司 FR—A500 系列变频器的操作面板（FR—DU04）的名称和功能如图 1-3 所示，各按键的功能及单位显示和操作状态显示见表 1-1 和表 1-2。

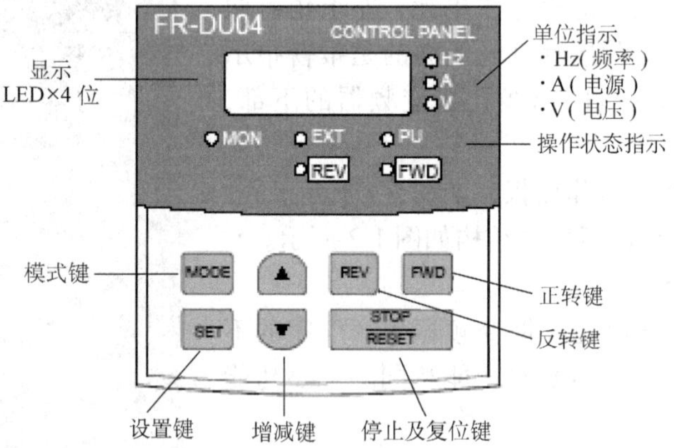

图 1-3　操作面板（FR—DU04）的名称和功能

表 1-1　各按键的功能

按　　键	功 能 说 明
MODE 键	可用于选择操作模式或设定模式

（续）

按　　键	功 能 说 明
SET键	用于确定频率和参数的设定
▲/▼键	● 用于连续增加或降低运行频率，按下这个键可改变频率 ● 在设定模式中按下此键，则可连续设定参数
FWD键	用于给出正转指令
REV键	用于给出反转指令
STOP/RESET键	● 用于停止运行 ● 用于保护功能动作输出停止时复位变频器

表 1-2　单位显示和操作状态显示

显　　示	说　　明
Hz	显示频率时点亮
A	显示电流时点亮
V	显示电压时点亮
MON	监视显示模式时点亮
PU	PU 操作模式时点亮
EXT	外部操作模式时点亮
FWD	正转时闪烁
REV	反转时闪烁

3. 通用变频器的铭牌

通用变频器的铭牌如图 1-4 所示。

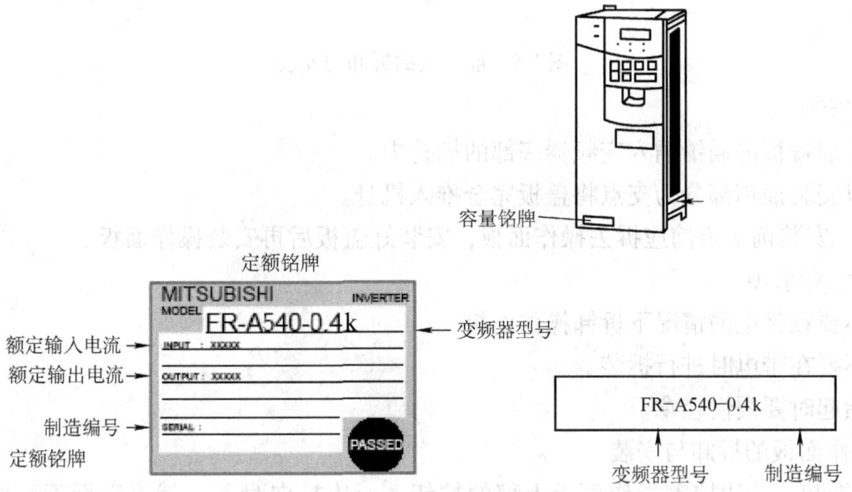

图 1-4　通用变频器的铭牌

4. 外观和结构

变频器的外观和结构如图 1-5 所示。

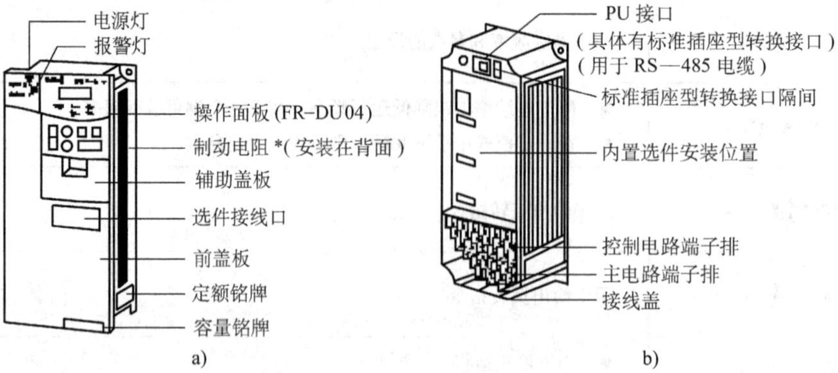

图 1-5 变频器的外观和结构

a）前视图 b）无前盖板

注：7. 5kW 以下变频器装有内置制动电阻

二、变频器的拆装

1. 前盖板的拆卸与安装

（1）拆卸

1）手握着前盖板上部两侧向下用力推。

2）握着向下的前盖板向身前拉，就可将其拆下，即使带着 PU 单元（FR—DU04/FR—PU04）时也可以连参数单元一起拆下，如图 1-6 所示。

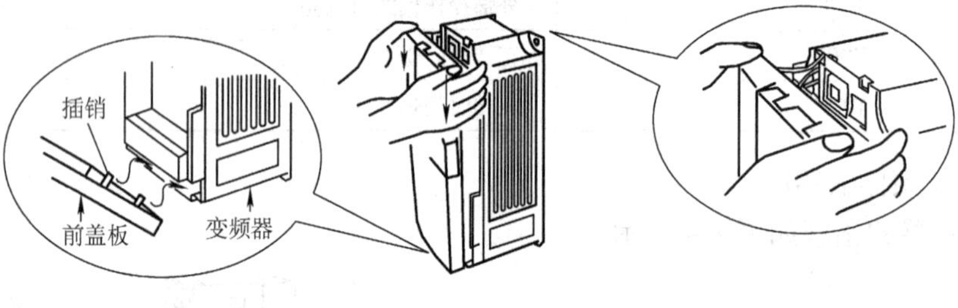

图 1-6 前盖板的拆卸与安装

（2）安装

1）将前盖板的插销插入变频器底部的插孔中。

2）以安装插销部分为支点将盖板完全推入机身。

注意：安装前盖板前应拆去操作面板，安装好盖板后再安装操作面板。

（3）注意事项

1）不要在带电的情况下拆卸操作面板。

2）不要在带电时进行拆装。

3）抬起时要缓慢轻拿。

2. 操作面板的拆卸与安装

（1）拆卸 一边按着操作面板上部的按钮，一边拉向身前，就可以拆下，如图 1-7 所示。

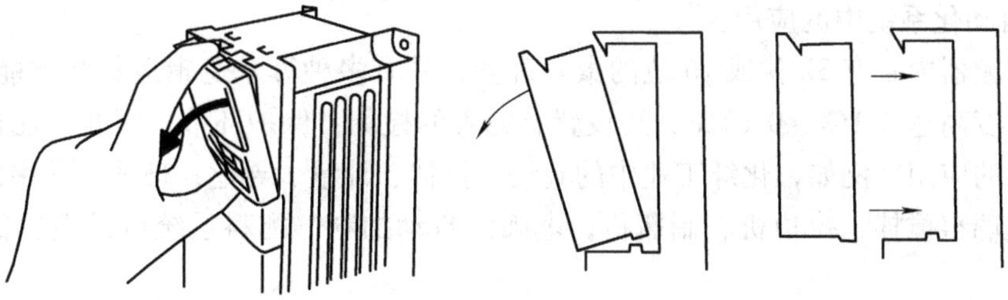

图 1-7　操作面板的拆卸与安装

（2）安装　安装时，垂直插入并牢固装上。

3. 连接电缆的安装

1）拆去操作面板。

2）拆下连接标准插座转换接口（将拆下的标准插座转换接口放置在标准插座转换接口隔间处）。

3）将电缆的一端牢固插入机身的插座上，将另一端插到 PU 单元上，如图 1-8 所示。

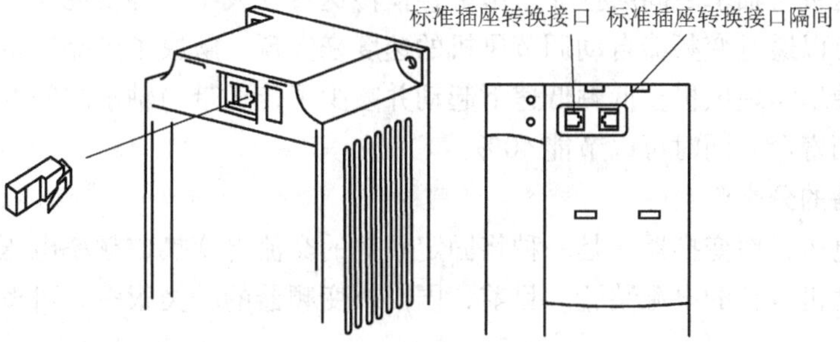

图 1-8　连接电缆的安装

注意：请不要在拆下前盖板的状态下安装操作面板。

三、变频器的应用

变频调速已被公认为最理想、最有发展前途的调速方式之一，它的应用主要在以下几个方面。

1. 在节能方面的应用

风机、泵类负载采用变频调速后，节电率可以达到 20% ~60%，这是因为风机、泵类负载的耗电功率基本与转速的三次方成比例。当用户需要的平均流量较小时，风机、泵类采用变频调速使其转速降低，节能效果非常可观。而传统的风机、泵类采用挡板和阀门进行流量调节，电动机转速基本不变，耗电功率变化不大。在此类负载上使用变频调速装置具有非常重要的意义。以节能为目的的变频器的应用，在最近十几年来推广发展非常迅速，据有关方面统计，我国已经进行变频调速改造的风机、泵类负载约占总容量的 5% 以上，年节电约 800 亿 kW · h。由于风机、水泵、压缩机在采用变频调速后，可以节省大量电能，所需的投资在较短的时间内就可以收回，因此，在这一领域中变频调速应用得最多。目前，应用较成功的有恒压供水、各类风机、中央空调和液压泵的变频调速。特别值得指出的是恒压供水，由于使用效果很好，现在已形成典型的变频控制模式，广泛应用于城乡生活用水、消防、喷灌等。恒压供水不仅节省大量电能，而且延长了设备的使用寿命，使用操作也更加方便。一些家用电器，如冰箱、空调采用变频调速，节能也取得了很好的效果。

2. 在自动化系统中的应用

由于变频器内置有32位或16位的微处理器，具有多种算术逻辑运算和智能控制功能，输出频率精度高达0.1%～0.01%，还设置有完善的检测、保护环节，因此，在自动化系统中获得广泛的应用。例如，化纤工业中的卷绕、拉伸、计量、导丝；玻璃工业中的平板玻璃退火炉、玻璃窑搅拌、拉边机、制瓶机；电弧炉自动加料、配料系统以及电梯的智能控制等。

3. 在提高工艺水平和产品质量方面的应用

变频器还可以广泛应用于传送、起重、挤压和机床等各种机械设备控制领域，它可以提高工艺水平和产品质量，减少设备的冲击和噪声，延长设备的使用寿命。采用变频调速控制后，使机械系统简化，操作和控制更加方便，有的甚至可以改变原有的工艺规范，从而提高了整个设备的功能。例如，纺织和许多行业用的定型机，机内温度是靠改变送入热风的多少来调节的。输送热风通常用的是循环风机，由于风机速度不变，送入热风的多少只有用风门来调节。如果风门调节失灵或调节不当就会造成定型机失控，从而影响成品质量。循环风机高速起动，传送带与轴承之间磨损非常厉害，使传送带变成了一种易耗品。在采用变频调速后，温度调节可以通过变频器自动调节风机的速度来实现，解决了产品质量问题；此外，变频器能够很方便地实现风机在低频低速下起动并减少了传送带与轴承之间的磨损，还可以延长了设备的使用寿命，同时可以节能40%。

四、变频器的分类

变频器即电压频率变换器，是一种将固定频率的交流电变换成频率电压连续可调的交流电，以供给电动机运转的电源装置。目前，国内外变频器的种类很多，可按以下几种方式分类。

1. 按变频的原理分类

- 变频器
  - 交-交变频器
    - 按相数分
      - 单相
      - 三相
    - 按环流情况分
      - 有环流
      - 无环流
    - 按输出波形分
      - 方波
      - 正弦波
  - 交-直-交变频器
    - 按储能方式分
      - 电压型
      - 电流型
    - 按调压方式分
      - 脉幅调制
      - 脉宽调制

(1) 交-交变频器　单相交-交变频器的原理框图如图1-9a所示。它只有一个变换环节就可以把恒压恒频（CVCF）的交流电源转换为变压变频（VVVF）电源，因此，称为直接变频器，或称为交-交变频器。

电路由P（正）组和N（负）组反并联的晶闸管变流电路构成，两组变流电路接在同一交流电源，Z为负载。两组变流器都是相控电路，P组工作时，负载电流自上而下，设为正向；N组工作时，负载电流自下而上，为负向。让两组变流器按一定的频率交替工作，负载就得到该频率的交流电，如图1-9b所示。改变两组变流器的切换频率，就可以改变输出到

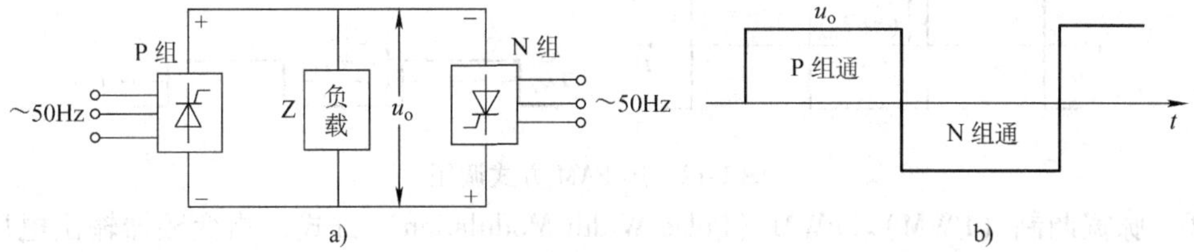

图 1-9　单相交-交变频器电路及输出电压波形

负载上的交流电压频率，改变交流电路工作时的触发延迟角 α，就可以改变交流输出电压的幅值。

对于三相负载，其他两相也各用一套反并联的可逆电路，输出平均电压相位依次相差 120°。这样，如果每个整流电路都用桥式，共需 36 个晶闸管。因此，交-交变频器虽然在结构上只有一个变换环节，但所用的器件多，设备投资大。另外，交-交变频器的最大输出频率为 30Hz，其应用受到限制。

（2）交-直-交变频器　交-直-交变频器又称为间接变频器，它是先将工频交流电通过整流器变换成直流电，再经逆变器将直流电变成频率和电压可调的交流电。图 1-10 所示为交-直-交变频器的原理框图。

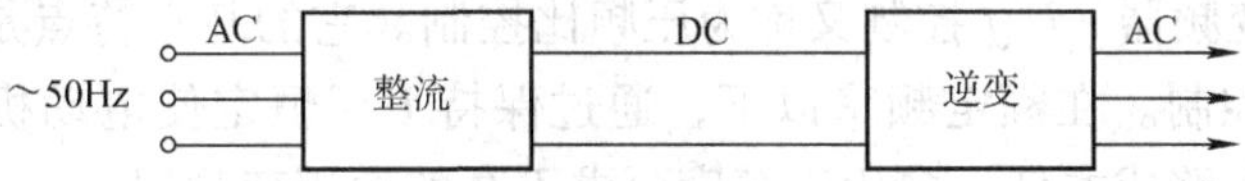

图 1-10　交-直-交变频器的原理框图

1）交-直-交变频器根据直流环节的储能方式，又分为电压型和电流型两种。

①　电压型变频器。在电压型变频器中，整流电路产生的直流电压，通过电容进行滤波后供给逆变电路。由于采用大电容滤波，故输出电压波形比较平直，在理想情况下可以看成一个内阻为零的电压源，逆变电路输出的电压为矩形波或阶梯波。电压型变频器多用于不要求正反转或快速加减速的通用变频器中。电压型变频器的主电路结构如图 1-11a 所示。

②　电流型变频器。当交-直-交变频器的中间直流环节采用大电感滤波时，直流电流波形比较平直，因而电源内阻很大，对负载来说基本上是一个电流源，逆变电路输出的交流电流是矩形波。电流型变频器适用于频繁可逆运转的变频器和大容量的变频器。电流型变频器的主电路结构如图 1-11b 所示。

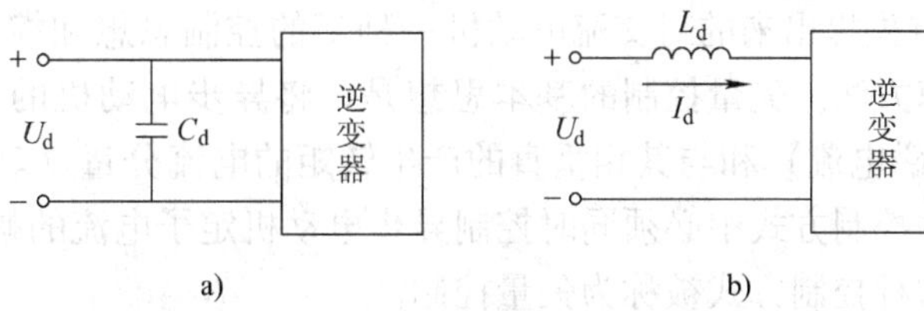

图 1-11　电压型和电流型变频器的主电路结构
a）电压型变频器　b）电流型变频器

2）根据调压方式的不同，交-直-交变频器又分为脉幅调制和脉宽调制两种。

①　脉幅调制（PAM）。PAM（Pulse Amplitude Modulation）方式，是一种改变电压源的电压 E_d 或电流源的电流 I_d 的幅值进行输出控制的方式。因此，在逆变器部分只控制频率，整流器部分只控制输出电压或电流。采用 PAM 调节电压时，变频器的输出电压波形如图 1-12 所示。

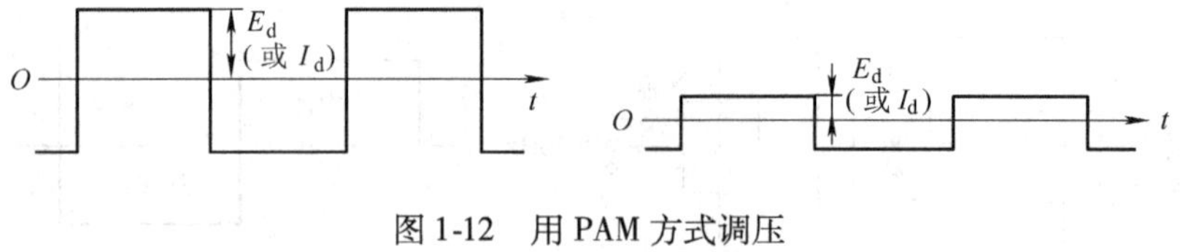

图 1-12 用 PAM 方式调压

② 脉宽调制（PWM）。PWM（Pulse Width Modulation）方式，指变频器输出电压的大小是通过改变输出脉冲的占空比来实现的。目前，使用最多的是占空比按正弦规律变化的正弦波脉宽调制，即 SPWM 方式。用 PWM 方式调压输出的波形如图 1-13 所示。

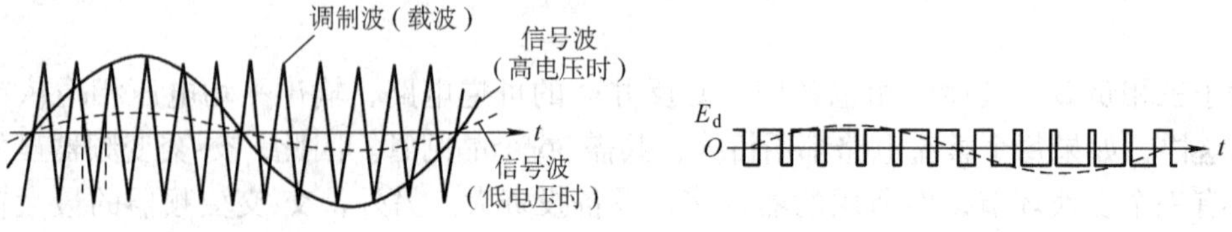

a)　　b)

图 1-13 用 PWM 方式调压输出的波形
a）调制原理 b）输出电压波形

2. 按变频器的控制方式分类

（1）*U/f* 控制变频器 *U/f* 控制又称为压频比控制。它的基本特点是对变频器输出的电压和频率同时进行控制。在额定频率以下，通过保持 *U/f* 恒定使电动机获得所需的转矩特性。这种方式控制电路成本低，多用于精度要求不高的通用变频器。

（2）SF 控制变频器 SF 控制即转差频率控制，是在 *U/f* 控制基础上的一种改进方式。采用这种控制方式，变频器通过电动机、速度传感器构成速度反馈闭环调速系统。变频器的输出频率由电动机的实际转速与转差频率之和来自动设定，从而达到在调速控制的同时也使输出转矩得到控制。该方式是闭环控制，故与 *U/f* 控制相比，调速精度与转矩特性较优。但是由于这种控制方式需要在电动机轴上安装速度传感器，并需依据电动机特性调节转差，故通用性较差。

（3）VC 变频器 VC（Vector Control）即矢量控制，是 20 世纪 70 年代由德国人 Blaschke 首先提出来的对交流电动机一种新的控制思想和控制技术，也是异步电动机的一种理想调速方法。矢量控制的基本思想是，将异步电动机的定子电流分解为产生磁场的电流分量（励磁电流）和与其相垂直的产生转矩的电流分量（转矩电流），并分别加以控制。由于在这种控制方式中必须同时控制异步电动机定子电流的幅值和相位，即控制定子电流矢量，所以这种控制方式被称为矢量控制。

矢量控制方式使异步电动机的高性能成为可能。矢量控制变频器不仅在调速范围上可以与直流电动机相匹敌，而且可以直接控制异步电动机转矩的变化，所以已经在许多需要精密或快速控制的领域得到应用。

3. 按用途分类

对一般用户来说更为关心的是变频器的用途，根据用途的不同对变频器进行如下分类。

（1）通用变频器 顾名思义，通用变频器的特点是其通用性。随着变频技术的发展和市场需求的不断扩大，通用变频器也在朝着两个方向发展：一是低成本的简易型通用变频器；二是高性能多功能的通用变频器。它们分别具有以下特点。

1）简易型通用变频器。它是一种以节能为主要目的而简化了一些系统功能的通用变频器。它主要应用于水泵、风扇、鼓风机等对于系统调速性能要求不高的场合，并具有体积小、价格低等优势。

2）高性能通用变频器。在设计过程中充分考虑了在变频器应用中可能出现的各种需要，并为满足这些需要在系统软件和硬件方面都做了相应的准备。在使用时，用户可以根据负载特性选择算法并对变频器的各种参数进行设定，也可以根据系统的需要选择厂家所提供的各种备用选件来满足系统的特殊需要。

（2）专用变频器

1）高性能专用变频器。随着控制理论、交流调速理论和电力电子技术的发展，异步电动机的矢量控制亦得到发展，矢量控制变频器及其专用电动机构成的交流伺服系统已经达到和超过了直流伺服系统。此外，由于异步电动机还具有环境适应性强、维护简单等许多直流伺服电动机所不具备的优点，在要求高速、高精度的控制中，这种高性能交流伺服变频器正在逐步代替直流伺服系统。

2）高频变频器。在超精密机械加工中常要用高速电动机。为了满足其驱动的需要，出现了采用 PAM 控制的高频变频器，其输出主频可达 3kHz，驱动两极异步电动机时的最高转速为 180000r/min。

3）高压变频器。高压变频器一般是大容量的变频器，最高功率可做到 5000kW，电压等级为 3kV、6kV、10kV。

高压大容量变频器主要有两种结构形式：一种是用低压变频器通过升降压变压器构成，称为“高-低-高”式变压变频器，亦称为间接式高压变频器；另一种采用大容量 GTO（门极关断）晶闸管或 IGCT（集成门极换流晶闸管）串联方式，不经变压器直接将高压电源整流为直流，再逆变输出高压，称为“高-高”式高压变频器，亦称为直接式高压变频器。

五、变频器的额定参数

1. 变频器的额定值

（1）输入侧的额定值　输入侧的额定值主要是电压和相数。在我国的中小容量变频器中，输入电压的额定值有以下几种情况（均为线电压）。

1）380V/50Hz，三相，这是绝大多数。

2）200～230V/50Hz 或 60Hz，三相，主要用于某些进口设备中。

3）200～230V/50Hz，单相，主要用于精细加工和家用电器。

（2）输出侧的额定值

1）输出电压额定值 U_N。由于变频器在变频的同时也要变压，所以输出电压的额定值是指输出电压中的最大值。在大多数情况下，它就是输出频率等于电动机额定频率时的输出电压值。通常，输出电压的额定值总是和输入电压相等的。

2）输出电流额定值 I_N。输出电流的额定值是指允许长时间输出的最大电流，是用户在选择变频器时的主要依据。

3）输出容量 S_N（kV·A）。S_N 与 U_N 和 I_N 的关系为

$$S_N = \sqrt{3}U_N I_N$$

4）配用电动机功率 P_N（kW）。变频器说明书中规定的配用电动机功率，是根据下式估算出来的：

$$P_N = S_N \eta_M \cos\varphi_M$$

式中　η_M——电动机的效率；

$\cos\varphi_M$——电动机的功率因数。

由于电动机功率的标称值是比较统一的，而 η_M 和 $\cos\varphi_M$ 值却很不一致，所以功率相同的电动机配用的变频器容量往往是不相同的。

变频器铭牌上的“适用电动机功率”是针对4极的电动机而言，若拖动的电动机是6极或其他，那么相应的变频器容量加大。

5）过载能力。变频器的过载能力是指其输出电流超过额定电流的允许范围和时间。大多数变频器都规定为150% I_N、60s，180% I_N、0.5s。

六、变频器的构成

变频器的内部结构框图如图1-14所示。

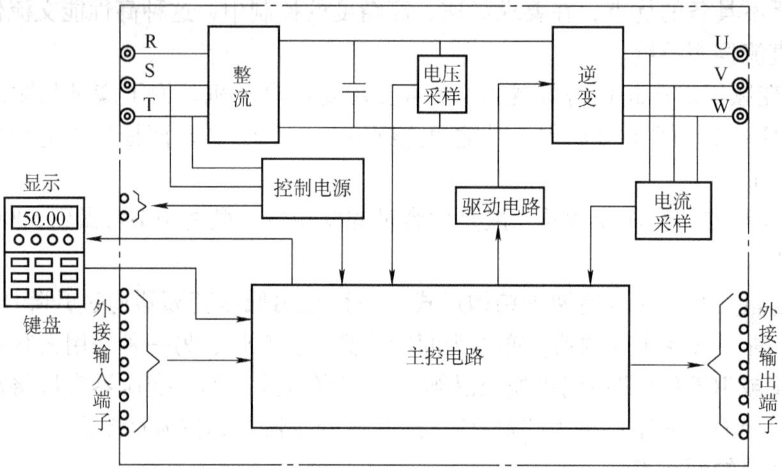

图1-14　变频器内部结构框图

1. 主控电路

（1）主控电路的基本任务

1）接收各种信号。

①　在功能预置阶段，接收对各功能的预置信号。

②　接收从键盘或外接输入端子输入的给定信号。

③　接收从外接输入端子输入的控制信号。

④　接收从电压、电流采样电路以及其他传感器输入的状态信号。

2）进行基本运算。最主要的运算包括：

①　进行矢量控制运算或其他必要的运算。

②　实时地计算出SPWM波形各切换点的时刻。

3）输出计算结果。

①　输出至逆变器件模块的驱动电路，使逆变器件按给定信号及预置要求输出SPWM电压波。

②　输出给显示器，显示当前的各种状态。

③　输出给外接输出控制端子。

（2）主控电路的其他任务

1）实现各项控制功能。接受从键盘和外接输入端子输入的各种控制信号，对 SPWM 信号进行启动、停止、升速、降速、点动等的控制。

2）实施各项保护功能。接受从电压、电流采样电路以及其他传感器（如温度传感器）的信号，结合功能中预置的限值，进行比较和判断，如认为已经出现故障，则：

① 停止发出 SPWM 信号，使变频器中止输出。

② 向输出控制端输出报警信号。

③ 向显示器输出故障原因信号。

2. 控制电源、采样及驱动电路

（1）控制电源　控制电源为以下各部分提供稳压电源。

1）主控电路：主控电路以微机电路为主体，要求提供稳定性非常高的 0 ~ +5V 电源。

2）外控电路：

① 为给定电位器提供电源，通常为 0 ~ +5V 或 0 ~ +10V；

② 为外接传感器提供电源，通常为 0 ~ +24V。

（2）采样电路　采样电路的作用主要是提供控制用数据和保护采样。

1）提供控制用数据。尤其是进行矢量控制时，必须测定足够的数据，提供给微机进行矢量控制运算。

2）提供保护采样。将采样值提供给各保护电路（在主控电路内），在保护电路内与有关的极限值进行比较，必要时采取跳闸等保护措施。

（3）驱动电路　用于驱动各逆变管。如逆变管为 GTR，则驱动电路还包括以隔离变压器为主体的专用驱动电源。但现在大多数中、小容量变频器的逆变管都采用 IGBT，逆变管的控制极和集电极、发射极之间是隔离的，不再需要隔离变压器，故驱动电路常常和主控电路在一起。

3. 整流电路

整流电路的功能是将交流电转换为直流电，变频器中应用最多的是三相桥式整流电路。按使用的器件不同，整流电路可分为不可控整流电路和可控整流电路。

（1）不可控整流电路

1）不可控整流电路的原理分析。不可控整流电路使用的器件为功率二极管，不可控整流电路按输入交流电源的相数不同分为单相整流电路、三相整流电路和多相整流电路。下面对变频器中应用最多的三相整流电路的工作原理加以说明。

图 1-15 所示为三相桥式整流电路，为分析电路工作原理方便，我们以电阻负载为例。

三相桥式整流电路共有 6 只整流二极管，其中，VD1、VD3、VD5 3 只管子的阴极连接在一起，称为共阴极组；VD4、VD6、VD2 3 只管子的阳极连接在一起，称为共阳极组。

三相对称交流电源 u_R、u_S、u_T 的波形如图 1-15a 所示，分别接在 R、S、T 端。共阴极组的二极管哪一个阳极电位最高，哪只二极管优先导通；共阳极组的二极管哪一个阴极电位最低，哪只二极管优先导通。同一个时间内只有两只二极管导通，即共阴极组的阳极电位最高的二极管和共阳极组的阴极电位最低的二极管构成导通回路，其余 4 只二极管承受反向电压而截止。在三相交流电压自然换相点换流导通。

把三相交流电压波形在一个周期内 6 等分如图 1-15a 中 t_1，t_2，…，t_6 所示。在 0 ~ t_1 期

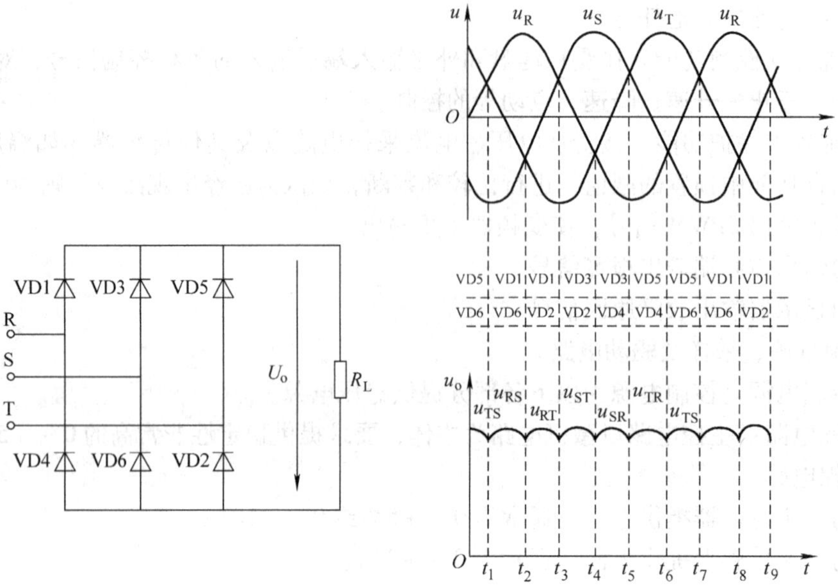

a)　　　　b)

图 1-15　三相桥式整流电路及电压波形

间，电压 $u_T > u_R > u_S$，因此，电路中 T 点电位最高，S 点电位最低，于是二极管 VD5、VD6 先导通，电流的通路是 T→VD5→R_L→VD6→S，忽略二极管正向压降，负载电阻 R_L 上得到电压 $u_o = u_{TS}$。二极管 VD5 导通后，使 VD1、VD3 阴极电位为 u_T，而承受反向电压截止。同理，VD6 导通，二极管 VD4、VD2 也截止。

在自然换相点 t_1 稍后，电压 $u_R > u_T > u_S$，于是二极管 VD5 与 VD1 换流，VD5 截止，VD1 导通，VD6 仍旧导通，即在 $t_1 \sim t_2$ 期间，二极管 VD6、VD1 导通，其余截止，电流通路是 R→VD1→R_L→VD6→S→R，负载电阻 R_L 上的电压 $u_o = u_{RS}$。

在自然换相点 t_2 稍后，电压 $u_R > u_S > u_T$，即在 $t_2 \sim t_3$ 期间，二极管 VD1、VD2 导通，其余截止，电流通路是 R→VD1→R_L→VD2→T→R，负载电阻 R_L 上的电压 $u_o = u_{RT}$。

依此类推，得到电压波形如图 1-15b 所示。二极管导通的顺序为（VD5、VD6）→（VD1、VD6）→（VD1、VD2）→（VD2、VD3）→（VD3、VD4）→（VD4、VD5）→（VD5、VD6），共阴极组 3 只二极管 VD1、VD3、VD5 在 t_1、t_3、t_5 换流导通；共阳极组 3 只二极管 VD2、VD4、VD6 在 t_2、t_4、t_6 换流导通。一个周期内，每只二极管导通 1/3 周期，即导通角为 120°，负载电阻 R_L 两端电压 u_o 等于变压器二次绕组线电压的包络值，极性始终是上正下负。

通过计算可得到负载电阻 R_L 上的平均电压为

$$U_o = 2.34U_2 \tag{1-1}$$

式中，U_2 为相电压的有效值。

2）不可控整流电路使用的元器件。不可控整流电路使用的器件为电力二极管（PD）。下面我们来认识它，在使用时要查有关使用手册。

电力二极管（PD）是指可以承受高电压大电流具有较大耗散功率的二极管。电力二极管的内部结构是一个 PN 结，加正向电压导通，加反向电压截止，是不可控的单向导通器件。电力二极管与普通二极管的结构、工作原理和伏安特性相似，但它的主要参数和选择原则等则不尽相同。电力二极管的图形符号和外形如图 1-16 所示，其中，A 为阳极、K 为阴极，其伏安特性如图 1-16d 所示，其主要参数有正向平均电流 I_F、反向重复峰值电压 U_{RRM}、正向平均电压 U_F 等。

a)　　b)　　c)　　d)

图 1-16　电力二极管的图形符号、外形和特性曲线

a）图形符号　b）螺旋式二极管外形　c）平板式二极管外形　d）伏安特性曲线

（2）可控整流电路　将图 1-15 所示三相桥式整流电路中的二极管换为晶闸管，就成为三相桥式全控整流电路，如图 1-17 所示。

图 1-18 所示为三相桥式全控整流电路当 $\alpha=0°$ 时的电压波形。由图 1-18 可见，三相交流电源电压 u_R、u_S、u_T 正半波的自然换相点为 1、3、5，负半波的自然换相点为 2、4、6。

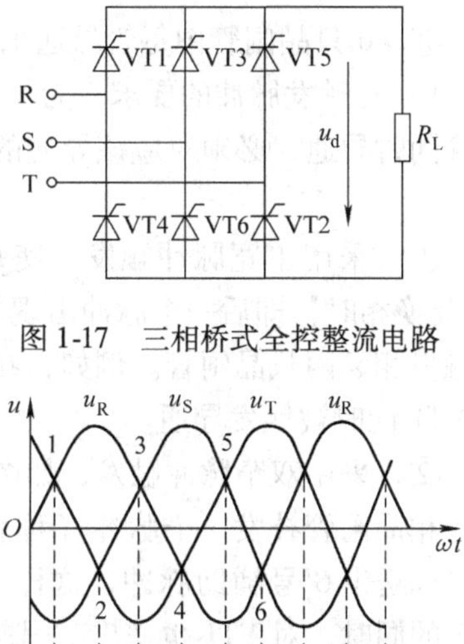

图 1-17　三相桥式全控整流电路

根据晶闸管的导通条件，当晶闸管阳极承受正向电压时，在它的门极和阴极两端也加正的触发电压，晶闸管才能导通。因此，我们让触发电路先后向各自所控制的 6 只晶闸管的门极（对应自然换相点）送出触发脉冲，即在三相电源电压正半波的 1、3、5 点向共阴极组晶闸管 VT1、VT3、VT5 输出触发脉冲；在三相电源电压负半波的 2、4、6 点向共阳极组晶闸管 VT2、VT4、VT6 输出触发脉冲。负载上所得到的整流输出电压 u_d 波形如图 1-18 所示的由三相电源线电压 u_{RS}、u_{RT}、u_{ST}、u_{SR}、u_{TR} 和 u_{RS} 的正半波所组成的包络线，各相电压的交点处就是三相桥式全控整流电路 6 只晶闸管 VT1 ~ VT6 的换相点，也就是晶闸管触发延迟角 α 的起始点。

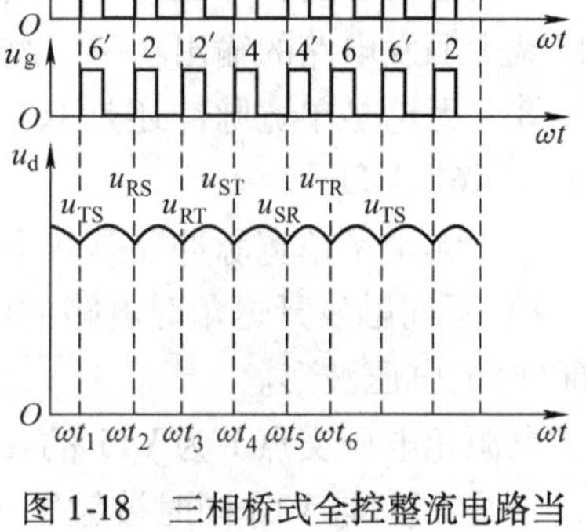

图 1-18　三相桥式全控整流电路当 $\alpha=0°$ 时的电压波形

在 $\omega t_1 \sim \omega t_2$ 区间，R 相电位最高，S 相电位最低，此时共阴极组的 VT1 和共阳极组的 VT6 同时被触发导通。电流由 R 相经 VT1 流向负载，又经 VT6 流入 S 相。假设共阴极组流过 R 相电流为正，那么共阳极组流过 R 相电流就应为负。在这区间 VT1 和 VT6 工作，

所以输出电压为

$$u_d = u_R - u_S = u_{RS}$$

经60°后进入$\omega t_2 \sim \omega t_3$区间，R相电位仍然最高，所以VT1继续导通，但T相晶闸管VT2的阴极电位变为最低。在自然换相点2处，即ωt_2时刻，VT2被触发导通，VT2的导通使VT6承受u_{TS}反向电压而被迫关断。这一区间负载电流仍然从R相流出经VT1、负载、VT2而回到电源u_T相，这一区间的整流输出电压为

$$u_d = u_R - u_T = u_{RT}$$

又经60°后进入$\omega t_3 \sim \omega t_4$区间，S相电位变为最高，在VT3的自然换相点3处，即ωt_3时刻，VT3被触发导通。T相晶闸管VT2的阴极电位仍为最低，负载电流从R相换到从S相流出，经VT3、负载、VT2回到电源T相。这一区间的整流输出电压为

$$u_d = u_S - u_T = u_{ST}$$

其他区间，依此类推，并遵循以下规律：

① 三相全控桥整流电路任一时刻必须有两只晶闸管同时导通，才能形成负载电流，其中，一只在共阳极组，另一只在共阴极组。

② 整流输出电压u_d波形是由电源线电压u_{RS}、u_{RT}、u_{ST}、u_{SR}、u_{TR}和u_{RS}的轮流输出所组成的。晶闸管的导通顺序为（VT6和VT1）→（VT1和VT2）→（VT2和VT3）→（VT3和VT4）→（VT4和VT5）→（VT5和VT6）。

③ 6只晶闸管中每管导通120°，每间隔60°有一只晶闸管换流。

1）对触发脉冲的要求。为了保证整流桥路在任何时刻共阴极组和共阳极组各有一只晶闸管同时导通，必须对应该导通的一对晶闸管同时给出触发脉冲，为此可用以下两种触发方式。

① 采用单宽脉冲触发，使每一个触发脉冲的宽度大于60°而小于120°，这样在相隔60°要换相时，即后一个脉冲出现的时刻，前一个脉冲还未消失，因此在任何换相点均能同时触发相邻两只晶闸管。例如，在触发VT2时，由于VT1的触发脉冲ωt_1还未消失，故VT2与VT1同时被触发导通。

② 采用双窄脉冲触发，如图1-18所示，在触发某一相晶闸管时，触发电路能同时给前一相晶闸管补发一个脉冲（称辅助脉冲）。例如，在送出1号脉冲触发VT1的同时，对VT6也送出6′号辅助脉冲，这样VT1与VT6就能同时被触发导通；在送出2号脉冲触发VT2的同时，对VT1也送出1′号辅助脉冲，这样VT2与VT1就能同时被触发导通。其余各管依次被触发导通，保证任一时刻有两管同时工作。双窄脉冲的触发电路虽然较复杂，但它可以减少触发电路的输出功率，缩小脉冲变压器的铁心体积，故这种触发方式用的较多。

③ 无论是单宽脉冲还是双窄脉冲，触发脉冲的发放顺序为VT1→VT2→VT3→VT4→VT5→VT6→VT1。

④ 无论是单宽脉冲还是双窄脉冲，触发脉冲的间隔为60°。

2）不同触发延迟角时电路的电压波形。假设三相全控桥带的是电阻负载，现在分析$\alpha=60°$时的电压波形。

电源相电压交点1为VT1的α起算点，过该点60°触发电路同时向VT1与VT6送出窄脉冲，于是VT1与VT6同时被触发导通，输出整流电压$u_d = u_{RS}$。经过60°电角度u_{RS}波形已降到零，但此时触发电路又立即同时触发VT1与VT2导通。VT2的导通，使VT6受反压而被

关断，于是输出整流电压 $u_d = u_{RT}$ 波形。其余依次类推，如图 1-19 所示。

α 为其他角度的电压波形请读者自行分析。

三相桥式可控整流电路所带负载为电感时，输出电压平均值可用下式计算

$$U_d = 2.34U_2\cos\alpha \qquad (1\text{-}2)$$

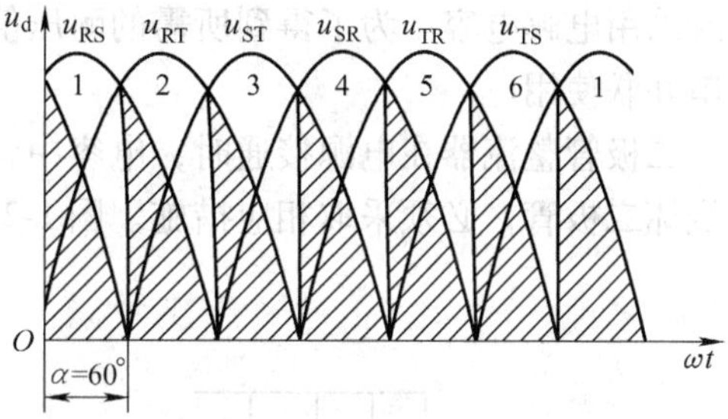

图 1-19　α = 60°时的电压波形

3）可控整流电路使用的器件。可控整流电路使用的器件通常为普通晶闸管（SCR）。普通晶闸管（SCR）是双极型电流控制器件，其图形符号和外形如图 1-20 所示，其中，A 为阳极、K 为阴极、G 为门极，其伏安特性如图 1-21 所示。当对晶闸管的阳极和阴极两端加正向电压，同时在它的门极和阴极两端也加适当正向电压时，晶闸管开通。但导通后门极失去控制作用，不能用门极控制晶闸管关断，所以它是半控器件。其主要参数有断态重复峰值电压 U_{DRM}、反向重复峰值电压 U_{RRM}、通态平均电压 $U_{T(AV)}$、通态平均电流 $I_{T(AV)}$、维持电流 I_H、擎住电流 I_L、通态浪涌电流 I_{TSM} 等。

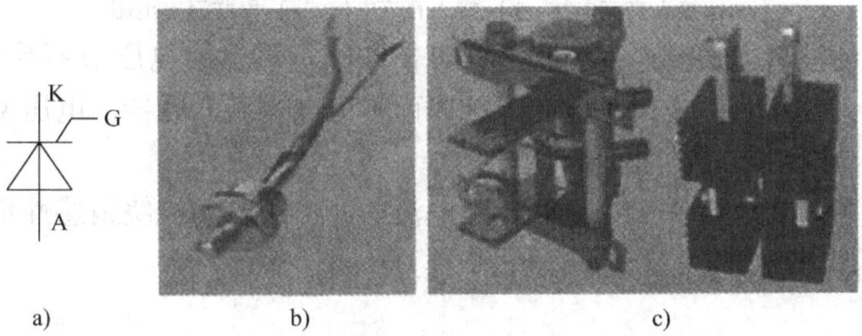

图 1-20　晶闸管的图形符号和外形

a）图形符号　b）螺栓式外形　c）带有散热器的平板式外形

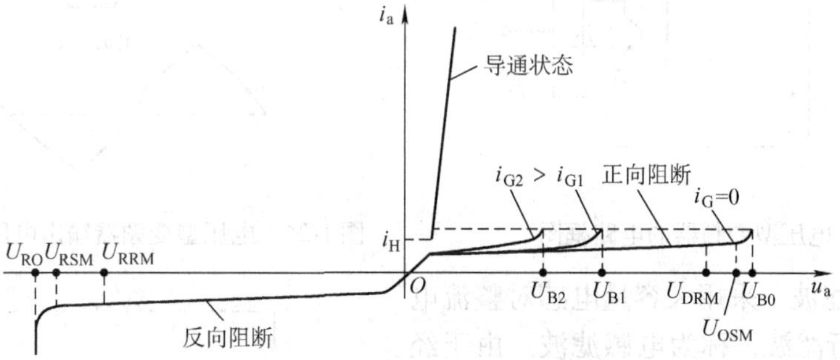

图 1-21　晶闸管的伏安特性曲线

4. 滤波电路

在图 1-14 中，整流电路和逆变电路之间的电容器属于变频器的滤波电路。

虽然利用整流电路可以从电网的交流电源得到直流电压或直流电流，但这种电压或电流含有频率为电源频率 6 倍的纹波，如果将其直接供给逆变电路，则逆变后的交流电压、电流纹波很大。因此，必须对整流电路的输出进行滤波，以减少电压或电流的波动，这种电路称为滤波电路。

（1）电容滤波　通常用大容量电容对整流电路输出电压进行滤波。由于电容量比较大，一般采用电解电容。为了得到所需的耐压值和容量，往往根据变频器容量的要求，将电容进行串并联使用。

二极管整流器在电源接通时，电容中将流过较大的充电电流（亦称为浪涌电流），有可能烧坏二极管，必须采取相应措施。图1-22给出了几种抑制浪涌电流的方式。

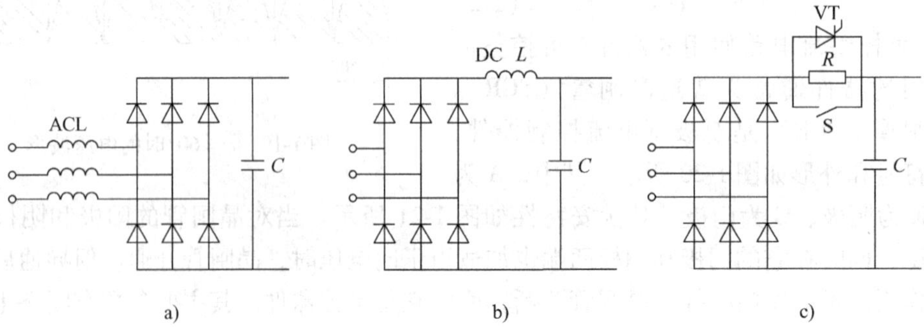

图1-22　电容滤波电路抑制浪涌电流的方式

a）接入交流电抗　b）接入直流电抗　c）串联充电电阻

采用大电容滤波后再送给逆变器，这样可使加于负载上的电压值不受负载变动的影响，基本保持恒定。该变频电源类似于电压源，因而称为电压型变频器。电压型变频器的电路框图如图1-23所示。

电压型变频器逆变电压波形为方波，而电流的波形经电动机绕组感性负载滤波后接近于正弦波，如图1-24所示。

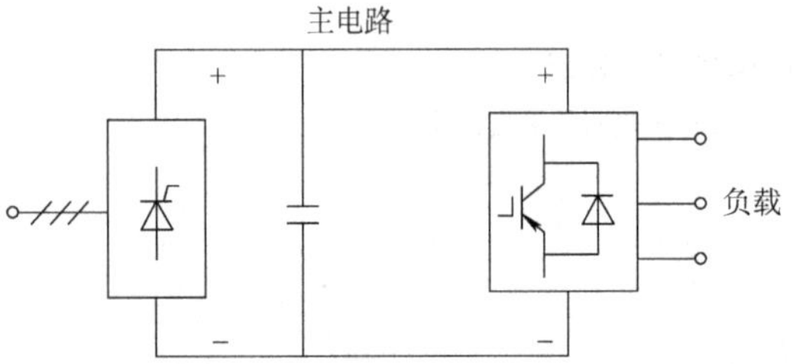

图1-23　电压型变频器的电路框图

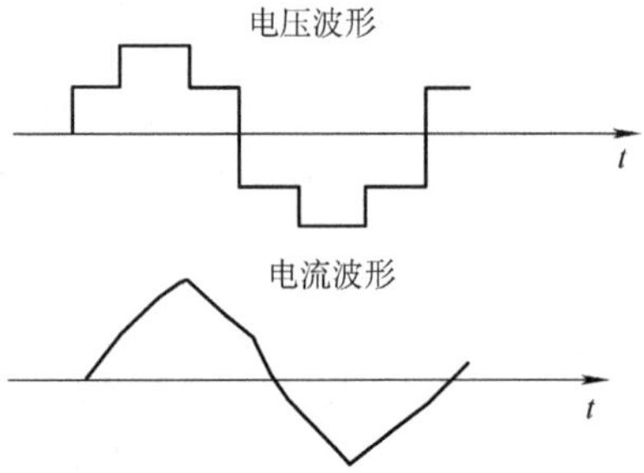

图1-24　电压型变频器输出电压和电流的波形

（2）电感滤波　采用大容量电感对整流电路输出电流进行滤波，称为电感滤波。由于经电感滤波后加于逆变器的电流值稳定不变，所以输出电流基本不受负载的影响，电源外特性类似电流源，因而称为电流型变频器。图1-25所示为电流型变频器的电路框图。

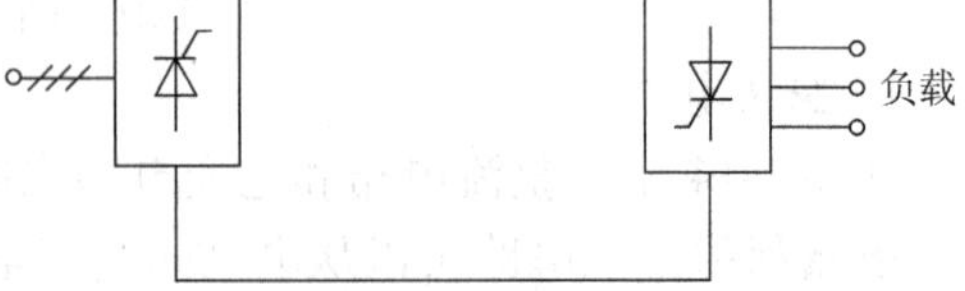

图1-25　电流型变频器的电路框图

电流型变频器逆变电流波形为方波，而电压的波形经电动机绕组感性负载的滤波后接近于正弦波，图1-26所示为电流型变频器输出电压及电流的波形。

5. 逆变电路

(1) 逆变电路的工作原理 将直流电压变换为交流电压的电路称为逆变电路，也简称为逆变器，图 1-27a 所示为单相桥式逆变器，4 个桥臂由开关构成，输入直流电压 E，逆变器负载是电阻 R。当将开关 S1、S4 闭合，S2、S3 断开时，电阻上得到左正右负的电压；间隔一段时间后将开关 S1、S4 打开，S2、S3 闭合，电阻上得到右正左负的电压。我们以频率 f 交替切换 S1、S4 和 S2、S3，在电阻上就可以得到图 1-27b 所示的电压波形。显然这是一种交变的电压，随着电压的变化，电流也从一个支路转移到另外一个支路，通常将这一过程称为换相或换流。

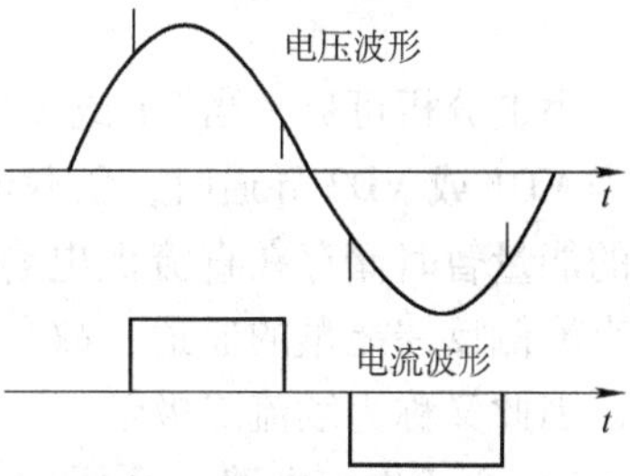

图 1-26 电流型变频器输出电压及电流的波形

(2) 逆变电路的基本形式

1) 半桥逆变电路。图 1-28a 所示为半桥逆变电路，直流电压 U_d 加在两个串联的容量足够大的相同电容的两端，并使得两个电容的连接点为直流电源的中点，即每个电容上的电压为 $U_d/2$。由两个导电臂交替工作使负载得到交变电压和电流，每个导电臂由一个功率晶体管与一个反并联二极管所组成。

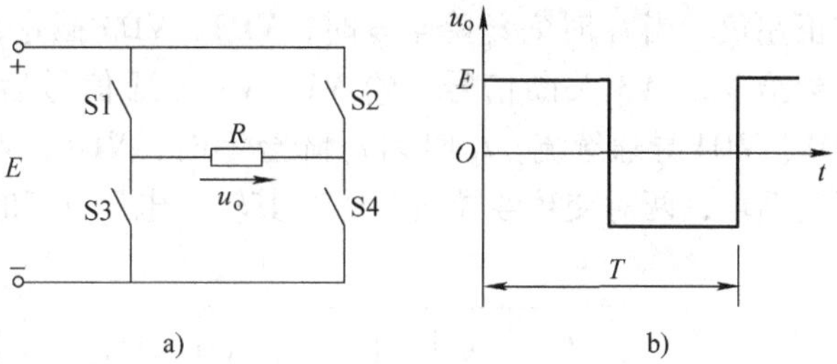

图 1-27 逆变器的工作原理

a) 单相桥式逆变电路 b) 工作电压波形

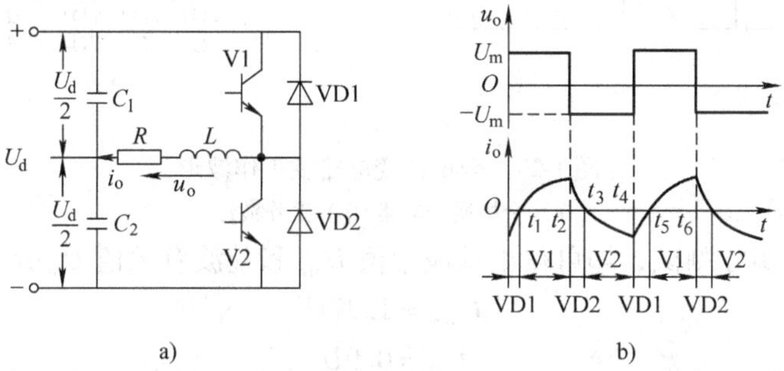

图 1-28 半桥逆变电路及工作波形

a) 半桥逆变电路 b) 工作波形

电路工作时，两只功率晶体管 V1、V2 基极信号交替正偏和反偏，二者互补导通与截止。若电路负载为感性，其工作波形如图 1-28b 所示，输出电压为矩形波，幅值为 $U_m = U_d/2$。负载电流 i_o 波形与负载阻抗角有关。设 t_2 时刻之前 V1 导通，电容 C_1 两端的电压通过导通的 V1 加在负载上，极性为右正左负，得负载电流 i_o 由右向左。t_2 时刻给 V1 关断信号，给 V2 导通信号，则 V1 关断，但感性负载中的电流 i_o 方向不能突变，于是 VD2 导通续流，电容 C_2 两端电压通过导通的 VD2 加在负载两端，极性为左正右负。当 t_3 时刻 i_o 降至零时，VD2 截止，V2 导通，i_o 开始反向。同样在 t_4 时刻给 V2 关断信号，给 V1 导通信号后，V2 关断，i_o 方向不能突变，由 VD1 导通续流。t_5 时刻 i_o 降至零时，VD1 截止，V1 导通，i_o 反向。

由上分析可见，当 V1 或 V2 导通时，负载电流与电压同方向，直流侧向负载提供能量；而当 VD1 或 VD2 导通时，负载电流与电压反方向，负载中电感的能量向直流侧反馈，反馈回的能量暂时储存在直流侧电容器中，电容器起缓冲作用。由于二极管 VD1、VD2 是负载向直流侧反馈能量的通道，故称反馈二极管；同时 VD1、VD2 也起着使负载电流连续的作用，因此又称为续流二极管。

2）全桥逆变电路。全桥逆变电路可看作两个半桥逆变电路的组合。电路原理如图 1-29a 所示。直流电压 U_d 接有大电容 C，使电源电压稳定。电路中的 4 个桥臂，桥臂 1、4 和桥臂 2、3 组成两对，工作时，设 t_2 时刻之前 V1、V4 导通，负载上的电压极性为左正右负，负载电流 i_o 由左向右。t_2 时刻给 V1、V4 关断信号，给 V2、V3 导通信号，则 V1、V4 关断，但感性负载中的电流 i_o 方向不能突变，于是 VD2、VD3 导通续流，负载两端电压的极性为右正左负。当 t_3 时刻 i_o 降至零时，VD2、VD3 截止，V2、V3 导通，i_o 开始反向。同样在 t_4 时刻给 V2、V3 关断信号，给 V1、V4 导通信号后，V2、V3 关断，i_o 方向不能突变，由 VD1、VD4 导通续流。t_5 时刻 i_o 降至零时，VD1、VD4 截止，V1、V4 导通，i_o 反向，如此反复循环，两对交替各导通 180°。其输出电压 u_o 和负载电流 i_o 如图 1-29b 所示。

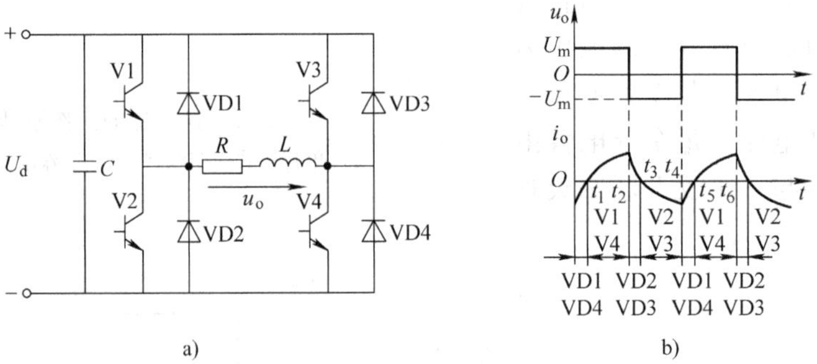

图 1-29 全桥逆变电路及工作波形

a）全桥逆变电路 b）工作波形

经数学分析或实际测试，均可得出基波幅值 U_{o1m} 和基波有效值 U_{o1} 分别为

$$U_{o1m}=1.27U_d \tag{1-3}$$

$$U_{o1}=0.9U_d \tag{1-4}$$

3）三相桥式逆变电路。变频器中应用最多的是三相桥式逆变电路。图 1-30 所示为由电力晶体管（GTR）组成的三相桥式逆变电路，该电路关键就是对开关器件电力晶体管进行控制，通常采用 SPWM 控制方式，这将在后述章节详细讲述。

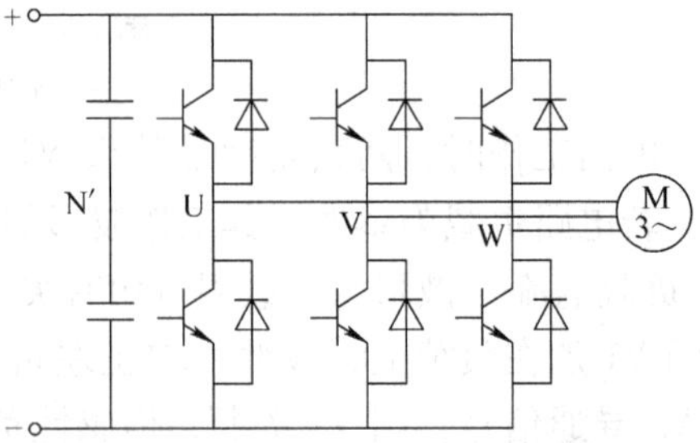

图 1-30 三相桥式逆变电路

（3）逆变电路常用的电力电子器件 逆变器常用的开关器件有：普通型和快速型晶闸管（SCR）、门极关断（GTO）晶闸管、大功率晶体管（GTR）、功率场效应晶体管（P-MOSFET）、绝缘栅双极型晶体管（IGBT）等。普通型和快速型晶闸管作为逆变器的开关器件时，因其阳极

与阴极两端加有正向直流电压，只要在它的门极加正的触发电压，晶闸管就可以导通。但晶闸管导通后门极失去控制作用，要让它关断就困难了，必须设置关断电路，因而很少使用。如用全控器件，可以在器件的门极（或称为栅极、基极）加控制信号使其导通和关断，换流控制自然就简单多了。下面逐一作简单介绍，在使用时要查有关使用手册。

1）门极关断（GTO）晶闸管。门极关断晶闸管的开通控制与晶闸管一样，但门极加负电压可使其关断，具有自关断能力，属于全控器件。其结构和图形符号如图 1-31 所示，其中，A 为阳极、K 为阴极、G 为门极，它的外形与普通晶闸管一样，其开关特性如图 1-32 所示，图中 t_d 为延迟时间、t_r 为上升时间、t_s 为储存时间、t_f 为下降时间、t_t 为尾部时间。其多数参数与普通晶闸管相同，另外，有最大可关断阳极电流 I_{TGQM} 和关断增益 G_{off} 等参数。

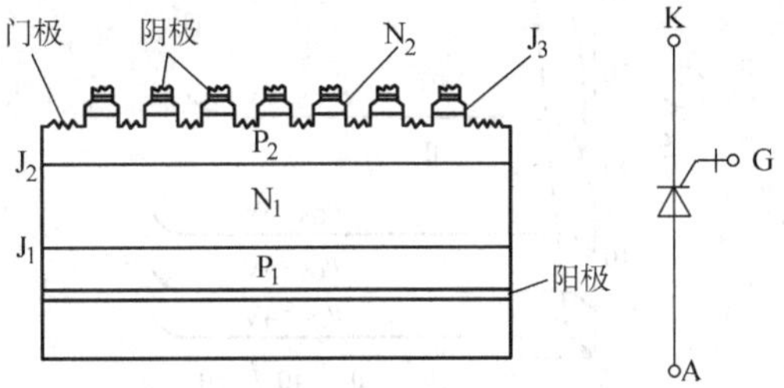

图 1-31　GTO 晶闸管的结构和图形符号

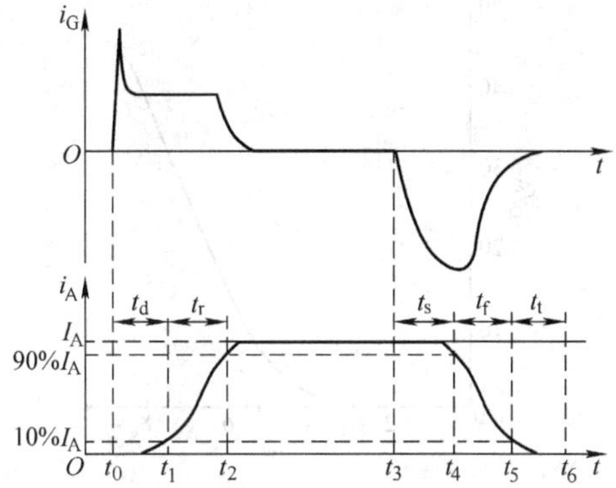

图 1-32　开关特性示意图

2）电力晶体管（GTR）。电力晶体管（GTR）通常又称为双极型晶体管（BJT），是一种大功率高反压晶体管，双极型全控器件，属于电流控制型。其工作原理与普通中、小功率晶体管相似，但主要工作在开关状态，不用于信号放大，它承受的电压和电流数值大。GTR 作为大功率开关应用最多的是 GTR 模块，其结构和外形如图 1-33 所示，其中，B 为基极、C 为集电极、E 为发射极。主要参数有反向击穿电压 U_{CEO}、最大工作电流 I_{CM}、集电极最大耗散功率 P_{CM}、开通时间 t_{on}、关断时间 t_{off} 等。

3）电力 MOS 场效应晶体管（P-MOSFET）。电力 MOS 场效应晶体管是单极型全控器件，属于电压控制，具有驱动功率小、控制线路简单、工作频率高的特点。其结构和图形符号如图 1-34 所示，其中，G 为栅极、D 为漏极、S 为源极。

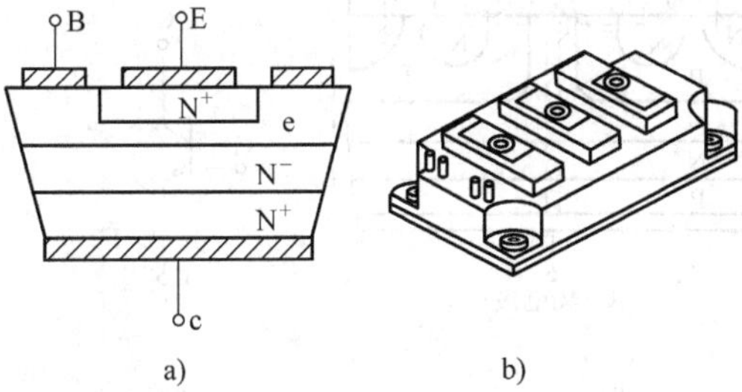

图 1-33　GTR 模块的结构和外形
a）结构　b）外形

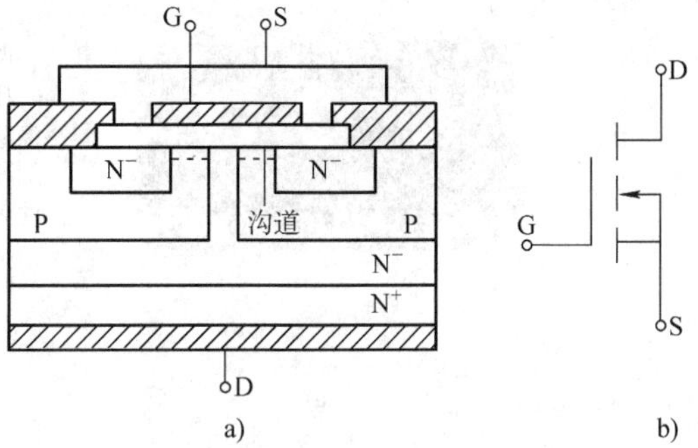

图 1-34　P-MOSFET 的结构和图形符号
a）结构　b）图形符号

P-MOSFET 的转移特性如图 1-35 所示，当 $u_{GS}<U_T$ 时，i_D 近似为零；当 $u_{GS}>U_T$ 时，随着 u_{GS} 的增大 i_D 也越大，当 i_D 较大时，i_D 与 u_{GS} 的关系近似为线性。P-MOSFET 的输出特性如图 1-36 所示，输出特性分为可调电阻区Ⅰ、饱和区Ⅱ和雪崩区Ⅲ 3 个区域。在可调电阻区Ⅰ，器件的阻值是变化的。在饱和区Ⅱ，当 u_{GS} 不变时，i_D 几乎不随 u_{DS} 的增加而增加，近似为一常数。当 P-MOSFET 用作线性放大时，工作在该区。在雪崩区Ⅲ，当 u_{DS} 增加到某一数值时，漏极 PN 结反偏电压过高，发生雪崩击穿，漏极电流 i_D 突然增加，造成器件的损坏，使用时应避免出现这种情况。P-MOSFET 的主要参数有漏源击穿电压 U_{DS}、漏极连续电流 I_D、漏极峰值电流 I_{DM}、栅源击穿电压 U_{GS}、开启电压 U_T、极间电容和通态电阻 R_{on} 等。

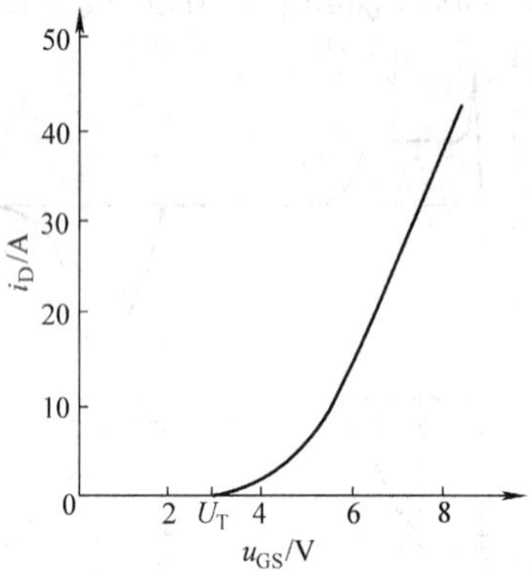

图 1-35 P-MOSFET 的转移特性

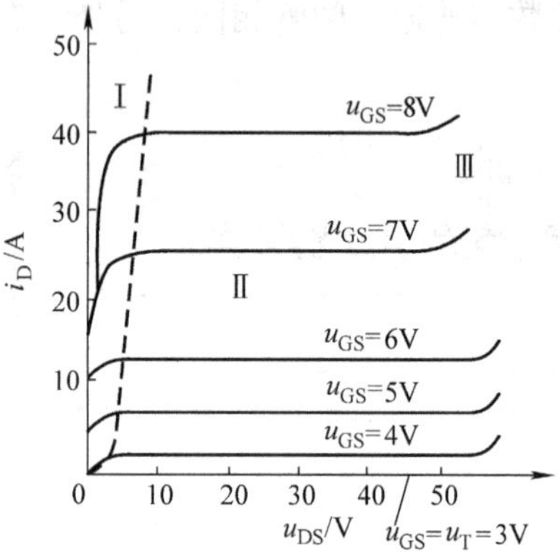

图 1-36 P-MOSFET 的输出特性

4）绝缘栅双极型晶体管（IGBT）。绝缘栅双极型晶体管是复合型全控器件，具有输入阻抗高、工作速度快、通态电压低、阻断电压高、承受电流大等优点，是功率开关电源和逆变器的理想电力半导体器件。其结构和图形符号如图 1-37 所示，其中，G 为栅极、C 为集电极、E 为发射极。IGBT 的开通和关断是由栅极电压来控制的。当栅极加正电压时，MOSFET 内形成沟道，IGBT 导通；当栅极加负电压时，MOSFET 内的沟道消失，IGBT 关断。其传输特性如图 1-38a 所示，当 u_{GE} 小于开启电压 $U_{GE(th)}$ 时，IGBT 处于关断状态；当 u_{GE} 大于开启电压 $U_{GE(th)}$ 时，IGBT 开始导通，i_C 与 u_{GE} 基本呈线性关系。其输出特性如图 1-38b 所示，该特性描述以栅射电压 u_{GE} 为控制变量时，集电极电流 i_C 与集射极间电压 u_{CE} 之间的相

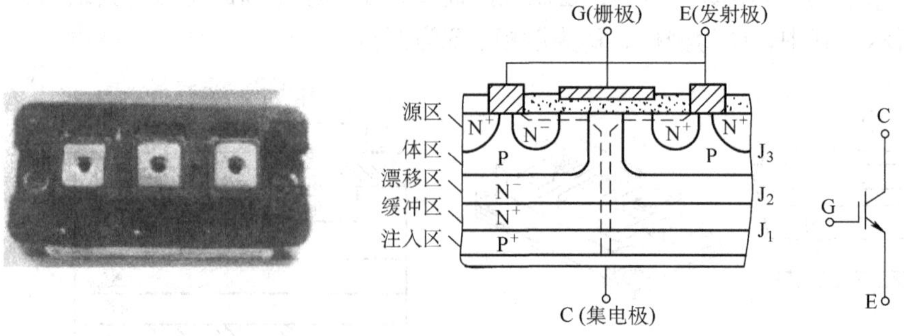

a) b) c)

图 1-37 IGBT 模块的外形、结构和图形符号

a）IGBT 模块的外形 b）结构 c）图形符号

互关系。IGBT 的输出特性可分为 3 个区域：正向阻断区、有源区、饱和区。IGBT 的主要参数有集电极-发射极击穿电压 U_{CES}、栅极-发射极击穿电压 U_{GES}、集电极额定最大直流电流 I_C、集电极-发射极间的饱和压降 $U_{CE(sat)}$ 和开关频率等。

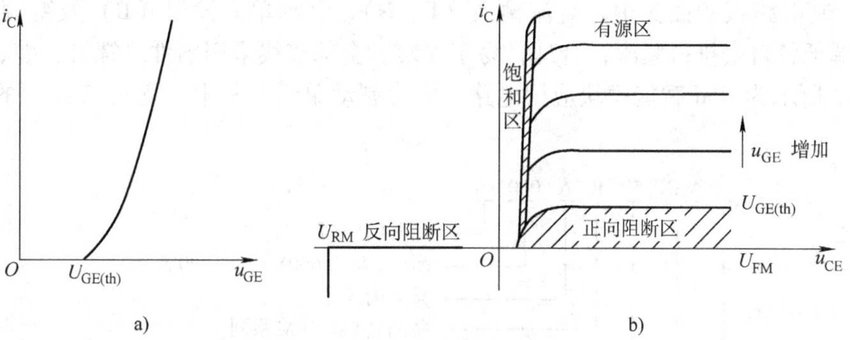

图 1-38　IGBT 的静态特性

a）传输特性　b）输出特性

目前，供 IGBT 使用的驱动电路形式多种多样，各自的功能也不尽相同。国内市场应用最多的是日本富士公司开发的 EXB 系列驱动模块，它可以驱动所有的 IGBT 产品范围，特点是驱动模块内部装有 2500V 的高隔离电压的光耦合器，有过电流保护电路和过电流保护输出信号端子，另外，可以单电源供电。从表 1-3 可见标准型系列和高速型系列驱动模块的应用情况。标准型的驱动电路信号延迟最大为 4μs，高速型的驱动电路信号延迟最大为 1.5μs。

表 1-3　富士公司 IGBT 驱动模块

IGBT	600V IGBT 驱动		1200V IGBT 驱动	
	150A	400A	75A	300A
标准型	EXB850	EXB851	EXB850	EXB851
高速型	EXB840	EXB841	EXB840	EXB841

5）智能电力模块器件（Intelligent Power Module，IPM）。IPM 是将大功率开关器件和驱动电路、保护电路、检测电路等集成在同一个模块内，是电力集成电路（PIC）的一种，如图 1-39 所示。目前的 IPM 一般采用 IGBT 作为大功率开关器件。IPM 的主要特点如下：

① 内含驱动电路。设定了最佳的 IGBT 驱动条件。驱动电路与 IGBT 间距离很短，输出阻抗很低，不需要加反向偏压。所需控制电源为 4 组，上桥臂 3 组，互相独立；下桥臂 3 个驱动器共用一组电源。

② 内含过电流保护（OC）、短路保护（SC）。在芯片中用辅助 IGBT 作为电流传感器，电流小于主 IGBT 的 I_C，使检测功耗小，检测灵敏、准确。任一个 IGBT 过电流均可受到保护。

③ 控制电源欠电压保护（UV）。每个驱动器自身都具有 UV 保护功能，当控制电压 U_{CC} 小于规定值 U_{VV} 时，进行欠电压保护。

④ 内含过热保护（OH）。OH 是防止主开关 IGBT 和续流二极管过热的。IPM 内部的绝缘基板上设有温度检测元件，如过热输出壳温过高信号 T_{CDH}。在 IGBT 芯片内也设有温度检测元件，当芯片因冲击电流瞬时过热时，输出结温过高信号 T_{JOH}。

⑤ 内含报警输出（ALM）。该信号送给控制系统中的微型机，使系统停止工作。

⑥ 内含制动电路。在外电路端子 P 与 B 之间接入制动电阻，即可实现制动。

⑦ 散热效果好。采用陶瓷绝缘结构，可以直接安装在散热器上，散热效果好。输入、输出端子并排成一列，间距为标准的 2. 54mm，用一个通用插件即可连接。利用导针，也很容易插入印制电路板的插头中。直流输入（P、N）、制动单元输出（B）及变频输出（U、V、W）。端子各自安排得紧凑，合理，易于安装。全部接线采用插件或螺钉，装、拆方便。

图 1-39 所示为 IPM 智能模块应用电路，内含制动单元。其中，富士 R 系列的型号含义如下：

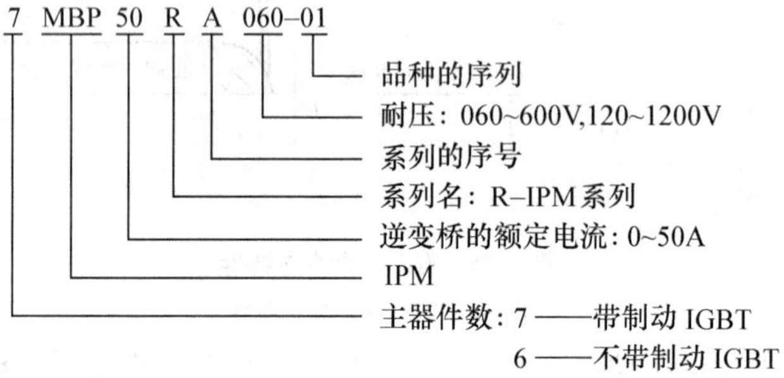

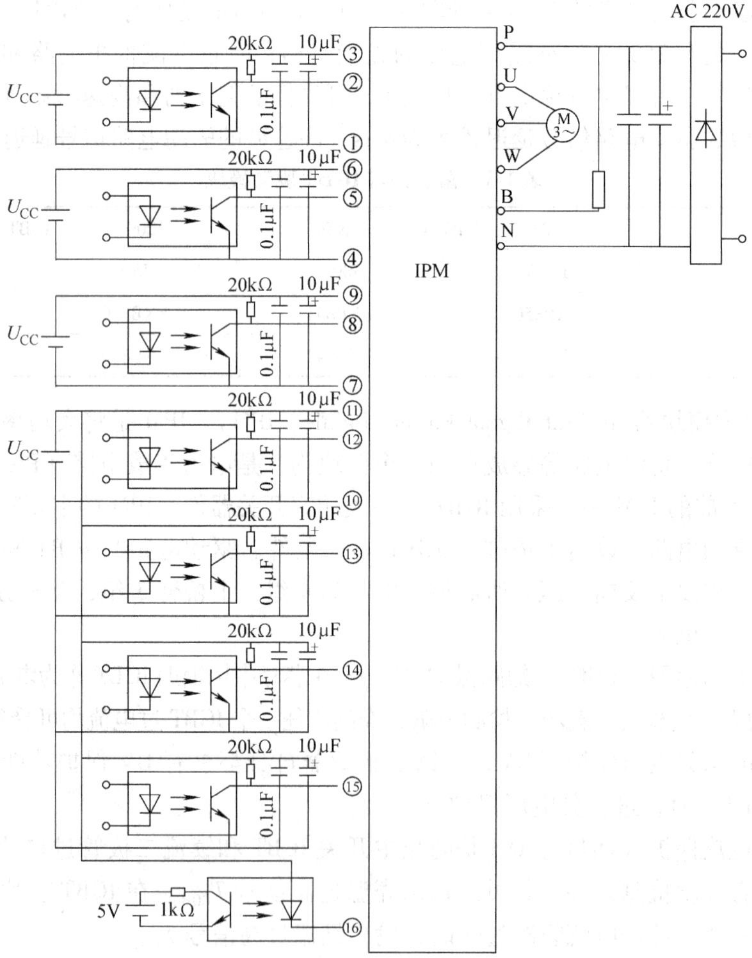

图 1-39 IPM 智能模块应用电路（内含制动单元）

使用 IPM 时的注意事项如下：

① 控制电源必须有 4 组，且互相绝缘。上桥臂 3 组，下桥臂及制动单元的驱动器共用一组。

② 4 组控制电源与主电源间必须加以绝缘。而且，随着 IGBT 的开关动作，该绝缘部位将有很大的 du/dt 作用，因此要确保足够的距离，推荐大于 2mm。

③ 下桥臂控制电源的 GND 和主电源的 GND 在 IPM 内部已连接好了，在 IPM 的外部绝对不要再连接。如果另加连接，则 IPM 的下桥臂内、外将由于 di/dt 而产生环流。容易引起 IPM 的误动作，甚至有可能破坏 IPM 的输入电路。

④ 图 1-38 所示的各控制电源上连接的 10μF 和 0.1μF 的电容并非滤波电容，而是用于从电源到 IPM 之间布线阻抗的退耦。若需滤波，应另加电容。另外，从 10μF 和 0.1μF 电容到控制电路间的布线阻抗在过渡过程中是有波动的，应使这段到 IPM 端子的布线尽量短。

⑤ 信号输入端上拉。控制信号输入端用 20kΩ 电阻上拉，而且内含制动单元的 IPM，如果不使用该制动单元，也要将信号输入端上拉。否则会由于 du/dt 的作用而产生误动作。

⑥ 主直流电源出口的大电容，可直接接到 P、N 端子之间。

除了上述的几种器件外，其他电力半导体器件还有电力 MOS 场效应晶体管（P-MOSFET）、门极关断（GTO）晶闸管、场控晶闸管（MCT）、集成门极换流晶闸管（IGCT）、普通晶闸管（SCR）等，具体汇总见表 1-4。

表 1-4　通用变频器常用电力电子器件

名　称	文字符号	图形符号	控制方式	最高电压、电流及频率
双极型晶体管	BJT（GTR）	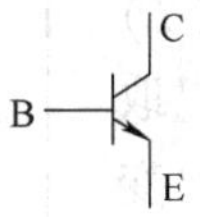	电流	最高电压 450～1400V 最大电流 30～800A 最高频率 10～50kHz
门极关断晶闸管	GTO		电流	最高电压 4500～6000V 最大电流 4000～6000A 最高频率 1～10kHz
绝缘栅双极型晶体管	IGBT	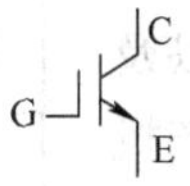	电压	最高电压 1800～3300V 最大电流 800～1200A 最高频率 10～50kHz
集成门极换流晶闸管	IGCT	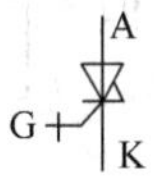	电压（光控）	最高电压 4500～6000V 最大电流 4000～6000A 最高频率 20～50kHz
电力场效应晶体管	P-MOSFET	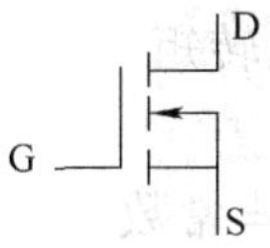	电压	最高电压 50～1000V 最大电流 100～200A 最高频率 500kHz～200MHz
静电感应晶体管	SIT	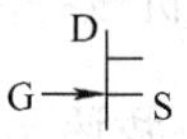	电压	最高电压 50～1500V 最大电流 10～200A 最高频率 30～200MHz
双极型静电感应晶闸管	SITH	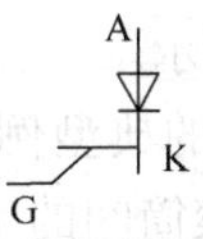	电压	最高电压 500～4500V 最大电流 400～2200A 最高频率 40～100kHz

其中，IGCT 器件是将门极驱动电路与门极换流晶闸管（GCT）集成于一个整体形成的，门极换流晶闸管（GCT）是基于 GTO 结构的一个新型电力半导体器件，它不仅有与 GTO 相同的高阻断能力和低通态压降，而且有与 IGBT 相同的开关性能，即它是 GTO 和 IGBT 相互取长补短的结果，是一种较理想的兆瓦级、中压开关器件，非常适合用于 6kV 和 10kV 的中压开关电路。

另外，MCT 是一种处于前期开发阶段的新型电力电子器件。它的基本结构是一个晶闸管与一个或几个 MOSFET 的集成，其图形符号如图 1-40 所示。它需要用双门极控制，门极信号以阳极为基准而不是以阴极为基准，使 MCT 触发导通的门极负脉冲电压幅度一般为 -5 ~ -15V，使其关断的门极正脉冲电压幅度一般为 +10V，因此，MCT 是一种电压控制器件。MCT 将 MOSFET 的高输入阻抗、低功率驱动与快的开关速度和 SCR 的高压、大电流特性结合在一起，目前已显示出了较好的性能。

图 1-40 MCT 的图形符号

6. 变频器的内部布置

以三菱通用变频器为例，其内部的布置如图 1-41 所示。图中左侧是电容器和接触器；右侧分若干层，上层是主控板，主控板的下面安装主电路的一些部件，如逆变桥、整流桥等。底部有较厚的散热层。此外还有冷却风扇（图中未画出）和端子板等。

七、通用变频器调速的控制原理

变频调速拖动系统的发展日新月异，它就是由变频器供电的电动机带动生产机械运转的系统。描述转速 n 和转矩 T 之间的关系 $n=f(T)$ 称为机械特性。电力拖动系统的稳态工作情况取决于电动机和负载的机械特性。因此，要学习变频调速的控制原理，有必要了解负载的机械特性和电动机的机械特性。

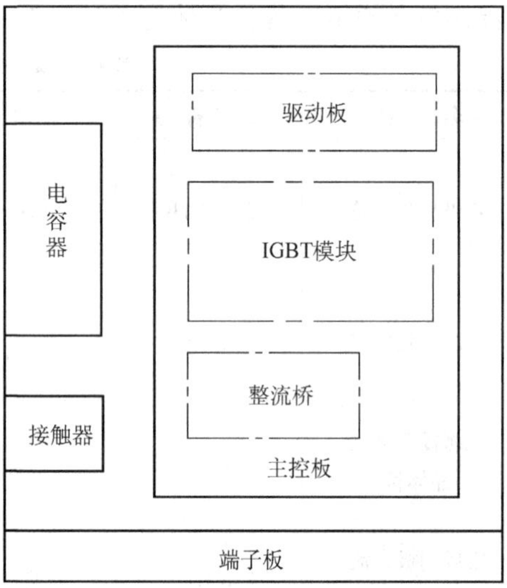

图 1-41 变频器的内部布置

1. 各类负载的机械特性分析

负载的机械特性决定于负载转矩的构成以及负载对工况的限制和要求。工矿企业中，生产机械的类型很多，它们的机械特性也各不相同。但大体上说，主要有三类。

（1）恒转矩负载

1）转矩特点：在不同的转速下，负载转矩基本恒定，即

$$T_L = 常数$$

负载转矩 T_L 的大小与转速 n_L 的高低无关，其机械特性曲线如图 1-42a 所示。

2）功率特点：负载的功率 P_L 和转矩 T_L、转速 n_L 之间的关系是 $P_L=\frac{T_L n_L}{9550}$，即负载功率与转速成正比，其功率特性曲线如图 1-42b 所示。

3）典型实例：带式输送机是恒转矩负载的典型例子之一，其基本结构和工作情况如图 1-43 所示，负载转矩的大小决定于传动带与滚筒间的摩擦阻力 F 和滚筒半径 r，即

$$T_L = Fr$$

由于 F 和 r 都和转速的快慢无关，所以在调节转速 n_L 的过程中，转矩 T_L 保持不变，即具有恒转矩的特点。

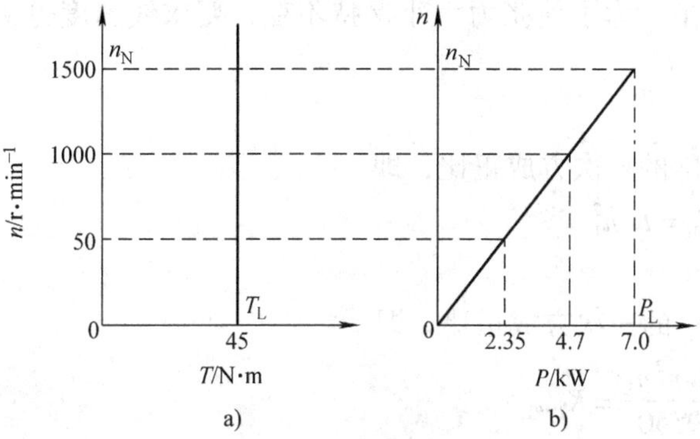

图 1-42　恒转矩负载的机械特性和功率特性

a）机械特性　b）功率特性

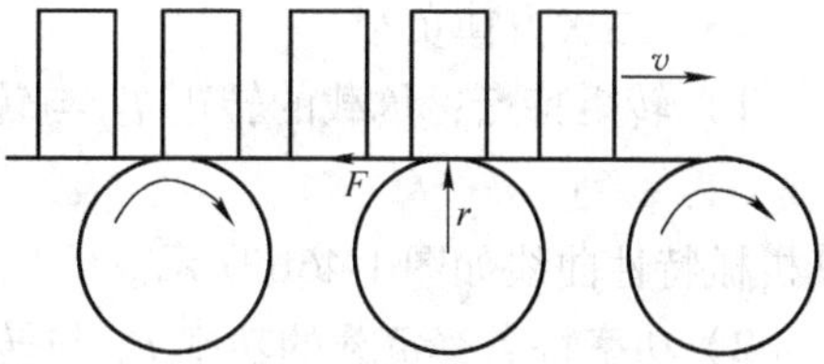

图 1-43　带式输送机工作示意图

（2）恒功率负载

1）转矩特点：

$$T_L = \frac{9550P_L}{n_L}$$

即负载转矩的大小与转速成反比，如图 1-44a 所示。

2）功率特点：在不同的转速下，负载的功率基本恒定，即

$$P_L = 常数$$

负载功率的大小与转速的高低无关，如图 1-44b 所示。

3）典型实例：各种薄膜的卷取机械是恒功率负载的典型例子之一，如图 1-45 所示。其工作特点是：随着“薄膜卷”的卷径逐渐增大，卷取辊的转速应该逐渐减小，以保持薄膜卷的线速度恒定，从而也保持了张力的恒定。

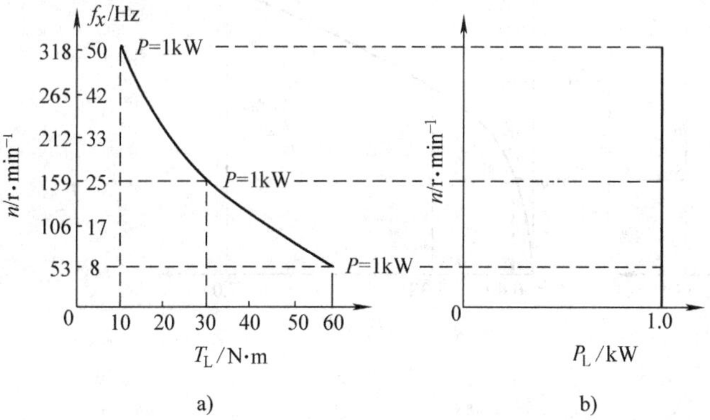

图 1-44　恒功率负载的机械特性和功率特性

a）机械特性　b）功率特性

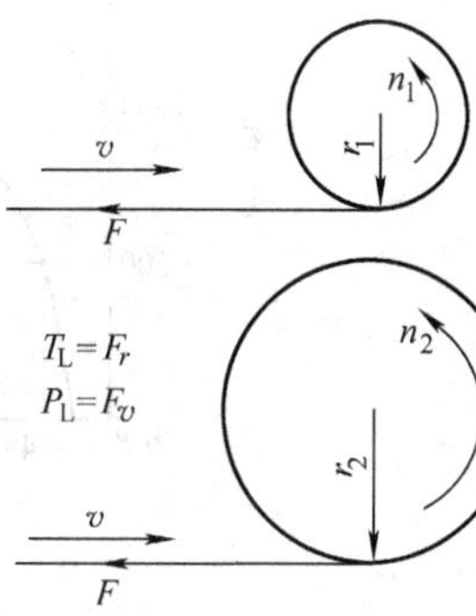

图 1-45　恒功率负载

如图 1-45 所示，负载转矩的大小决定于卷取物的张力 F（在卷取过程中，要求张力保持恒定）和卷取物的卷取半径 r（随着卷取物不断卷到卷取辊上，r 将越来越大）：

$$T_L = Fr$$

由于具有以上特点，因此，在卷取过程中，拖动系统的功率是恒定的：

$$P_L = Fv = 常数$$

式中　v——卷取物的线速度，在卷取过程中，为了使张力大小保持不变，要求线速度也保持恒定。

（3）二次方律负载

1）转矩特点：负载的转矩 T_L 与转速 n_L 的二次方成正比，即

$$T_L = K_T n_L^2$$

其机械特性曲线如图 1-46b 所示。

2）功率特点：负载的功率 P_L 与转速 n_L 的三次方成正比，即

$$P_L = \frac{K_T n_L^2 n_L}{9550} = K_P n_L^3$$

式中　K_T、K_P——二次方律负载的转矩常数和功率常数，如图 1-46c 所示。

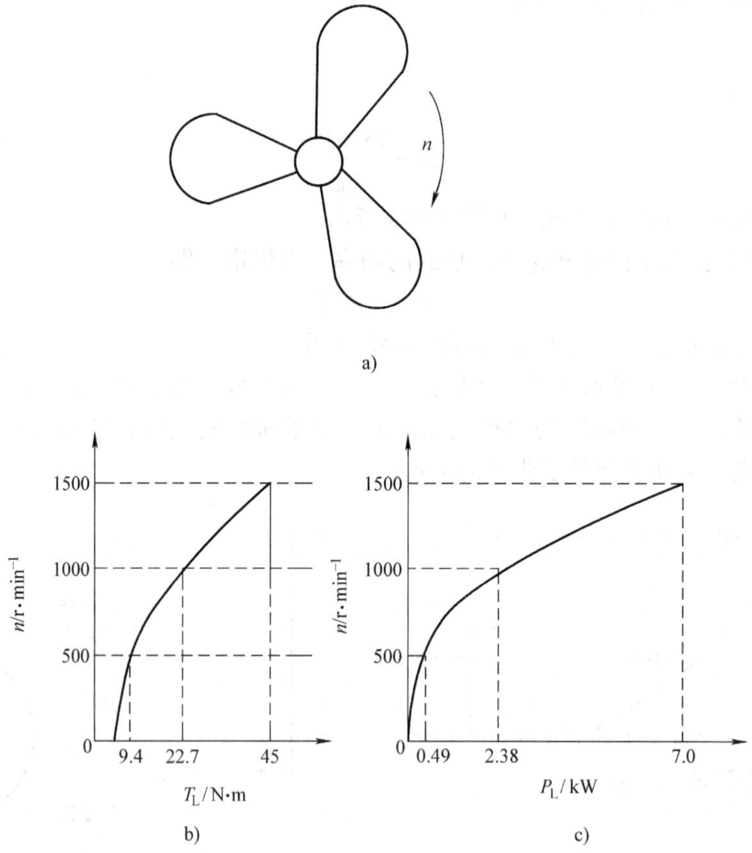

图 1-46　二次方律负载及其特性

a）风机叶片　b）机械特性　c）功率特性

3）典型实例：离心式风机和水泵都属于典型的二次方律负载。以风扇叶片为例，如图 1-46a 所示。事实上，即使在空载的情况下，电动机的输出轴上，也会有损耗转矩 T_0，如摩擦转矩等。因此，严格的讲，其转矩表达式应为

$$T_L = T_0 + K_T n_L^2$$

功率表达式为

$$P_L = P_0 + K_P n_L^3$$

式中　P_0——空载损耗。

2. 异步电动机的机械特性

（1）异步电动机的等效电路　常见的异步电动机的等效电路如图 1-47 所示。

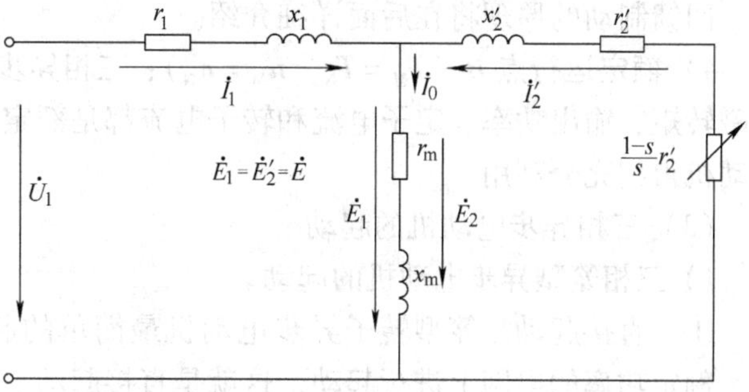

图 1-47　异步电动机的等效电路

（2）固有机械特性　电动机内电流和磁场的相互作用的结果是产生了电磁转矩。以异步电动机为例，电磁转矩的大小与电流和磁通量的乘积成正比，即

$$T_M = C_{M1}\Phi_m I_2'\cos\varphi_2 \quad (1\text{-}5)$$

式中　C_{M1}——转矩常数；

I_2'——折算到定子侧的转子电流；

Φ_m——每极的磁通；

$\cos\varphi_2$——转子电流的功率因数。

分析式（1-5）可作出异步电动机的机械特性 $n=f(T)$，如图 1-48 所示。

如果式（1-5）中各参数均处于额定状态，电动机按规定的接线方式接线，定子及转子电路中不外接电阻（电抗或电容）时所获得的机械特性称为异步电动机的固有机械特性，如图 1-49 所示。

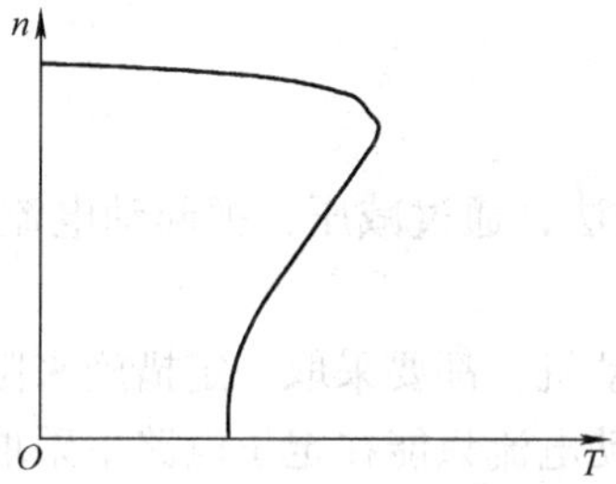

图 1-48　异步电动机的机械特性

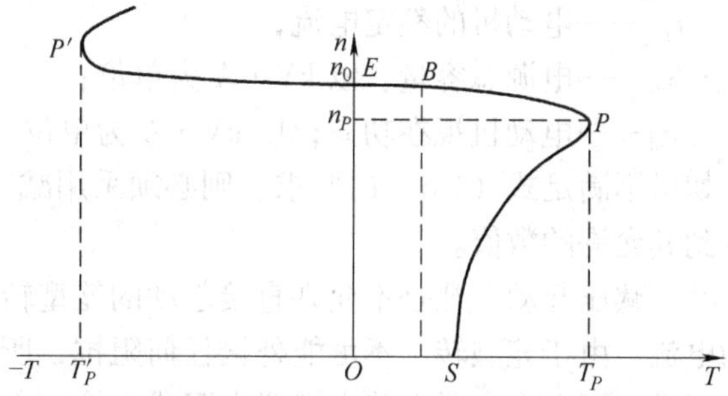

图 1-49　异步电动机的固有机械特性

由图 1-49 可知，固有机械特性曲线的形状主要决定于以下 3 个点。

1）理想空载点 $E(T_M = 0, n_M = n_0)$：理想空载点 E 的位置主要反映了理想空载转速的大小。在异步电动机中，理想空载转速就是旋转磁场的转速（同步转速），即

$$n_0 = \frac{60f}{p}$$

2）起动点 $S(T_M = T_S, n_M = 0)$：起动点 S 主要说明当电动机刚接通电源，尚未转起来时的起动转矩 T_S 的大小。

3）最大转矩点（$T_M = T_K$，$n_M = n_K$）：最大转矩点的位置对于评价机械特性来说，是十分重要的。

① 电动状态最大转矩点 P（T_P，n_P）。T_P 是临界转矩，也叫最大转矩，是异步电动机所能产生的最大电磁转矩，其大小反映了电动机的过载能力。n_P 是临界转速，它的大小决定了 P 点的上下位置，从而主要反映了机械特性的硬度。

② 回馈制动最大转矩点 $P'(T'_P,n'_P)$。在回馈制动时异步电动机的过载能力较电动状态时大，即

$$|T'_{\mathrm{m}}| > |T_{\mathrm{m}}|$$

回馈制动的原理将在后面详细介绍。

4）额定运行点 B（$T_{\mathrm{M}}=T_{\mathrm{N}}$，$n_{\mathrm{M}}=n_{\mathrm{N}}$）：三相异步电动机在额定运行点 B 工作时，转速、电磁转矩、输出功率、定子电流和转子电流都是额定值。按照条件在额定运行点工作，能使电动机得到充分利用。

（3）三相异步电动机的起动

1）三相笼型异步电动机的起动。

① 直接起动。笼型转子异步电动机最简单的起动方法，就是将定子直接接到额定电压、额定功率的电网上进行起动，这就是直接起动。直接起动的优点是设备和操作简单，缺点是起动电流较大，可达额定电流的 4 ~ 7 倍，这样会使线路的压降明显增大，造成电网电压显著下降，从而影响其他用电设备的正常工作。

三相异步电动机允许直接起动的条件如下：

$$\frac{I_{1\mathrm{st}}}{I_{1\mathrm{N}}} \leqslant \frac{1}{4}\left(3+\frac{S_{\mathrm{yz}}}{S_{\mathrm{d}}}\right) \tag{1-6}$$

式中 $I_{1\mathrm{st}}$——电动机的起动电流；

$I_{1\mathrm{N}}$——电动机的额定电流；

S_{yz}——电源总容量，以 kV · A 为单位；

S_{d}——电动机视在功率，以 kV · A 为单位。

如果不满足式（1-6）的要求，则必须采用减压起动的方法，通过减压，把起动电流 $I_{1\mathrm{st}}$ 限制到其允许的数值。

② 减压起动。凡是不允许直接起动的笼型转子异步电动机，都要采取一定措施来限制起动电流。由于笼型转子不可能外接任何阻抗，所以限制起动电流只能在定子电路中采取措施。于是，可以在定子电路中串联电阻或电抗，也可以用变压器降低电压，有时还可以改变定子绕组的连接方法来降低每相绕组上的电压。这些方法都是靠降低电动机起动时的电压来限制起动电流的，统称为减压起动。

a. 定子串联电阻或电抗器起动，定子串联电阻或电抗器起动的接线如图 1-50 所示。

起动电阻 R_{st}（或起动电抗器 X_{st}）串联在定子电路中，较大的起动电流在起动电阻 R_{st}（或起动电抗器 X_{st}）上产生较大的电压降，从而降低了加在电动机定子上的电压。Q1 是主开关，起隔离电源的作用，Q2 是转换开关。首先 Q2 闭合，电动机串联电阻（或电抗器）起动，当转速升高到一定数值时，Q1 闭合，切除起动电阻（或电抗器），定子直接接到电网，在固有特性上继续加速至稳定转速，起动过程的机械特性如图 1-51 所示。

b. 自耦变压器减压起动。自耦变压器减压起动是利用自耦变压器降低电动机定子绕组的电压，以减小起动电流。用自耦变压器减压起动的接线如图 1-52 所示。

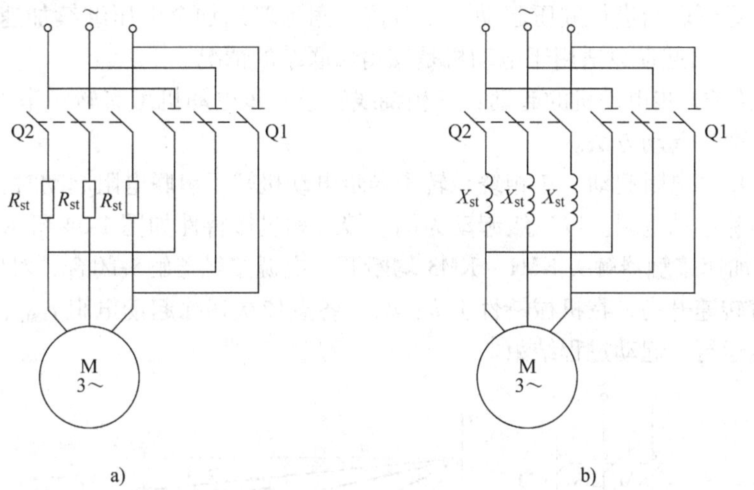

图 1-50　笼型异步电动机串联电阻或电抗器起动的接线

a）笼型异步电动机串联电阻起动的接线　b）笼型异步电动机串联电抗器起动的接线

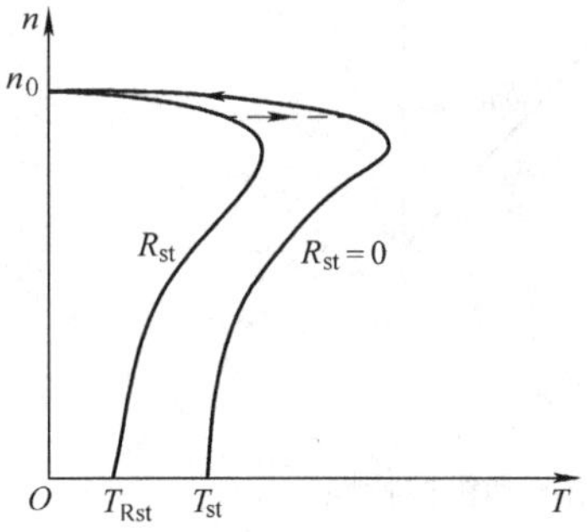

图 1-51　笼型异步电动机串联电阻起动的机械特性

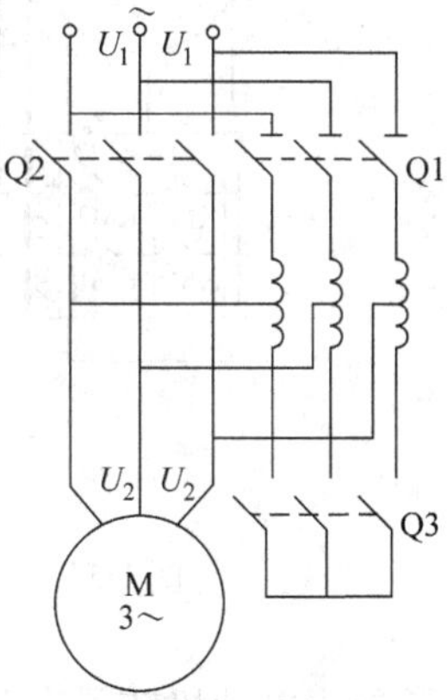

图 1-52　自耦变压器减压起动的接线

其起动过程如下：首先闭合 Q1、Q3，电网电压 U_1 经自耦变压器降低为 U_2 加到电动机的定子进行起动，当转速升高到一定数值时，断开 Q3，电动机按照串联电抗器方式继续加速，最后闭合 Q2，电动机加上全电压，在固有特性上继续加速直至稳定状态。

c. 星-三角减压起动（Y-△起动）。当笼型异步电动机的定子绕组按三角形联结时，可以在起动过程中先接成星形，以减小起动电流。因为接成三角形时，加在每相绕组上的电压是电网电压，而接成星形时加在每相绕组上的电压只有电网电压的 $1/\sqrt{3}$，所以是减压起动。

异步电动机星-三角起动的接线如图 1-53 所示。

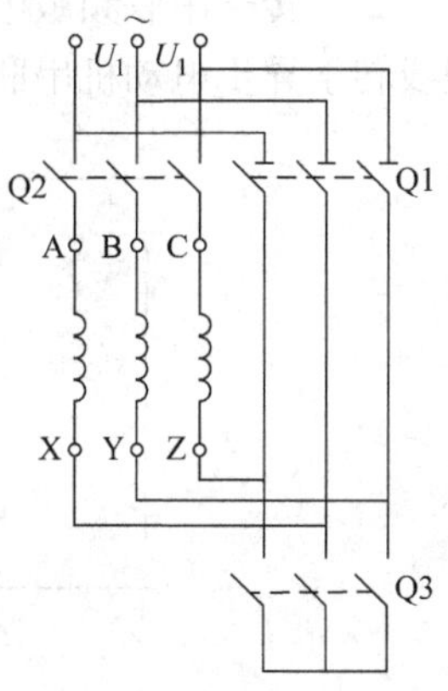

图 1-53　异步电动机星-三角起动的接线

其起动过程是：首先闭合 Q1、Q3，将定子绕组接成星形起动，当转速升高到一定数值时，断开 Q3，闭合 Q2，将定子绕组接成三角形，在固有特性上继续加速到稳定状态，起动过程结束。因为先按星形联结进行减压起动，然后按三角形联结加全电压继续加速，所以称星-三角减压起动。Y-△起动只适用于电动机是三角形联结的情况。

2）绕线转子异步电动机的起动：三相绕线转子异步电动机可有转子串联电阻及转子串联频敏变阻器两种起动方法。

① 转子串联电阻起动。三相绕线转子异步电动机转子串联电阻起动时，要随着转速的升高，分段切除起动电阻。以三级起动为例，接线和机械特性如图 1-54 所示。起动开始时，图 1-54a 中的加速接触器触头 KM1 ~ KM3 均断开，电源接触器触头闭合，对应于图 1-54b 中的 a 点。随着转速升高，在机械特性上 b、d、f 各点依次切除起动电阻 r_{KM1}、r_{KM2}、r_{KM3}，最后在 h 点稳定运行，起动过程结束。

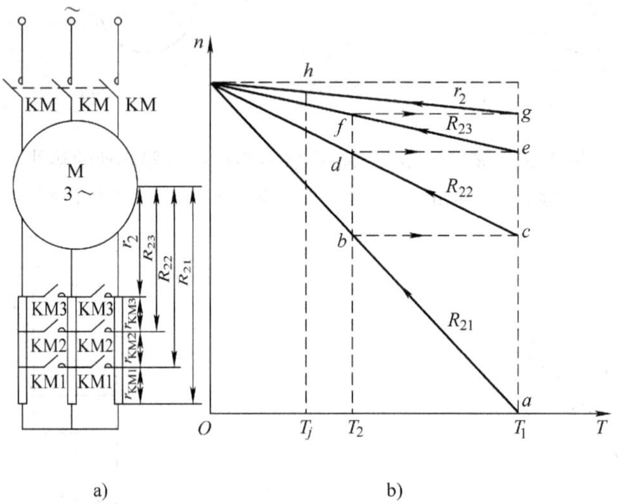

图 1-54 转子串联电阻起动的接线情况和机械特性

a）接线情况 b）机械特性

绕线转子异步电动机转子串联电阻分级起动，虽然能够限制起动电流并增大起动转矩，但电阻逐段变化，转矩变化较大，起动不够平滑，平均起动转矩也不够大，所有控制设备占地面积较大，操作维护不便。如采用频敏变阻器，则可克服上述缺点。

② 转子串联频敏电阻器起动。绕线转子串联频敏变阻器的等效电路如图 1-55a 所示，绕线转子异步电动机串联频敏变阻器的机械特性如图 1-55b 所示。

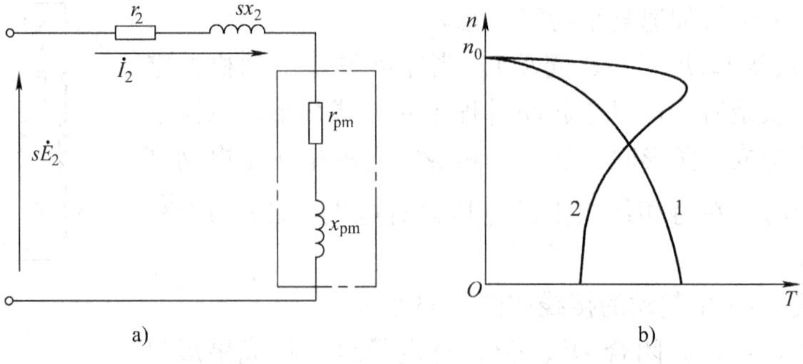

图 1-55 转子串联频敏变阻器起动的等效电路图和机械特性

a）等效电路 b）机械特性

(4) 三相异步电动机的制动　电动机中，凡电磁转矩的方向和转子的实际旋转方向相反的状态，统称为制动状态。

1) 回馈制动。

① 工作原理。当异步电动机的转子转速 n_M 超过同步转速 n_0 时，电动机便处于回馈制动状态。这时异步电动机实际上处于发电的状态，或者说，拖动系统的动能被“再生”成电能了。其基本特征是：

a. n_0 与 n_M 同方向。

b. $n_0 < n_M$。

② 机械特性。回馈制动的机械特性是电动状态机械特性向第二象限的延伸，如图 1-56 所示。

当起重机放下重物时，因为转子转速超过了同步转速，故工作点顺着原机械特性曲线 1 向第二象限移动，直至电磁制动转矩 $-T_M$ 与重物的牵引转矩 T_G 相等，这时的工作点已移至 G 点（$-T_M = T_G$，n_G）。

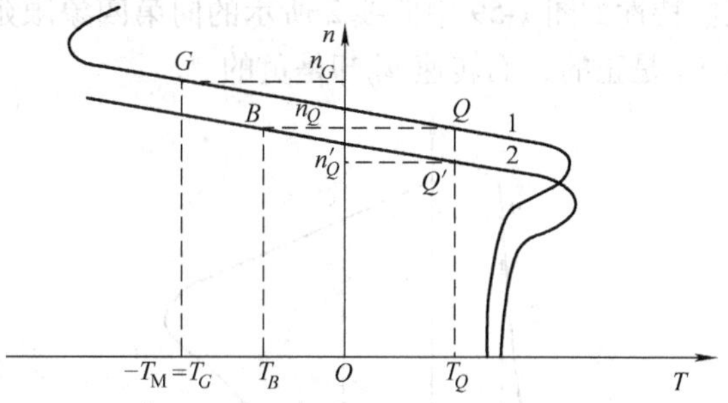

图 1-56　回馈制动的机械特性
1—原机械特性　2— 频率下降后的机械特性

当变频调速系统降速时，由于频率降低，机械特性变成了曲线 2。但由于拖动系统的惯性，系统的转速不可能突变，因而工作点将从曲线 1 上的 Q 点（T_Q、n_Q）按转速未变的原则“跳转”到曲线 2 上。由于曲线 2 上与转速 n_Q 对应的点是第二象限的 B 点，于是得到反方向的制动转矩 T_B，使拖动系统迅速降速。

2) 能耗制动（直流制动）。

① 方法和原理。在定子绕组里通入直流电流，从而产生一个固定磁场。由于磁场不动，所以转子绕组按其旋转方向切割磁力线，从而产生制动转矩，直流制动的原理与再生制动十分类似，但它却不能像再生制动那样把拖动系统的动能再生成电能反馈回去，而只能让拖动系统的动能完全消耗掉，故称为能耗制动。

② 机械特性。直流制动的原理与再生制动类似，所以，其机械特性实际上就是 $f=0\text{Hz}$ 时再生制动的机械特性，如图 1-57 所示。当系统直流制动时，由于拖动系统的惯性，系统的转速不可能突变，因而工作点将从曲线 1 上的 Q 点（T_Q、n_Q）按转速未变的原则“跳转”到曲线 2 上。由于曲线 2 上与转速 n_Q 对应的点是第二象限的 B 点，于是得到反方向的制动转矩 T_B，使拖动系统迅速降速。

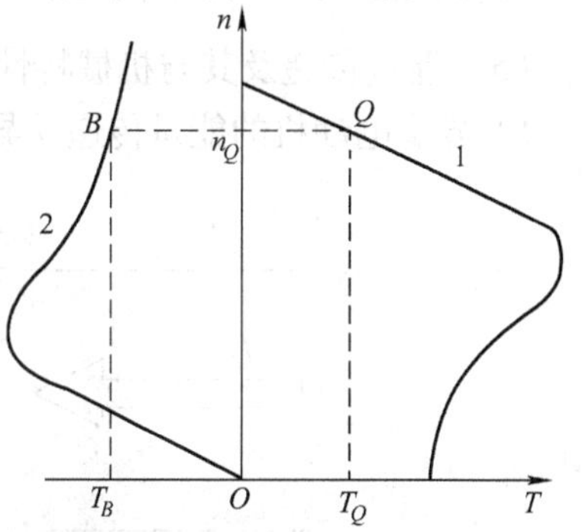

图 1-57　直流制动的机械特性
1—原机械特性　2—直流制动时的机械特性

3) 反接制动。

① 状态特征。电动机的实际旋转方向与电磁转矩的旋转方向相反时的状态即为反接制动状态。

② 定子两相反接的反接制动。众所周知，改变电动机电源进线的相序（交换任意两相进线），可使旋转磁场的旋转方向相反，并最终导致电动机的反转。由于反转时电磁转矩和转速都是负的，故其机械特性在第三象限，如图 1-58 中曲线 2 所示。

设电动机正转时工作点为曲线 1 上的 Q 点（T_Q、n_Q），则在刚反接的瞬间，其工作点将从 Q 点跳转到曲线 2 的 B 点（在第二象限）。然后，转速迅速下降为 0，并开始反转。这里，从 B 点下降到 $n_M=0$ 的那一段（即第二象限中的那一段），电磁转矩 T_M 是负的，而转速 n_M 是正的，电动机处于反接制动状态。开始反转后又成为电动机状态。这种反接制动状态在用于快速制动时，具有不易操作、比较危险等缺点，故变频调速系统中基本不使用这种方法。

③ 倒拉式反接制动。起重机在缓慢下放重物时，有时采用这样的方法：电动机的电磁转矩力图使重物上升，但因“带不动”，结果转子的实际旋转方向被重物倒拉成反转了。其机械特性如图 1-59 中曲线 2 所示的向第四象限延伸的部分，这时的工作点为 Q' 点。电磁转矩 T_M 是正的，而转速 n'_Q 却是负的。

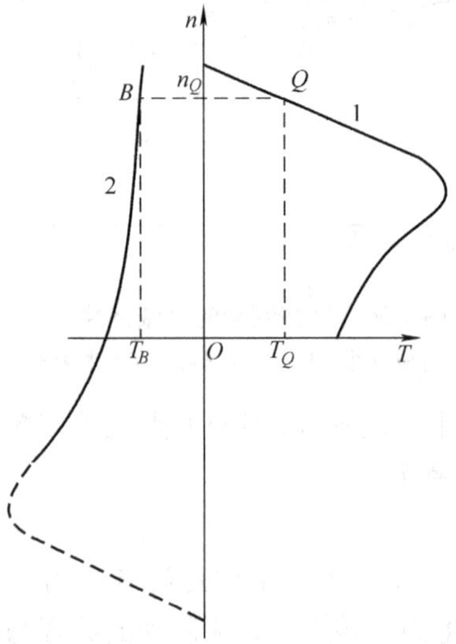

图 1-58 定子两相反接的反接制动特性

1—原机械特性 2—反接制动时的机械特性

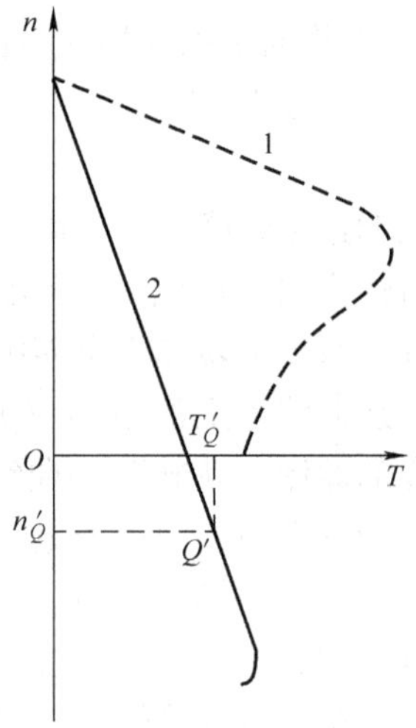

图 1-59 倒拉式反接制动特性

1—原机械特性 2—反接制动时的机械特性

（5）能量传递及其与机械特性的对应关系

1）异步电动机的能量传递。异步电动机中的能量传递过程如图 1-60 所示。

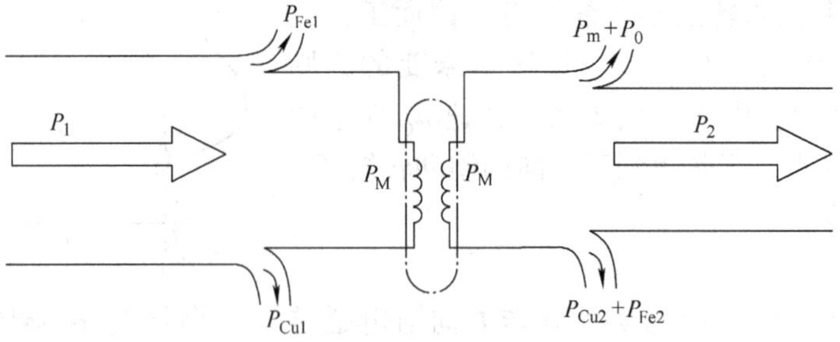

图 1-60 异步电动机中的能量传递过程

图 1-60 中各部分功率的含义及计算方法如下。

① 输入功率 P_1：是电动机从电源吸取的电功率。其计算公式如下：

$$P_1 = 3U_1 I_1 \cos\varphi_1$$

② 输出功率 P_2：是电动机带动负载的机械功率。其计算公式如下：

$$P_2 = \frac{T_L n}{9550} \tag{1-7}$$

③ 电磁功率 P_m：是电动机的定子侧通过磁场传递到转子侧的功率。

a. 在定子侧，它是电源电压 U_1 克服反电动势 E_1 建立磁场的功率，其计算公式如下：

$$P_m \approx 3E_1 I_1 \cos\varphi_1 \tag{1-8}$$

式中，由于 E_1 和 I_1 之间的功率因数角略小于 φ_1，故为近似等式。

b. 在转子侧，得到能量的具体反应是感应电动势 E_2'，因此，如忽略掉铁心中的涡流损耗和磁滞损耗，则转子侧的电磁功率可计算如下：

$$P_m = 3E_2' I_2' \cos\varphi_2 \tag{1-9}$$

c. 从机械特性的角度看，如果转子侧没有任何损耗，转子的转速理应达到同步转速 n_0，或者说，如果转子的转速达到了同步转速 n_0，这说明转子所得到的功率已经全部转换成机械功率了。所以，电磁功率也可以用机械功率的公式来计算：

$$P_2 = \frac{T_M n_0}{9550} \tag{1-10}$$

d. 损耗功率主要有：

P_{Cu1}、P_{Cu2}——定子绕组和转子绕组的铜损；

P_{Fe1}、P_{Fe2}——定子铁心和转子铁心的铁损；

$P_m + P_0$——机械损耗（如摩擦损耗）和其他损耗（如风阻损耗等）。

由于定子和转子的铁损已另行计算，故由式（1-8）和式（1-9）计算出的电磁功率是相等的。因此，图 1-60 中的定转子绕组可以不必画出，能量传递过程可简化为图 1-61。

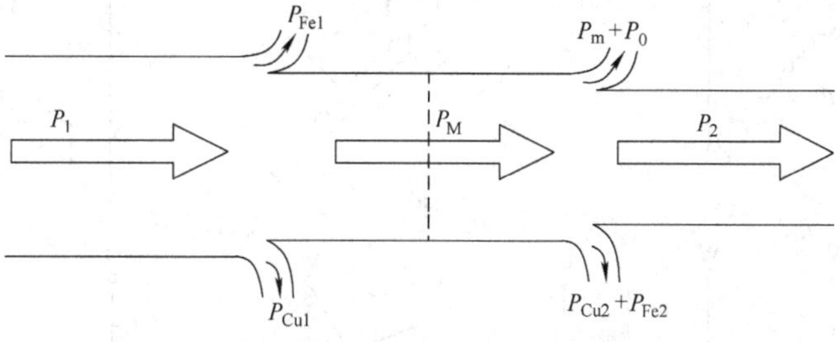

图 1-61　异步电动机的能量传递过程

这样，电动机的输入功率 P_1 减去定子铜耗 P_{Cu1}、定子铁耗 P_{Fe1}、转子铜耗 P_{Cu2}、转子铁耗 P_{Fe2}、机械损耗 P_m 和附加损耗 P_0，就可得到电动机输出功率 P_2，可以表示为

$$P_2 = P_1 - P_{Cu1} - P_{Cu2} - P_{Fe1} - P_{Fe2} - P_m - P_0$$

2）机械特性与转子侧能量图的关系。由式（1-7）和式（1-10）可以看出，机械特性和转子侧能量传递过程的对应关系如图 1-62 所示。

图 1-62 中，ΔP_2 只是笼统地代表了转子侧所有的损耗功率。由图可知，转子侧损耗功率 ΔP_2 的大小是和转差 Δn 成正比的，故常常统称为转差功率。

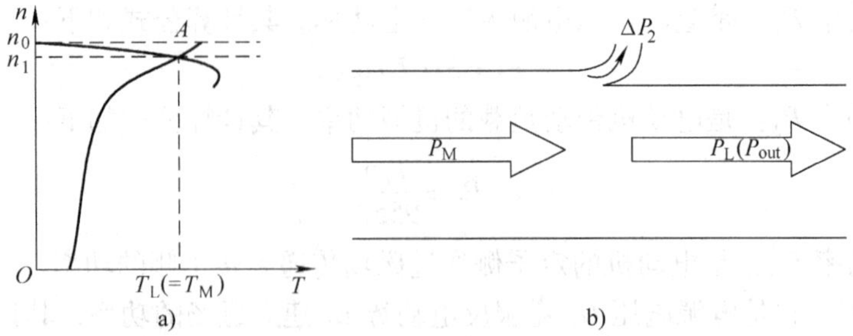

图 1-62 机械特性和转子侧能量传递过程的关系

a）机械特性 b）转子侧的能量传递过程

（6）三相异步电动机的调速 由异步电动机的转速表达式

$$n = \frac{60f}{p}(1-s)$$

可见，要调节异步电动机的转速，可从改变下列 3 个参数入手：改变定子绕组的极对数 p；改变供电电源电压的频率 f；改变电动机的转差率 s。

1）变极调速。改变定子绕组的极对数，可使异步电动机的同步转速改变，从而使电动机的转速得到调节。改变定子绕组的极对数，通常用改变定子绕组连接的方法，这种电动机一般是采用笼型转子，其转子的极对数能自动与定子的极对数相对应。

改变定子绕组连接的方法有丫-丫丫和△-丫丫两种，如图 1-63 所示，其对应的机械特性如图 1-64 所示。

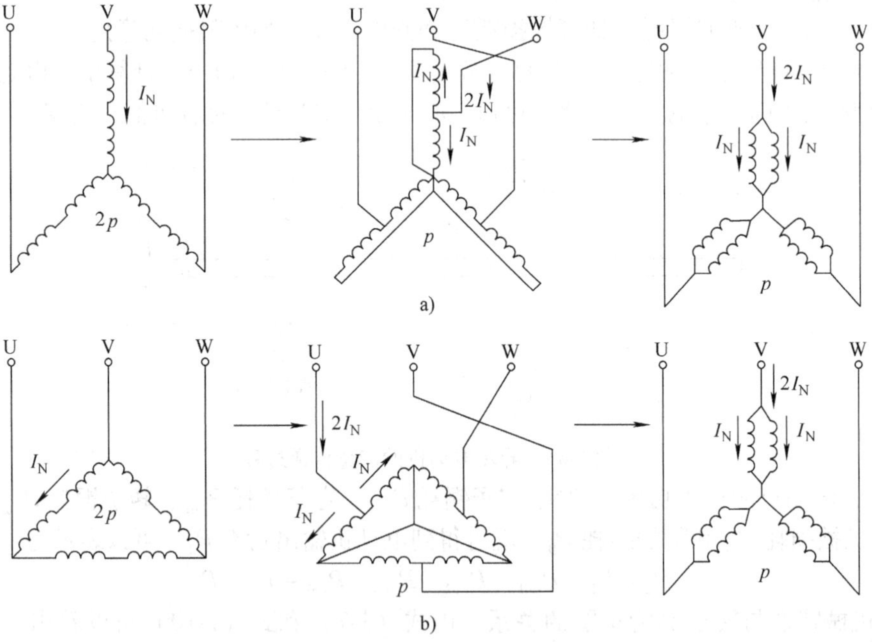

图 1-63 三相绕组变极的两种换接方法

a）丫-丫丫 b）△-丫丫

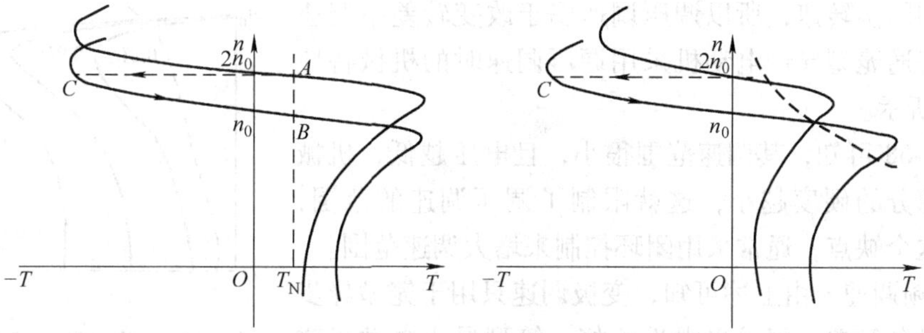

a)　　　　　　　　　b)

图 1-64　变极调速的机械特性

a）Y-YY　b）△-YY

2）改变转差率调速。

①　绕线转子异步电动机转子串联电阻调速。绕线转子异步电动机转子串联不同电阻时的调速特性如图 1-65 所示。

从图 1-65 中的机械特性可以看出，改变转子的串联电阻，可以调节转速。转子串联电阻越大，转速越低，因为改变转子的串联电阻不影响同步转速，只改变转差率，因此属于转差率调速。电动机在某一转速下稳定运行时，由于串联电阻增大，必然导致转子电流减小，从而导致电磁转矩减小，使电动机转矩小于负载转矩，电动机减速，转差率增大。

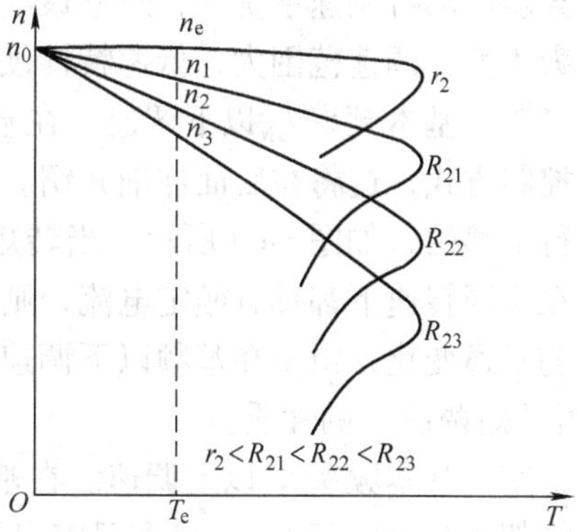

图 1-65　绕线转子异步电动机转子串联电阻调速的机械特性

②　串级调速。异步电动机的串级调速就是在异步电动机转子电路内引入感应电动势 E_f，以调节异步电动机的转速。引入电动势的方向，可与转子电动势方向相同或者相反，其频率与转子频率相同。串级调速的等效电路如图 1-66 所示，串级调速的机械特性如图 1-67 所示。

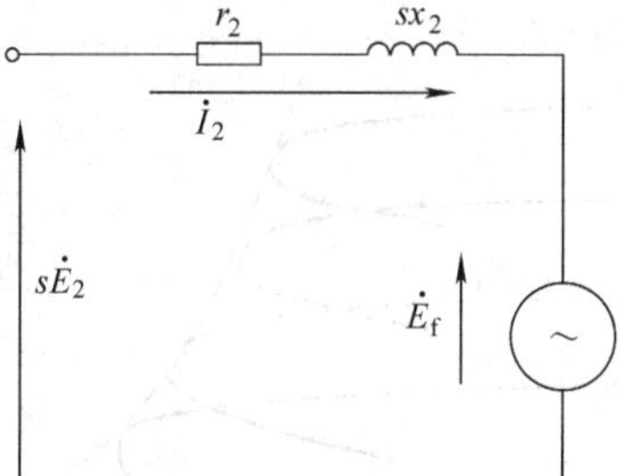

图 1-66　串级调速的等效电路

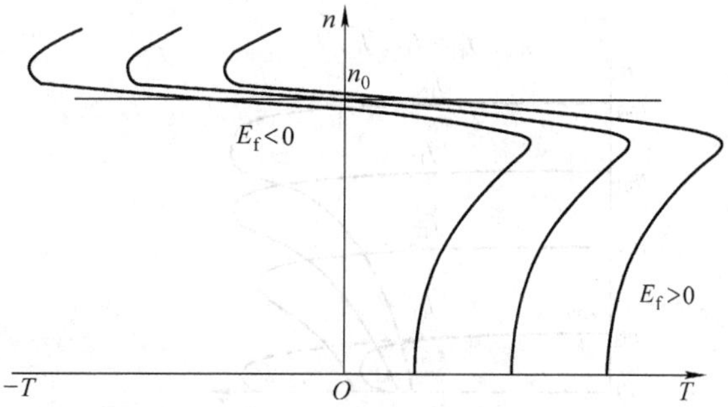

图 1-67　串级调速时异步电动机的机械特性

③　调压调速。因为电动机的工作电压不允许超过额定值，所以调节电压只能在额定电

压以下进行。因此，调压调速也称为降压调速。因为改变电压不影响同步转速，所以调压调速属于改变转差率调速这一类。普通笼型异步电动机采用调压调速时的机械特性如图 1-68 所示。

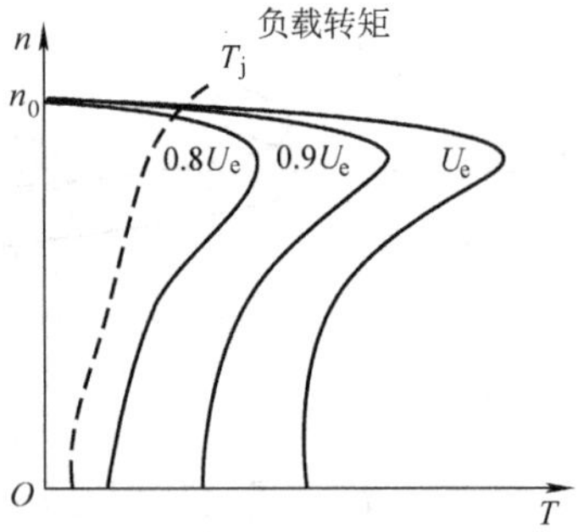

图 1-68 普通笼型异步电动机采用调压调速时的机械特性

由图 1-68 可知，其调速范围很小，且电压越低，机械特性直线部分的硬度越小，这就限制了调压调速的范围，为了克服这个缺点，通常采用闭环控制来增大调速范围。

3）变频调速。由上述可知，变极调速只用于笼型异步电动机，设备简单，但是平滑性不好。笼型异步电动机改变定子电压调速，属于改变转差率调速范畴，它的转差功率消耗在转子中，效率低，发热严重，只适合于较小功率的生产机械。

绕线转子异步电动机转子串电阻调速，其低速特性软，调速范围小，效率低，平滑性差；串级调速，其转差功率能够回馈电网，调速效率高，特性硬，能实现无级调速，但低速时过载能力较低，功率因数不高。而变频调速最大限度地克服了上述调速方法的缺点。在各种异步电动机调速系统中，效率最高，性能也最好，可实现恒转矩调速，且保持电动机过载能力不变，调速范围大，低速特性硬，可实现无级调速。

① 基本频率 f_{1N} 以下调速。在基本频率（简称基频）f_{1N} 以下调速时，采用的是 U/f 恒定控制方式，这将在后面详细介绍。在恒压频比条件下改变频率时，机械特性曲线基本上是平行下移的，如图 1-69 所示。当转矩增大到最大值以后，特性曲线就折回来了。如果电动机在不同转速下都具有额定电流，则电动机都能在温升允许条件下长期运行，这时转矩基本上随磁通变化，由于在基频以下调速时磁通量恒定，所以转矩也恒定。在基频以下调速属于“恒转矩调速”的性质。

② 基本频率 f_{1N} 以上调速。在基频以上调速时，频率可以从 f_{1N} 往上增高，但电压 U_1 却不能超过额定电压 U_{1N}，最多只能保持 $U_1 = U_{1N}$。

在基频 f_{1N} 以上变频调速时，由于电压 $U_1 = U_{1N}$ 不变，不难证明，当频率提高时，同步转速随之提高，最大转矩减小，机械特性曲线上移，如图 1-70 所示。由于频率提高而电压不变，气隙磁动势必然减弱，导致转矩减小。由于转速升高了，可以认为输出功率基本不变。所以基频以上变频调速属于弱磁恒功率调速。

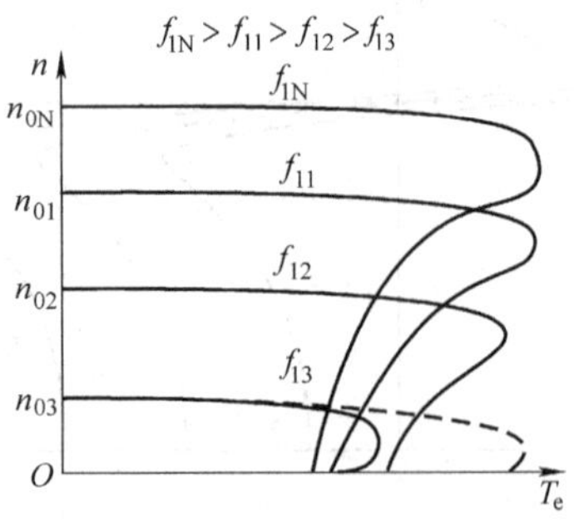

图 1-69 基频以下调速时的机械特性

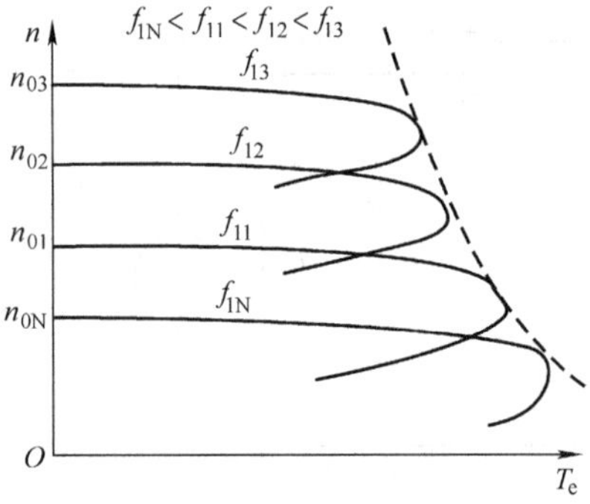

图 1-70 基频以上调速时的机械特性

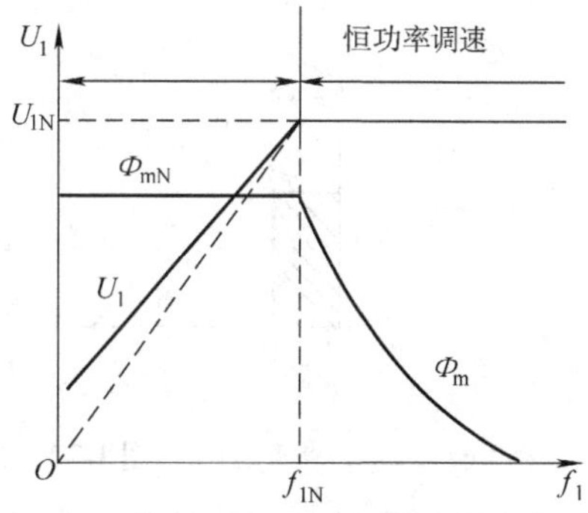

图 1-71　异步电动机变频调速控制特性

把基频以上和基频以下两种情况结合起来，可以得到如图 1-71 所示的异步电动机变频调速控制特性。应该注意的是，以上所分析的机械特性都是在正弦波电压供电下的情况。如果电压源含有谐波，将使机械特性受到扭曲变形，并增加电动机中的损耗。因此，在选购变频器时，变频器输出的谐波越小越好。

通过分析得出如下结论：当 $f_1 \leqslant f_{1N}$ 时，变频装置必须在改变输出频率的同时改变输出电压的幅值，才能满足对异步电动机的变频调速的基本要求。这样的装置通称为变压变频（VVVF）装置，其中 VVVF 是 Variable Voltage Variable Frequency 的缩写。这是通用变频器工作的最基本原理，也是设计变频器时所满足的最基本要求。后面章节将详细介绍通用变频器是如何实现变压变频的。

3. SPWM 控制技术

在异步电动机恒转矩的变频调速系统中，随着变频器输出频率的变化，必须相应地调节其输出电压。此外，在变频器输出频率不变的情况下，为了补偿电网电压和负载变化所引起的输出电压波动，也应适当地调节其输出电压，具体实现调压和调频的方法有很多种，但一般从变频器的输出电压和频率的控制方法分为 PAM 和 PWM。

PAM（Pulse Amplitude Modulation），是一种改变电压源电压 U_d 或电流源电流 I_d 的幅值，进行输出控制的方式。它在变频器部分只控制频率，在整流电路和中间电路部分控制输出的电压或电流。由于 PAM 存在一些固有的缺陷，目前变频器中已很少应用。

PWM（Pulse Width Modulation）脉宽调制型变频，是靠改变脉冲宽度来控制输出电压，通过改变调制周期来控制其输出频率。脉宽调制的方法很多，以调制脉冲的极性分，可分为单极性调制和双极性调制两种；以载频信号与参考信号频率之间的关系分，可分为同步调制和异步调制两种。

两种方法的共同特点是变频器在改变输出频率的同时改变输出电压，只不过 PAM 改变的是输出电压的振幅值，而 PWM 改变的是输出电压的脉宽占空比（振幅值不变）。不论是 PAM 还是 PWM，其输出电压和电流的波形都是非正弦波，具有许多谐波成分。正弦脉宽调制（SPWM）可以使输出电压的波形接近于正弦波，在此重点讲述 SPWM 方式。

（1）SPWM 控制的基本原理　SPWM 控制方式就是对逆变电路开关器件的通断进行控制，使输出端得到一系列幅值相等而宽度不等的脉冲，用这些脉冲来代替正弦波所需要的波形。按一定的规则对各脉冲的宽度进行调制，既可改变逆变电路输出电压的大小，也可改变输出频率。这种电路的特点主要是：可以得到非常接近正弦波的输出电压和电流，所以也称为正弦波脉宽调制（Sinusoidal PWM，SPWM）。

采样控制理论有这样一个结论：冲量相等而形状不同的窄脉冲加在具有惯性的环节上时，其效果基本相同。冲量即指窄脉冲的面积，效果基本相同是指环节的输出响应波形基本相同。例如，图 1-72 所示的三种窄脉冲形状不同，但面积相同（假如都等于 1），当它们分别加在同一个惯性环节上时，其输出响应基本相同，且脉冲越窄，其输出差异越小。

根据上述理论，分析一下正弦波如何用一系列等幅不等宽的脉冲来代替。图 1-73a 所示

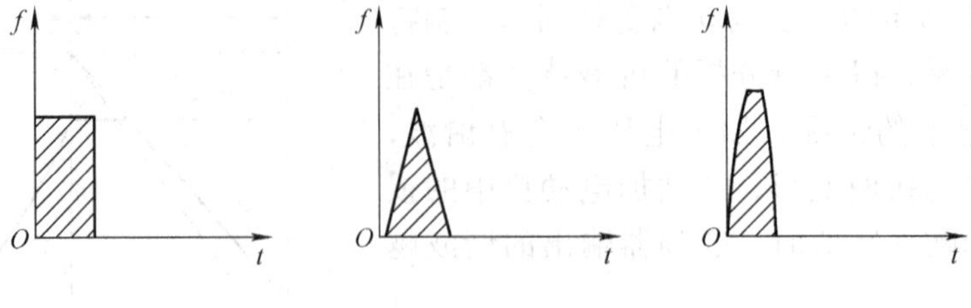

图 1-72　冲量相等形状不同的三种窄脉冲

是将一个正弦半波分成 n 等份，每一份可看作是一个脉冲，很显然这些脉冲宽度相等，都等于 π/n，但幅值不等，脉冲顶部为曲线，各脉冲幅值按正弦规律变化。若把上述脉冲序列用同样数量的等幅不等宽的矩形脉冲序列代替，并使矩形脉冲的中点和相应正弦等分脉冲的中点重合，且使两者的面积（冲量）相等，就可以得到图 1-73b 所示的脉冲序列，即 PWM 波形。可以看出，各脉冲的宽度是按正弦规律变化的。根据冲量相等效果相同的原理，PWM 波形和正弦半波是等效的。用同样的方法，也可以得到正弦负半周的 PWM 波形。由 n 个等幅不等宽的矩形脉冲所组成的波形就与正弦波的半周等效，称为 SPWM 波形。这种正弦波正负半周分别用正负脉冲等效的 SPWM 波形称为单极式 SPWM。

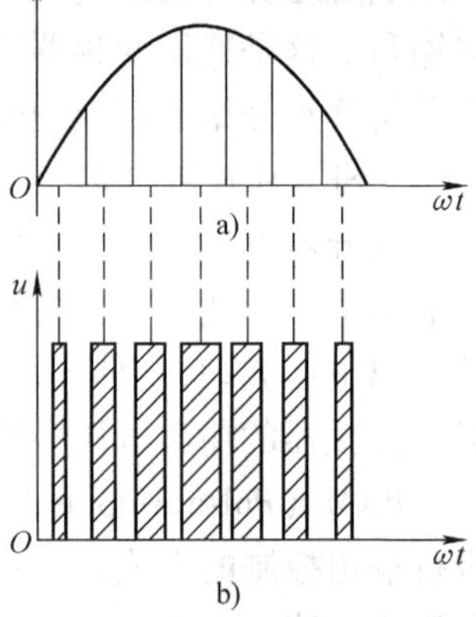

图 1-73　PWM 控制的基本原理示意图

因此，在给出了正弦波频率、幅值和半个周期内的脉冲数后，就可以准确地计算出 SPWM 波形各脉冲的宽度和间隔。按照计算结果控制电路中各开关器件的通断，就可以得到所需要的 SPWM 波形。但这种计算非常繁琐，而且当正弦波的频率、幅值等变化时，结果还要变化。较为实用的方法是采用载波，即把希望的波形作为调制信号，把接受调制的信号作为载波，通过对载波的调制得到所期望的 PWM 波形。通常采用等腰三角波作为载波，因为等腰三角波上下宽度与高度成线性关系，且左右对称，当它与任何一个平缓变化的调制信号波相交时，如在交点时刻控制电路中开关器件的通断，就可以得到宽度正比于信号波幅值的脉冲，这正好符合 PWM 控制的要求。当调制信号波为正弦波时，所得到的就是 SPWM 波形。SPWM 脉冲系列中，各脉冲的宽度以及相互间的间隔是由正弦波（基准波或调制波）和等腰三角波（载波）的交点来决定的。

图 1-74 所示为单相桥式 PWM 逆变电路，负载为电感性，功率晶体管作为开关器件。对功率晶体管的控制方法为：在正半周期，让晶体管 V2、V3 一直处于截止状态，而让 V1 一直保持导通，晶体管 V4 交替通断。当 V1 和 V4 都导通时，负载上所加的电压为直流电源电压 U_d。当 V1 导通而使 V4 关断时，由于电感性负载中的电流不能突变，负载电流将通过二极管 VD3 续流，忽略晶体管和二极管的导通压降，负载上所加电

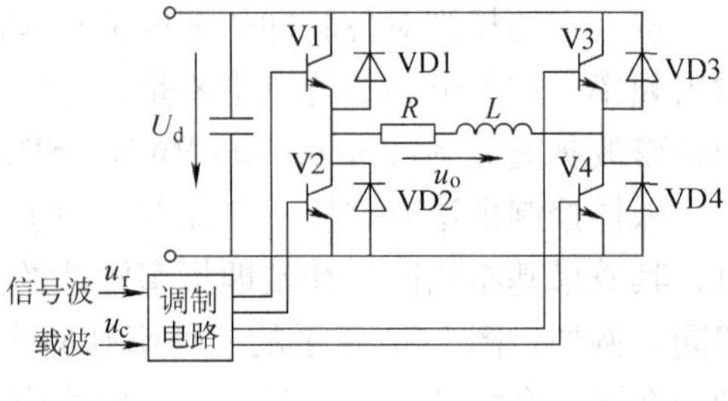

图 1-74　单相桥式 PWM 逆变电路

压为零。如果负载电流较大，那么直到使V4再一次导通之前，VD3一直持续导通。如果负载电流较快地衰减到零，在V4再次导通之前，负载电压也一直为零。这样输出到负载上的电压u_o就有零和U_d两种电平。同样在负半周期，让晶体管V1、V4一直处于截止，而让V2保持导通，V3交替通断。当V2、V3都导通时，负载上加有$-U_d$，当V3关断时，VD4续流，负载电压为零。因此在负载上可得到$-U_d$和零两种电平。

由以上分析可知，控制V3或V4的通断过程，就可使负载得到SPWM波形，控制方式通常有单极性方式和双极性方式。

(2) SPWM逆变电路的控制方式

1）单极性方式。单极性控制方式波形如图1-75所示，载波u_c在调制信号波u_r的正半周为正极性的三角波，在负半周为负极性的三角波。每半个周期内，所有三角波的极性均相同（单极性）。调制信号为正弦波，其周期决定于所需要电压波形的频率，其振幅决定于所需要的电压波形的振幅，在u_r和u_c的交点时刻控制晶体管V3或V4的通断。具体为：在u_r的正半周，V1保持导通，当$u_r > u_c$时使V4导通，负载电压$u_o = U_d$，当$u_r < u_c$时使V4关断，$u_o = 0$；在u_r的负半周，V1关断，V2保持导通，当$u_r < u_c$时，使V3导通，$u_o = -U_d$，当$u_r > u_c$时使V3关断，$u_o = 0$。这样就得到了SPWM波形。图1-75中虚线u_{of}表示u_o中的基波分量。像这种在u_r的正半周期内三角波载波只在一个方向变化，所得到的PWM波形也只在一个方向变化的控制方式称为单极性PWM控制方式。

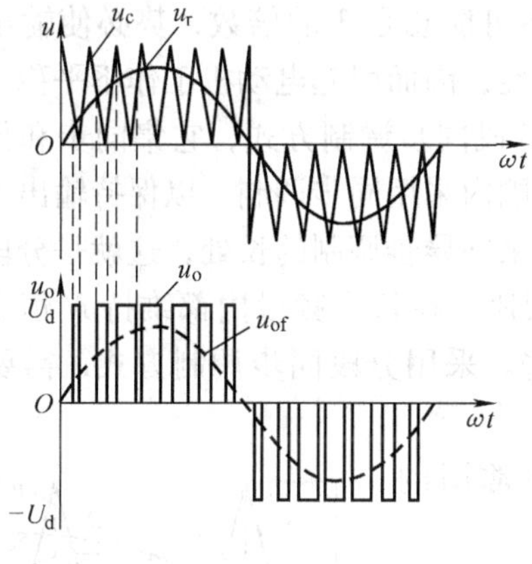

图1-75　单极性PWM控制原理

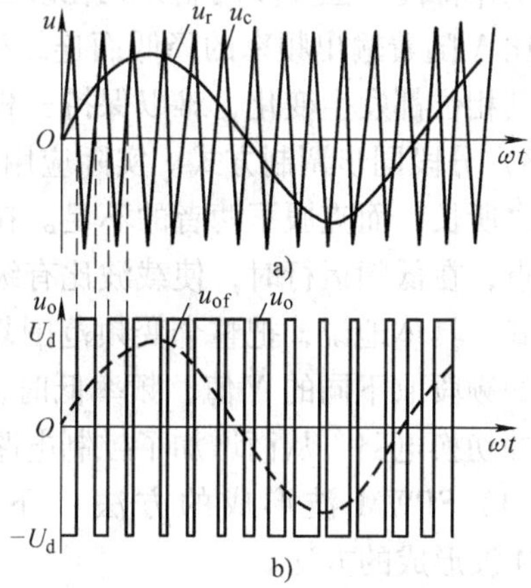

图1-76　双极性PWM控制原理

2）双极性控制方式。双极性控制方式波形如图1-76所示，在u_r的半个周期内，三角波载波是在正负两个方向变化的，所得到的PWM波形也是在两个方向变化的。在u_r的一个周期内，输出的PWM波形只有$\pm U_d$两种电平。仍然在调制信号u_r和载波信号u_c的交点时刻控制各开关器件的通断。在u_r的正负半周，对各开关器件的控制规律相同。在$u_r > u_c$时，给晶体管V1、V4以导通信号，给V2、V3以关断信号，输出电压$u_o = U_d$。可以看出，同一半桥上下两个桥臂晶体管的驱动信号极性相反，处于互补工作方式。在电感性负载情况下，若V1和V4处于导通状态时，给V1、V4关断信号，给V2、V3以导通信号后，则V1、V4立即关断，因感性负载电流不能突变，V2、V3并不能立即导通，这时二极管VD2和VD3导通续流。当感性负载电流较大时，直到下一次V1和V4重新导通时，负载电流方向始终未变，VD2、VD3 持续导通，而 V2 和 V3 始终未导通。当负载电流较小时，在负载电流下降到零之前，VD2 和 VD3 续流，之后 V2 和 V3 导通，负载电流反向。不论 VD2、VD3 导通或是 V2、V3 导通，负载电压都是 $-U_d$。同样可以分析从 V2 和 V3 导通向 V1 和 V4 导通切换时，由于电感的作用产生 VD1 和 VD4 的续流情况。

（3）SPWM 逆变电路的调制方式　在 SPWM 逆变电路中，三角波电压的频率 f_t 与调制波电压的频率 f_r（即逆变电路的输出频率）之比 $N=f_t/f_r$ 称为载波比，也称为调制比。根据载波比的变化与否，PWM 调制方式可分为同步式、异步式和分段同步式。

1）同步调制方式。载波比 N 等于常数时称为同步调制方式。同步调制方式在逆变电路输出电压每个周期内所采用的三角波电压数目是固定的，因而所产生的 SPWM 脉冲数是一定的。其优点是在逆变电路输出频率变化的整个范围内，皆可保持输出波形的正、负半波完全对称，只有奇次谐波存在，而且能严格保证逆变电路输出三相波形之间具有 120°相位移的对称关系；缺点是当逆变电路输出频率很低时，每个周期内的 SPWM 脉冲数过少，低频谐波分量较大，使负载电动机产生转矩脉动和噪声。

2）异步调制方式。为消除上述同步调制的缺点，可以采用异步调制方式。即在逆变电路的整个变频范围内，载波比 N 不是一个常数。一般在改变调制波频率 f_r 时保持三角波频率 f_t 不变，因而提高了低频时的载波比，这样逆变电路输出电压每个周期内 PWM 脉冲数可随输出频率的降低而增加，相应地可减少负载电动机的转矩脉动与噪声，改善了调速系统的低频工作特性。但异步调制方式在改善低频工作性能的同时，又失去了同步调制的优点。当载波比 N 随着输出频率的降低而连续变化时，它不可能总是 3 的倍数，势必使输出电压波形及其相位都发生变化，难以保持三相输出的对称性，因而引起电动机工作不平稳。

3）分段同步调制方式。实际应用中，多采用分段同步调制方式，它集同步和异步调制方式之所长，而克服了两者的不足。在一定频率范围内采用同步调制，以保持输出波形对称的优点，在低频运行时，使载波比有级地增大，以采纳异步调制的长处，这就是分段同步调制方式。具体地说，把整个变频范围划分为若干频段，在每个频段内都维持 N 恒定，而对不同的频段取不同的 N 值，频率低时，N 值取大些。采用分段同步调制方式，需要增加调制脉冲切换电路，从而增加了控制电路的复杂性。

（4）SPWM 波形成的方法　下面介绍几种常用的 SPWM 波形成的方法。

1）自然采样法。自然采样法即计算正弦信号波和三角载波的交点，从而求出相应的脉宽和间歇时间，生成 SPWM 波形。如图 1-77 所示，截取一段正弦与三角波相交的实时状况。检测出交点 A 是发出脉冲的初始时刻，B 点是脉冲结束时刻。T_c 为三角波的周期，t_2 为 A、B 之间的脉宽时间，t_1 和 t_3 为间歇时间。显然，$T_c = t_1 + t_2 + t_3$。

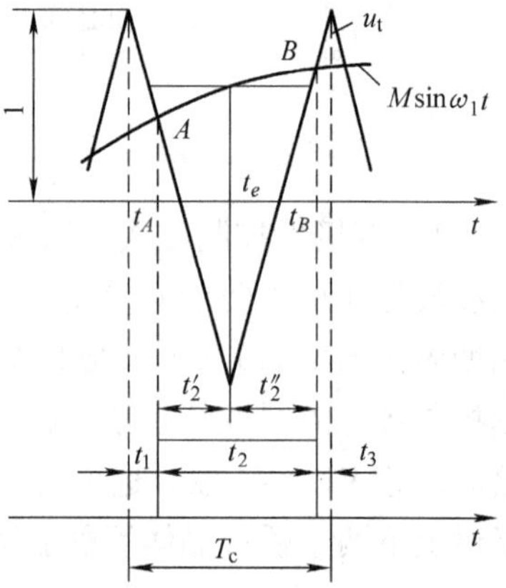

图 1-77　自然采样法生成 SPWM 波形

若以单位量 1 代表三角载波的幅值 U_{tm}，则正弦波的幅值就是调制度 M，$M=U_{rm}/U_{tm}=U_{rm}$，正弦波的公式可写为 $u_r=M\sin\omega_1 t$，式中 ω_1 是正弦波的频率，也就是变频器的输出频率。

经推导可得脉宽的计算公式

$$t_2 = \frac{T_c}{2}\left[1 + \frac{M}{2}(\sin\omega_1 t_A + \sin\omega_1 t_B)\right] \tag{1-11}$$

本方法需要实时采样 t_A、t_B，计算与控制均比较困难，故实际进行微机控制时，取简化的近似处理，在三角波为 $-U_{tm}$ 的 t_e 点进行一次采样，脉宽公式即简化为

$$t_2 = \frac{T_c}{2}(1 + M\sin\omega_1 t_e) \tag{1-12}$$

2）数字控制法。早期使用的自然采样法是由模拟控制来实现的方法，现在已很少用。现在用的是由微机来完成的数字控制方法。微机存储预先计算好的 SPWM 数据表格，控制时根据指令调出，由微机的输出接口输出。

3）采用 SPWM 专用集成电路芯片。用微机产生 SPWM 波形，其效果受到指令功能、运算速度、存储容量等限制，有时难以有很好的实时性，因此，完全依靠软件生成 SPWM 波形实际上很难适应高频变频器的要求。

随着微电子技术的发展，已开发出一批用于产生 SPWM 信号的集成电路芯片。对于目前已投入市场的 SPWM 芯片，进口的有 HEF4725、SLE4520，国产的有 THP4725、ZPS—101 等。有些单片机本身就带有 SPWM 端口，如 8098、80C196MC 等。

4. 变频器的控制方式

目前，常用的变频器采用的控制方式有：*U/f* 控制、转差频率控制、矢量控制和直接转矩控制等。

（1）*U/f* 控制　作为变频器调速控制方式，*U/f* 控制比较简单，多用于通用变频器，如风机、泵类机械的节能运转及生产流水线的工作台传动等。

U/f 控制是使变频器的输出在改变频率的同时也改变电压，通常是使 *U/f* 为常数，这样可使电动机的磁通量保持一定，在较宽的调速范围内，电动机的转矩、效率、功率因数不下降。

1）*U/f* 控制原理。

① 异步电动机的等效电路。异步电动机的转子能量是通过电磁感应得到的。定子和转子之间在电路上没有任何联系，其电路可用图 1-47 来表示。

在图 1-47 中，U_1 为定子的相电压；I_1 为定子的相电流；r_1 为定子每相绕组的电阻；x_1 为定子每相绕组的漏抗；E_2'、I_2'、x_2' 分别为转子电路中产生的电动势、电流、漏电抗；E_1 为每相定子绕组的反电动势，它是定子绕组切割旋转磁场而产生的，其有效值计算如下：

$$E_1 = 4.44 f_1 k_{N1} N_1 \Phi_M \tag{1-13}$$

式中　f_1——电源频率；

k_{N1}——与绕组结构有关的常数；

N_1——每相定子绕组的匝数；

Φ_M——每极气隙磁通量（Wb）。

由式（1-13）可见，只要控制好 E_1 和 f_1，便可达到控制磁通量 Φ_M 的目的。

② 变频调速要求。由于 $4.44k_{N1}N_1$ 均为常数，所以定子绕组的反电势 E_1 可表示为

$$E_1 \propto f_1 \Phi_M \tag{1-14}$$

在额定频率时即 $f_1 = f_N$ 时，可以忽略 ΔU，可得到

$$U_1 \approx E_1 \tag{1-15}$$

因此，进而得到

$$U_1 \approx E_1 \propto f_1\Phi_M$$

此时若 U_1 没有变化，则 E_1 也可认为基本不变。如果这时从额定频率 f_N 向下调节频率，必将使 Φ_M 增加，即 $f_1\downarrow \rightarrow \Phi_M\uparrow$。

由于额定工作时电动机的磁通已接近饱和，Φ_M 增加将会使电动机的铁心出现深度饱和，这将使励磁电流急剧升高，导致定子电流和定子铁心损耗急剧增加，使电动机工作不正常。可见，在变频调速时单纯调节频率是行不通的。

为了达到下调频率时，磁通 Φ_M 不变，可以根据式（1-14），满足

$$\frac{E_1}{f_1} = 常数 \tag{1-16}$$

即在频率 f_1 下调时，也同步下调反电动势 E_1，但是由于 E_1 是定子反电动势，无法直接进行检测和控制，但根据式（1-15），有 $U_1 \approx E_1$，式（1-16）可写为

$$\frac{U_1}{f_1} = 常数 \tag{1-17}$$

因此，在额定频率以下，即 $f_1 < f_N$ 调频时，同时下调加在定子绕组上的电压，即恒 U/f 控制。

这时应当注意的是，电动机工作在额定频率时，其定子电压也应是额定电压，即

$$f_1 = f_N \quad U_1 = U_N$$

若在额定频率以上调频时，U_1 就不能跟着上调了，因为电动机定子绕组上的电压不允许超过额定电压，即必须保持 $U_1 = U_N$ 不变。

2）恒 U/f 控制方式的机械特性。下面对恒 U/f 控制方式的机械特性作以分析。

① 调频比和调压比。调频时，通常都是相对于其额定频率 f_N 来进行调节的，那么调频频率 f_x 就可以表示为

$$f_x = k_f f_N \tag{1-18}$$

式中，k_f 为频率调节比（也叫调频比）。k_f 的值可能大于 1、等于 1、或小于 1。

根据变频也要变压的原则，在变压时也存在着调压比，调整电压 U_x 可表示为

$$U_x = k_u U_N \tag{1-19}$$

式中 k_u——调压比；

U_N——电动机的额定电压。

② 变频后电动机的机械特性。临界点是确定机械特性的关键点，由于理论推导过于繁琐，下面通过一组实验数据来观察临界点随频率变化的规律，从而得出机械特性的大致轮廓。表 1-5 是某 4 极电动机在 $k_f = k_u < 1$ 时的实验结果。

表 1-5 某 4 极电动机 $k_f = k_u < 1$ 时的临界点坐标

k_f	1.0	0.9	0.8	0.7	0.6	0.5	0.4	0.3	0.2
$n_{0x}/\text{r}\cdot\text{min}^{-1}$	1500	1350	1200	1050	900	750	660	450	300
T_{Kx}/T_{KN}	1.0	0.97	0.94	0.9	0.85	0.79	0.7	0.6	0.45
$\Delta n_{Kx}/\text{r}\cdot\text{min}^{-1}$	285	285	285	285	279	270	255	225	186

注：表中 T_{KN} 为额定频率时的临界转矩。

③ 调速时的机械特性曲线。结合表1-5中的数据，就可以绘出 $k_f=1$，0.9，0.5，0.3 的机械特性曲线 f_N、$f_x^{0.9}$、$f_x^{0.5}$、$f_x^{0.3}$，如图1-78所示。

观察各条机械特性，它们的特征如下。

a. 从 f_N 向下调频时，n_{0x} 下移，T_{Kx} 逐渐减小。

b. f_x 在 f_N 附近下调时：$k_f=k_u\to1$，T_{Kx} 减小很少，可近似认为 $T_{Kx}\approx T_{KN}$，f_x 调的很低时：$k_f=k_u\to0$，T_{Kx} 减小很快。

c. 不同 f_x 时，临界转差 Δn_{Kx} 变化不是很大，所以稳定工作区的机械特性基本是平行的，且机械特性较硬。

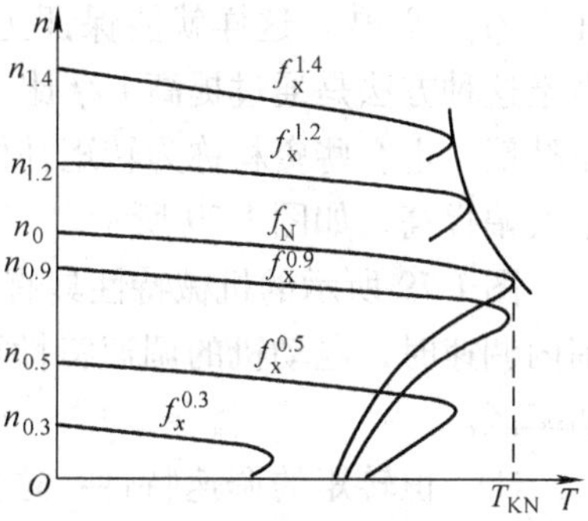

图1-78　异步电动机变频调速机械特性

下面分析 $f_x>f_N$ 时的机械特性：当 $f_x>f_N$ 时，电动机定子电压保持额定电压不变，理想空载点 n_{0x} 在 n_0 的上方随着 k_f 的增加而上移。

同样使用实验数据来观察临界点位置的变化。表1-6是某4极电动机在 $k_f>1$ 时的实验结果。

表1-6　某4极电动机 $k_f>1$ 时的临界点坐标

k_f	1.0	1.2	1.4	1.6	1.8	2.0
n_{0x}/r·min^{-1}	1500	1800	2100	2400	2700	3000
T_{Kx}/T_{KN}	1.0	0.72	0.55	0.43	0.34	0.28
Δn_{Kx}/r·min^{-1}	291	294	296	297	297	297

结合表1-6中数据，做出 $k_f=1.2$，1.4 时的机械特性 $f_x^{1.2}$、$f_x^{1.4}$，如图1-78所示，各条机械特性具有以下特征。

a. f_N 向上调频时，n_{0x} 上移，T_{Kx} 大幅减小。

b. 临界转差 Δn_{Kx} 几乎不变。但由于 T_{Kx} 减小很多，所以机械特性斜度加大，特性变软。

3）对额定频率 f_N 以下变频调速特性的修正。在低频时，T_{Kx} 的大幅减小，严重影响到电动机在低速时的带负载能力，造成低频时 T_{Kx} 减小的原因和解决的方法如下。

① T_{Kx} 减小的原因：由于调频时为维持电动机的主磁通 Φ_M 不变，需要保证 E/f 为常数，由于 E 不易检测和控制，用 U/f = 常数来代替上述等式。这种近似代替是以忽略电动机定子绕组阻抗压降为代价的。但低频时 f_x 降得很低，U_x 也很小，此时再忽略 ΔU 就会引起很大的误差，从而引起 T_{Kx} 大幅下降。

由于电动机的定子电压为

$$U_x = E_x + \Delta U_x \tag{1-20}$$

式中，ΔU_x 为电动机定子绕组的阻抗压降。

由式（1-20）可以看出，当 f_x 降低时，U_x 也已很小，ΔU_x 在 U_x 中的比重越来越大，而 E_x 在 U_x 的比重却越来越小。如仍保持 U_x/f_x = 常数，E_x/f_x 的比值却在不断减小。此时主磁通 Φ_M 减少，从而引起电磁转矩的减小。

以上分析过程可表示为

$$k_f\downarrow(k_u=k_f)\to\frac{\Delta U_x}{U_x}\uparrow\to\frac{E_x}{U_x}\downarrow\to\Phi_M\downarrow\to T_{Kx}\downarrow$$

② 解决办法：针对 $k_f=k_u$ 下降时 E_x 在 U_x 的比重减小，从而造成 Φ_M 和电磁转矩 T_{Kx} 下降的情况，可适当提高调压比 k_u，使 $k_u>k_f$，即提高 U_x 的值，使得 E_x 的值增加，从而保证 E_x/f_x = 常数。这样就能保证主磁通 Φ_M 基本不变。最终使电动机的临界转矩得到补偿。由于这种方法是通过提高 U/f 比（即 $k_u>k_f$）使 T_{Kx} 得到补偿的，因此，这种方法被称作电压补偿，也有些资料称为转矩补偿。经过电压补偿后，电动机的机械特性在低频时 T_{Kx} 得到了大幅提高，如图 1-79 所示。

图 1-79 所示的机械特性具有以下的特征：在全频范围内调速时，电动机的调速特性可以分为恒转矩区和恒功率区。

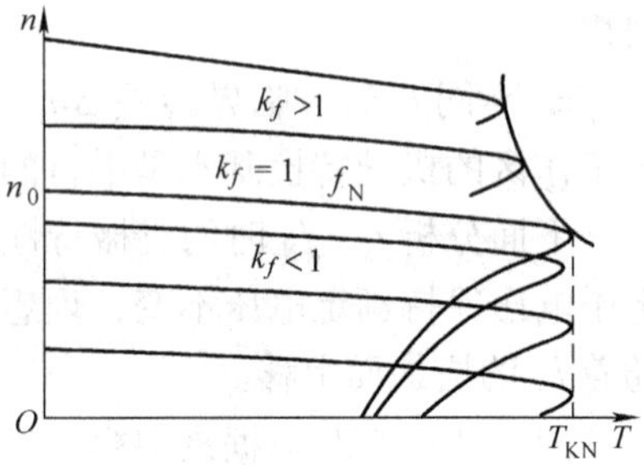

图 1-79 U/f 采用电压补偿后异步电动机的机械特性

① 恒转矩的调速特性：这里所讲的恒转矩，是指在转速变化的过程中，电动机具有输出恒定转矩的能力。在 $f_x<f_N$ 的范围内进行变频调速时，经过补偿后，各条机械特性的 T_{Kx} 基本为一定值，因此，这区域基本为恒转矩调速区域，适合带恒转矩的负载。

从另一方面来看，经补偿以后的 $f_x<f_N$ 调速，可基本认为 E/f = 常数，即 Φ_M 不变，因此，在负载不变的情况下 T_{Kx} 基本为一定值。

② 恒功率的调速特性：这里的恒功率，是指在转速变化的过程中，电动机具有输出恒定功率的能力。在 $f_x>f_N$ 情况下，通常 k_f 的取值在 1 ~ 1.5 之间，在这个范围内变频调速时，各条机械特性曲线的最大电磁功率 P_{Kx} 可表示为

$$P_{Kx}=\frac{T_{Kx}n_{Kx}}{9550}\approx \text{常数} \tag{1-21}$$

因此 $f_x>f_N$ 时，电动机近似具有恒功率的调速特性，适合带恒功率的负载。

4）U/f 控制的功能。

① 转矩提升。转矩提升是指通过提高 U/f 比来补偿 f_x 下调时引起的 T_{Kx} 下降，但并不是 U/f 比取大些就好。

a. 电压完全补偿。电压完全补偿的含义是不论 f_x 调多小（即 $k_f=k_u$ 的值多小），通过提高 U_x（$k_u>k_f$）都能使得最大转矩 T_{Kx} 与额定频率时的最大转矩 T_{KN} 相等，以保证电动机的过载能力不变，这种补偿称作全补偿。

b. 补偿过分的后果。如果变频时的 U/f 比选择不当，使得电压补偿过多，即 U_x 提升过多，E_x 在 U_x 中占的比例会相对减小（E_x/U_x 减小），其结果是使磁通 Φ_M 增大，从而达到新的平衡，即

$$U_x\uparrow\uparrow\rightarrow\frac{E_x}{U_x}\downarrow\rightarrow I_1\uparrow\rightarrow I_0\uparrow\rightarrow\Phi_M\uparrow\rightarrow E_x\rightarrow\frac{E_x}{U_x}\uparrow$$

由于 Φ_M 的增大会引起电动机铁心饱和，而铁心饱和会导致励磁电流的波形发生畸变，产生很大的峰值电流。电压补偿越过分，电动机铁心饱和越厉害，励磁电流的峰值越大，严重时可能会引起变频器因过电流而跳闸。

通过以上分析可知，低频时 U/f 值决不可盲目取大。但是，在负载变化较大的拖动系统中，会不可避免地出现上述情况。例如，起重机械起吊的重物有时重，有时轻；电梯里的乘

客有时多，有时少等等。负载变动，则电流也必变动，阻抗压降也就变动。而 U/f 值只能根据负载最重时的工况进行设定，且设定后是不能随负载而变的。因此，在轻载时就出现了补偿过分。

针对 U/f 控制中的过分补偿情况，一些高性能的变频器都设置了自动转矩补偿功能。

② U/f 控制功能的选择。为了方便用户选择 U/f 值，变频器通常都是以 U/f 控制曲线的方式提供给用户，让用户进行选择，如图 1-80 所示。

U/f 控制曲线的种类如下。

a. 基本 U/f 控制曲线。把 $k_f = k_u$ 时的 U/f 控制曲线称作基本 U/f 曲线，它表明了没有补偿时的电压 U_x 和频率 f_x 之间的变化关系，它是进行 U/f 控制时的基准曲线。基本 U/f 曲线之上，与额定输出电压对应的频率称为基本频率，用 f_b 表示为 $f_b = f_N$。基本 U/f 曲线如图 1-81 所示。

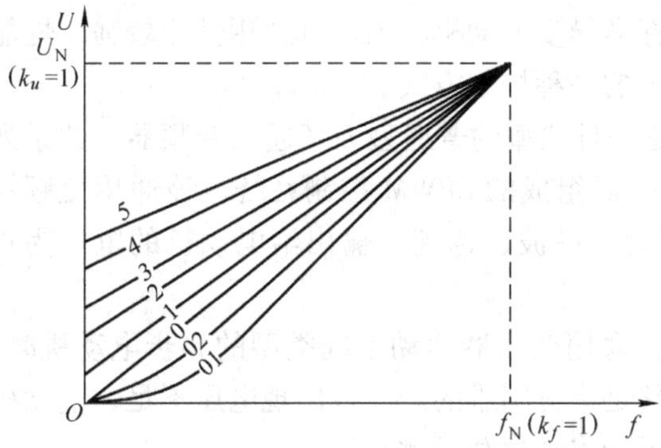

图 1-80 变频器的 U/f 控制曲线

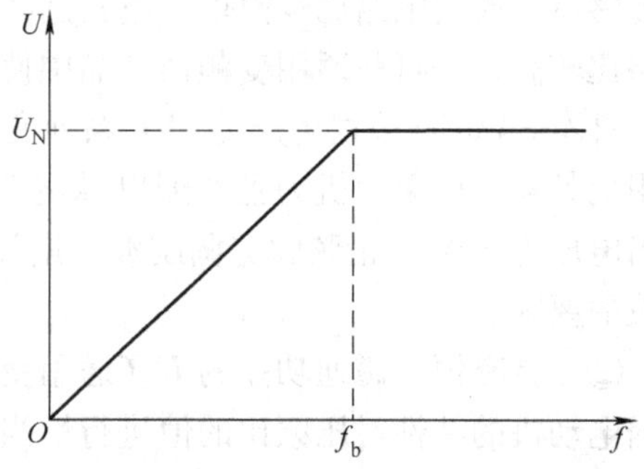

图 1-81 基本 U/f 曲线

b. 转矩补偿的 U/f 曲线。特点：在 $f_x = 0$ 时，不同的 U/f 曲线，电压补偿值 U_x 不同，如图 1-80 中 5 条曲线所示。

适用负载：经过补偿的 U/f 曲线适用于低速时需要较大转矩的负载，且根据低速时负载的大小来确定补偿的程度，选择 U/f 曲线。

c. 负补偿的 U/f 曲线。特点：低速时，U/f 曲线在基本 U/f 曲线的下方，如图 1-80 中的 01、02 曲线。这种在低速时减少电压 U_x 的做法叫负补偿，也叫减低 U/f 值。

适用负载：主要适用于风机、泵类的二次方律负载。由于这种负载的阻转矩和转速的二次方成正比，即低速时负载转矩很小，即使不补偿，电动机输出的电磁转矩都足以带动负载，而且还有富裕。从节能的角度来考虑，U_x（或 k_u）还可以减小。

d. U/f 值分段的补偿曲线。特点：U/f 曲线由几段组成，每段的 U/f 值均由用户自行给定，如图 1-82 所示。

适用负载：这种补偿曲线主要适合负载转矩与转速大致成比例的负载。在低速时补偿少，在高速时补偿程度需要加大。

上面讲解了 U/f 控制曲线的选择方法和原则，但是由于具体的补偿量的计算非常复杂，因此在实际操作中，常用实验的办法来选择 U/f 曲线。具体操作有下面几个步骤：

a. 将拖动系统连接好，带上最重的负载。

b. 根据所带负载的性质，选择一个较小的 U/f 曲线，在低速时观察电动机的运行情况，如果此时电动机的带负载能力达不到要求，需将 U/f 曲线提高一挡。依此类推，直到电动机在低速时的带负载能力达到拖动系统的要求。

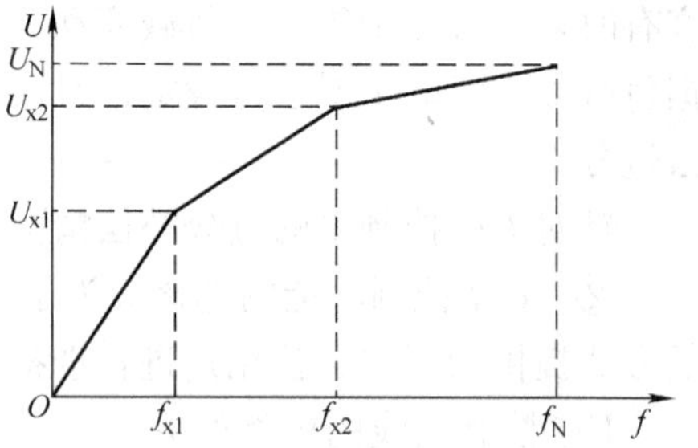

图 1-82　U/f 值分段的补偿曲线

如果负载经常变化，在选择转矩补偿 U/f 曲线时，还需要在轻载和空载状态下进行检验。具体方法是：将拖动系统带以最轻的负载或空载，在低速下运行，观察定子电流 I_1 的大小，如果 I_1 过大，或者变频器跳闸，说明原来选择的 U/f 曲线过大，补偿过分，需要适当调低 U/f 曲线。

5）U/f 控制的应用。

① 普通型 U/f 控制通用变频器。普通型 U/f 控制通用变频器是转速开环控制，无需速度传感器，控制电路比较简单，电机选择通用标准异步电动机，因此其通用性比较强，性能价格比较高，是目前通用变频器产品中使用较多的一种控制方式。

日本 SAMCO 公司生产的 SVF 系列变频器是一种典型的普通型 U/f 通用变频器，此系列通用变频器是以单片机为主，配以脉宽调制发生器组成的 SPWM 控制系统。该通用变频器输出电压为 SPWM 正弦脉宽调制波，电流近似为正弦波，达到了输出给电动机的电流为正弦波的要求。

② 具有恒定磁通功能的 U/f 通用变频器。通用变频器驱动不同类型的异步电动机时，根据电动机的特性对压频比的值进行恰当的调整是十分困难的。一旦出现电压不足，电动机的特性与负载特性就会没有稳定的运行交点，可能出现过载或跳闸。

要想使电动机特性在最大转矩范围内与负载特性处处都有稳定的运行交点，就应当让转子磁通恒定而不随负载发生变化。如果采用磁通反馈控制让异步电动机所输入的三相正弦电流在空间产生圆形旋转磁场，那么就会产生恒定的电磁转矩，这样的控制方法就叫做“磁链跟踪控制”。由于磁链的轨迹是靠电压空间矢量相加得到的，所以有人把“磁链跟踪控制”称为“电压空间矢量控制”。考虑到这种功能是通过控制定子电压和频率之间的关系来实现的，所以恒定电磁转矩的控制方法仍然属于 U/f 控制方式。

日本富士公司的 FRENIC5000G7/P7 系列通用变频器就是一种恒定电磁转矩控制功能的 U/f 控制方式。控制电路原理结构框图如图 1-83 所示。

采用这种控制方式，可使电动机在极低的速度下转矩过载能力达到或超过 150%；频率设定范围达到 1∶30；电动机静态机械特性的硬度高于在工频电网上运行的自然机械特性的硬度。在动态性能要求不高的情况下，这种通用变频器甚至可以替代某些闭环控制，实现闭环控制的开环化。这种具有恒定磁通功能的通用变频器，由于限流功能比较好，一般不会出现过电流跳闸现象，因此，有人把这种通用变频器称为“无跳闸变频器”。

当生产工艺提出具有较高的静态、动态性能指标要求时，可以采用转速闭环控制构成转差频率控制系统来满足许多工业应用中的要求。

（2）转差频率控制方式　对交流异步电动机进行控制时，如果能像控制直流电动机那样，用直接控制电枢电流的方法控制转矩，就可以用异步电动机来得到与直流电动机同样的静、动态特性。转差频率控制就是一种直接控制转矩的方法。

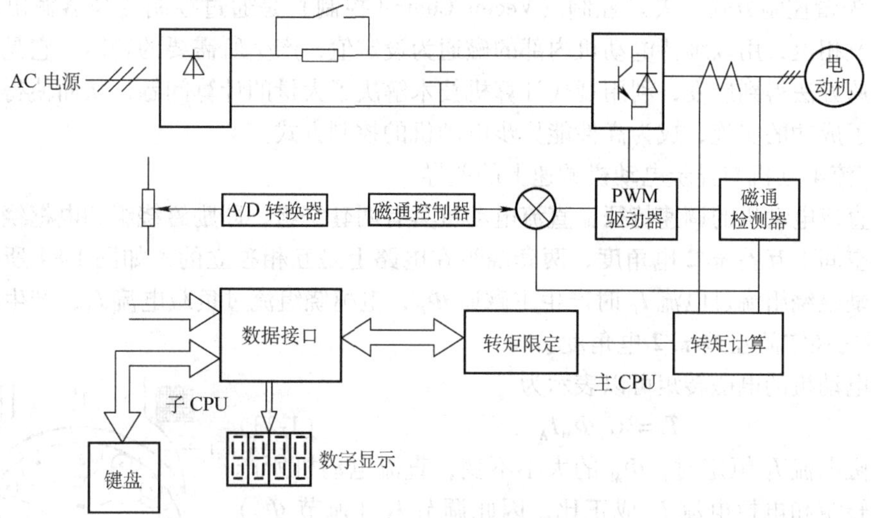

图 1-83　FRENIC5000G7/P7 控制电路原理结构框图

如图 1-47 所示，异步电动机稳态运行时所产生的电磁转矩为

$$T=\frac{mp}{4\pi}\left(\frac{E}{f}\right)^2\left[\frac{f_s r_2'}{r_2'^2+(2\pi f_s x_2')^2}\right] \tag{1-22}$$

式中　m——定子相数；

p——定子极对数；

E——定子感应电动势；

r_2'——转子电阻折算到定子侧的等效电阻；

x_2'——转子电抗折算到定子侧的等效电抗；

f_s——转差频率，$f_s=sf$；

f——定子电压频率。

由式（1-22）可知，当转差频率 f_s 较小时，如果 E/f = 常数，则电动机的转矩基本上与转差频率 f_s 成正比，即在进行 E/f 控制的基础上，只要对电动机的转差频率 f_s 进行控制，就可以达到控制电动机输出转矩的目的。这是转差频率控制的基本出发点。

转差频率 f_s 是施加于电动机的交流电压频率 f（变频器的输出频率）与以电动机实际转速 n_n 作为同步转速所对应的电源频率 f_n 的差频率，即 $f=f_s+f_n$。在电动机转子上安装测速发电机等速度传感器可以得出 f_n，并根据希望得到的转矩（对应于转差频率设定值 f_{s0}）调节变频器的输出频率 f，就可以输出电动机具有设定的转差频率 f_{s0}，进而可以使电动机具有所需的输出转矩。这是转差频率控制的基本控制原理。

控制电动机的转差频率还可以达到控制电动机转子电流的目的，从而起到保护电动机的作用。

为了控制转差频率虽然需要检测电动机的速度，但系统的加减速特性比开环的 U/f 获得了提高，过电流的限制效果也变好。但是，当生产工艺提出更高的静态、动态性能指标要求时，转差频率控制系统还是不如转速、电流双闭环直流调速系统。为了解决这个问题，需要采用矢量控制的变压变频通用变频器。

(3) 矢量控制方式　矢量控制（Vector Control 控制）是通过控制变频器输出电流的大小、频率及相位，用以维持电动机内部的磁通为设定值，产生所需要的转矩。它是从直流电动机的调速方法得到启发，利用现代计算机技术解决了大量的计算问题，从而使得矢量控制方式得到了成功的实施，成为高性能异步电动机的控制方式。

1）直流电动机与异步电动机调速上的差异。

① 直流电动机的调速特征：直流电动机具有两套绕组，即励磁绕组和电枢绕组，它们的磁场在空间上互差 π/2 电角度，两套绕组在电路上是互相独立的，如图 1-84 所示。直流电动机的励磁绕组流过电流 I_F 时产生主磁通 Φ_M，电枢绕组流过负载电流 I_A，产生的磁通为 Φ_A，两磁场在空间互差 π/2 电角度。

直流电动机的电磁转矩可以表示为

$$T = C_T \Phi_M I_A \tag{1-23}$$

当励磁电流 I_F 恒定时，Φ_M 的大小不变，直流电动机所产生的电磁转矩和电枢电流 I_A 成正比，因此调节 I_A（调节 Φ_A）就可以调速；而当 I_A 一定时，控制 I_F 的大小，可以调节 Φ_M，也就可以调速。这就是说，只需要调节两个磁场中的一个就可以对直流电动机调速。这种调速方法使直流电动机具有良好的控制性能。

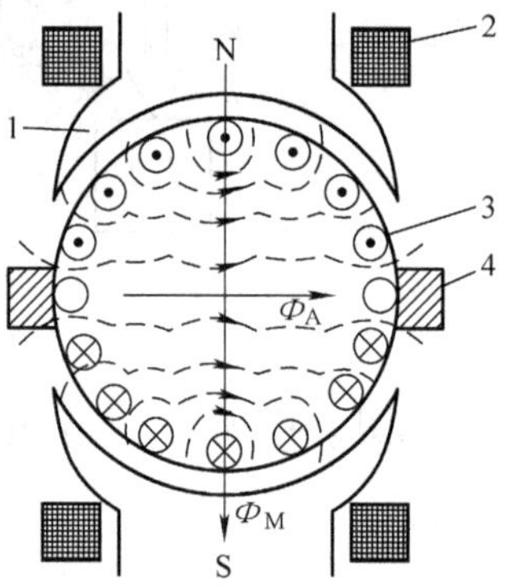

图 1-84　直流电动机的结构
1—主磁极　2—励磁绕组
3—电枢　4—电刷

② 异步电动机的调速特征：异步电动机虽然也有两套绕组，即定子绕组和转子绕组，但只有定子绕组和外部电源相接，定子电流 I_1 是从电源吸取的电流，转子电流 I_2 是通过电磁感应产生的感应电流。因此，异步电动机的定子电流应包括两个分量，即励磁分量和负载分量。励磁分量用于建立磁场；负载分量用于平衡转子电流磁场。

综上所述，直流电动机与交流电动机的不同主要有下面几点：

a. 直流电动机的励磁回路、电枢回路相互独立，而异步电动机将两者都集中于定子回路。

b. 直流电动机的主磁场和电枢磁场互差 π/2 电角度。

c. 直流电动机是通过独立地调节两个磁场中的一个来进行调速的，而异步电动机则做不到。

③ 对异步电动机调速的思考：既然直流电动机的调速性能优良，那么能否将异步电动机的定子电流分解成励磁电流和负载电流，并分别进行控制，而它们所形成的磁场在空间上也能互差 π/2 电角度？如果能实现上述设想异步电动机的调速就可以和直流电动机相差无几了。

2）矢量控制中的等效变换。异步电动机的定子电流，实际上就是电源电流，我们知道，将三相对称电流通入异步电动机的定子绕组中，就会产生一个旋转磁场，这个磁场就是我们所说的主磁场 Φ_M。设想一下，如果将直流电流通入某种形式的绕组中，也能产生和上述旋转磁场一样的 Φ_M，就可以通过控制直流电流实现先前所说的调速设想。

① 坐标变换的概念。由三相异步电动机的数学模型可知，研究其特性并实施控制时，

若用两相就比三相简单，如果能用直流控制就比交流控制更方便。为了对三相系统进行简化，就必须对电动机的参考坐标系进行变换，这就称为坐标变换。在研究矢量控制时，定义有 3 种坐标系：三相静止坐标系（3s）、两相静止坐标系（2s）和两相旋转坐标系（2r）。

众所周知，交流电动机三相对称的静止绕组 A、B、C 通入三相平衡的正弦电流 i_A、i_B、i_C 时，所产生的合成磁动势是旋转磁动势 F，它在空间呈正弦分布，并以同步转速 ω_1 按 A→B→C相序旋转，其等效模型如图 1-85a 所示。图 1-85b 则给出了两相静止绕组 α 和 β，它们在空间相互差 90°，再通以时间上互差 90°的两相平衡交流电流，也能产生旋转磁动势 F 与三相等效。图 1-85c 则给出两个匝数相等且互相垂直的绕组 m 和 t，在其中分别通以直流电流 I_m 和 I_t，在空间产生合成磁动势 F。如果让包含两个绕组在内的铁心（图 1-85c 中以圆表示）以同步转速 ω_1 旋转，则磁动势 F 也随之旋转成为旋转磁动势。如果能把这个旋转磁动势的大小和转速也控制成 $OABC$ 和 $O\alpha\beta$ 坐标系中的磁动势一样，那么，这套旋转的直流绕组也就和这两套交流绕组等效了。当观察者站到铁心上和绕组一起旋转时，会看到 m 和 t 是两个通以直流而相互垂直的静止绕组，如果使磁通矢量 $\boldsymbol{\Phi}$ 的方向在 m 轴上，就和一台直流电动机模型没有本质上的区别。可以认为：绕组 m 相当于直流电动机的励磁绕组，t 相当于电枢绕组。

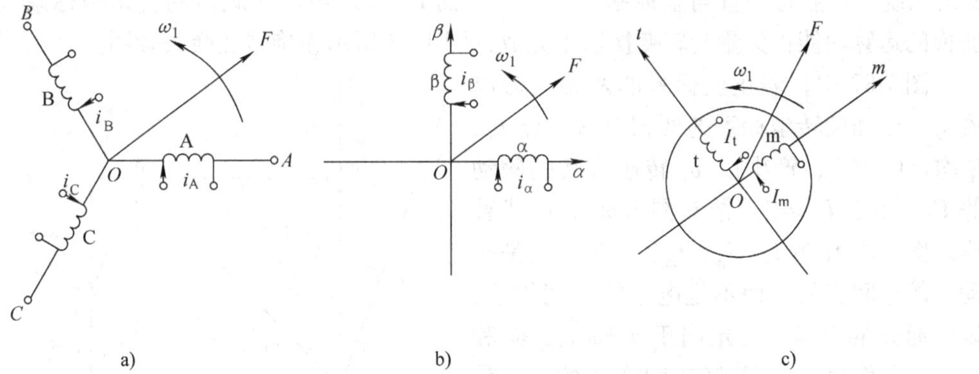

图 1-85　异步电动机的几种等效模型

a）三相电流绕组　b）两相交流绕组　c）旋转的直流绕组

② 3 相/2 相变换（3s/2s）。三相静止坐标系 $OABC$ 和两相静止坐标系 $O\alpha\beta$ 之间的变换，称为 3s/2s 变换。变换原则是保持变换前的功率不变。

设三相对称绕组（各相匝数相等、电阻相同、互差 120°空间角）通入三相对称电流 i_A、i_B、i_C，形成定子磁动势，用 F_3 表示，如图 1-86a 所示。两相对称绕组（匝数相等、电阻相同、互差 90°空间角）内通入两相电流后产生定子旋转磁动势，用 F_2 表示，如图 1-86b 所示。适当选择和改变两套绕组的匝数和电流，即可使 F_3 和 F_2 的幅值相等。若将两种绕组产生的磁动势置于同一图中比较，并使 F_a 与 F_A 重合，如图 1-86c 所示，且令 $F\propto i$，则可得出如下等效关系：

$$i_\alpha = i_A - \frac{i_B}{2} - \frac{i_C}{2} \tag{1-24}$$

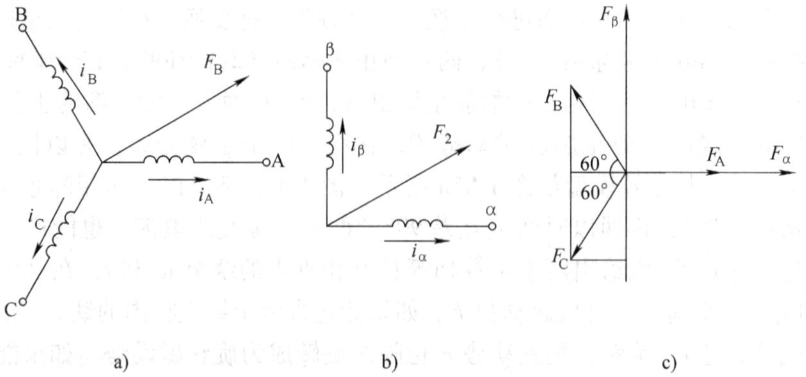

图 1-86 绕组磁动势的等效关系

a）三相绕组 b）两相绕组 c）磁动势

$$i_\beta = \frac{\sqrt{3}}{2}i_B - \frac{\sqrt{3}}{2}i_C \tag{1-25}$$

③ 2 相/2 相旋转变换（2s/2r）。2 相/2 相旋转变换又称为矢量旋转变换器，因为 α 和 β 两相绕组在静止的直角坐标系（2s）上，而 m、t 绕组则在旋转的直角坐标系（2r）上，变换的运算功能由矢量旋转变换器来完成，图 1-87 所示为旋转变换矢量图。

图 1-87 中，静止坐标系的两相交流电流 i_α、i_β 和旋转坐标系的两相直流电流 I_m、I_t 均合成为 i_1，产生以 ω_1 转速旋转的磁动势 F_1。由于 $F_1 \propto i_1$，故在图上亦用 i_1 代替 F_1。图 1-87 中的 i_α、i_β、I_m、I_t 实际上是磁动势的空间矢量，而不是电流的时间相量。设磁通矢量为 $\boldsymbol{\Phi}$，并定向于 m 轴上，$\boldsymbol{\Phi}$ 和 α 轴的夹角为 φ，φ 是随时间变化的，这就表示 i_1 的分量 i_α、i_β 的长短也随时间变化，但 i_1（F_1）和 $\boldsymbol{\Phi}$ 之间的夹角 θ_1 是表示空间的相位角，稳态运行时 θ_1 不变。因此，I_m、I_t 大小不变，说明 m、t 绕组只是产生直流磁动势。由图 1-87 可推导出下列关系：

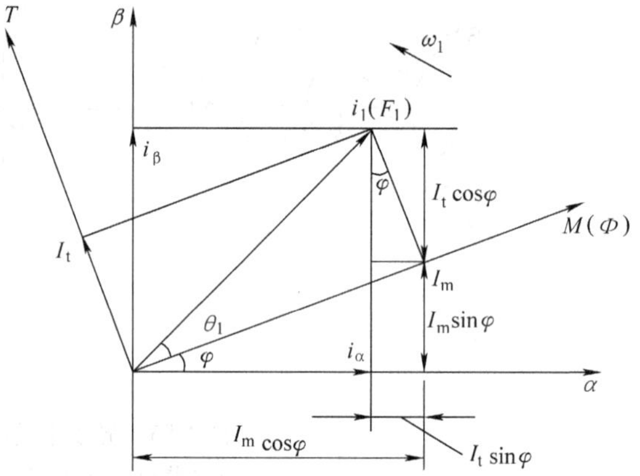

图 1-87 旋转变换矢量图

$$i_\alpha = I_m\cos\varphi - I_t\sin\varphi \tag{1-26}$$

$$i_\beta = I_m\sin\varphi + I_t\cos\varphi \tag{1-27}$$

由式（1-26）和式（1-27）可推导出

$$I_m = i_\alpha\cos\varphi + i_\beta\sin\varphi \tag{1-28}$$

$$I_t = -i_\alpha\sin\varphi + i_\beta\cos\varphi \tag{1-29}$$

在矢量控制系统中，由于旋转坐标轴 m 是由磁通矢量的方向决定的，故旋转坐标 m、t 又叫做磁场定向坐标，矢量控制系统又称为磁场定向控制系统。

3）变频器矢量控制的基本思想。

① 矢量控制的基本理念。如图 1-85 所示三种绕组所形成的旋转磁场中，旋转的直流绕组磁场无论是从绕组的结构上，还是在控制的方式上都和直流电动机最相似。我们可以设想有两个相互垂直的直流绕组同处一个旋转体上，通入的是直流电流 I_m^* 和 I_t^*，其中，I_m^* 是励磁电流分量，I_t^* 是转矩电流分量。它们都是由变频器的给定信号分解而成的（*表示变频中的控制信号）。经过直/交变换，将 I_m^* 和 I_t^* 变换成两相交流信号 i_α^* 和 i_β^*，再经 2/3 变换得到三相交流控制信号 i_A^*、i_B^*、i_C^* 去控制三相变频器，如图 1-88 所示。

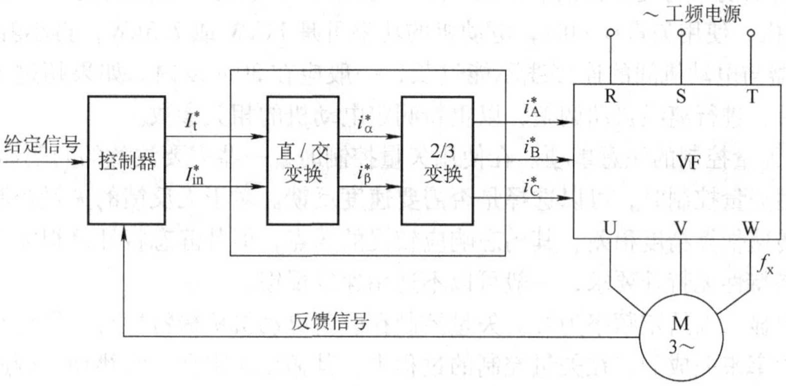

图 1-88 矢量控制的示意图

因此，控制 I_m^* 和 I_t^* 中的任意一个，就可以控制 i_A^*、i_B^*、i_C^*，也就控制了变频器的交流输出。通过以上变换，我们成功地将交流电动机的调速转化成控制两个控制量 I_m^* 和 I_t^*，从而更接近直流电动机的调速。

② 矢量控制中的反馈。电流反馈用于反映负载的状态，使 I_t^* 能随负载而变化。速度反馈则用于反映出拖动系统的实际转速和给定值之间的差异，从而以最快的速度进行校正，提高了系统的动态性能。速度反馈的反馈信号可由脉冲编码器（PG）测得。现代的变频器又推广使用了无速度传感器矢量控制技术，它的速度反馈信号不是来自速度传感器，而是通过 CPU 对电动机的各种参数，如 I_1、r_2 等经过计算得到的一个转速的实际值，由这个计算出的转速实际值和给定值之间的差异来调整 I_m^* 和 I_t^*，改变变频器的输出频率和电压。

对于很多新系列的变频器都设置了“无反馈矢量控制”这一功能，这里的“无反馈”，是指不需要由用户在变频器的外部再加其他的反馈环节。而矢量控制时变频器的内部还是有反馈存在的，因此，无反馈矢量控制已使异步电动机的机械特性可以和直流电动机的机械特性相媲美。

4）使用矢量控制的要求。

① 矢量控制的给定。现在大部分的新型通用变频器都有了矢量控制功能，如何选择使用这种功能，多用下面两种方法。

a. 在矢量控制功能中，选择“用”或“不用”。

b. 在选择矢量控制后，还需要输入电动机的功率、极数、额定电流、额定电压、额定功率等。

由于矢量控制是以电动机的基本运行数据为依据，因此，电动机的运行数据就显得很重要，如果使用的电动机符合变频器的要求，且变频器容量和电动机功率相吻合，变频器就会自动搜寻电动机的参数，否则就需要重新测定。很多类型的变频器为了方便测量电动机的参数都设计安排了电动机参数自动测定功能。通过该功能可准确测定电动机的参数，且提供给变频器的记忆单元，以便在矢量控制中使用。

② 矢量控制的要求。若选择矢量控制模式，对变频器和电动机有如下要求：

a. 一台变频器只能带一台电动机。

b. 电动机的极数要按说明书的要求，一般以 4 极电动机为最佳。

c. 电动机的功率与变频器的容量相当，最多差一个等级。如根据变频器的容量应选配 11kW 的电动机，使用矢量控制时，电动机的功率可是 11kW 或 7.5kW，再小就不行了。

d. 变频器与电动机间的连接线不能过长，一般应在 30m 以内。如果超过 30m，需要在连接好电缆后，进行离线自动调整，以重新测定电动机的相关参数。

5）使用矢量控制的注意事项。在使用矢量控制时，一些需要注意的问题如下：

① 使用矢量控制时，可以选择是否需要速度反馈。对于无反馈的矢量控制，尽管存在对电动机的转速估算精度稍差、其动态响应较慢的弱点，但其静态特性已很完美，如果对拖动系统的动态特性无特殊要求，一般可以不选用速度反馈。

② 频率显示以给定频率为好。矢量控制在改善电动机机械特性时，最终是通过改变变频器的输出频率来完成的。在矢量控制的过程中，其输出频率会经常跳动，因此实际使用时频率显示以显示“给定频率”为好。

6）矢量控制系统的优点和应用范围。异步电动机矢量控制变频调速系统的开发，使异步电动机的调速可获得和直流电动机相媲美的高精度和快速响应性能。异步电动机的机械结构又比直流电动机简单、坚固，且转子无电刷集电环等电气接触点，故应用前景十分广阔。现将其优点和应用范围综述如下。

① 矢量控制系统的优点：动态的高速响应。直流电动机受整流的限制，过高的 di/dt 是不允许的。异步电动机只受变频器容量的限制，强迫电流的倍数可取得很高，故响应速度快，一般可达到毫秒级，在快速性方面已超过了直流电动机。

低频转矩增大。一般通用变频器（U/f 控制）在低频时转矩常低于额定转矩，在 5Hz 以下不能带满负载工作。而矢量控制变频器由于能保持磁通恒定，转矩与 i_T 呈线性关系，故在极低频时也能使电动机的转矩高于额定转矩。

控制灵活。直流电动机常根据不同的负载对象，选用他励、串励、复励等形式，它们各有不同的控制特点和机械特性。而在异步电动机矢量控制系统中，可使同一台电动机输出不同的特性。在系统内用不同的函数发生器作为磁通调节器，即可获得他励或串励直流电动机的机械特性。

② 矢量控制系统的应用范围：要求高速响应的工作机械。如工业机器人驱动系统在速度响应上至少需要 100rad/s，矢量控制驱动系统能达到的速度响应最高值可达 1000rad/s，保证机器人驱动系统快速、精确地工作。

适应恶劣的工作环境。如造纸机、印染机均要求在高湿、高温并有腐蚀性气体的环境中工作，异步电动机比直流电动机更为适应。

高精度的电力拖动。如钢板和线材卷取机属于恒张力控制，对电力拖动的动、静态精确度有很高的要求，能做到高速（弱磁）、低速（点动）、停车时强迫制动。异步电动机应用矢量控制后，静差度 $<0.02\%$，有可能完全能代替直流调速系统。

四象限运转。如高速电梯的拖动，过去均用直流拖动，现在也逐步用异步电动机矢量控制变频调速系统代替。

7）矢量控制专用芯片。常见的矢量控制专用芯片有：德国 IAM 生产的 VeCon 和美国 ANALOG DEVICES（模拟器件）公司生产的 AD2S100。AD2S100 完成一次变换仅需 2μs 的时间，主要用于异步电动机及永磁同步电机控制中。另外，该芯片还具有三相不平衡检测、谐波测量、旋转变压器与自整角机输出仿真的功能。

AD2S100 器件外形及引脚功能说明：AD2S100 大规模集成电路有 44 个引脚，如图 1-89 所示，其中 NC 表示悬空不用。各引脚功能见表 1-7。

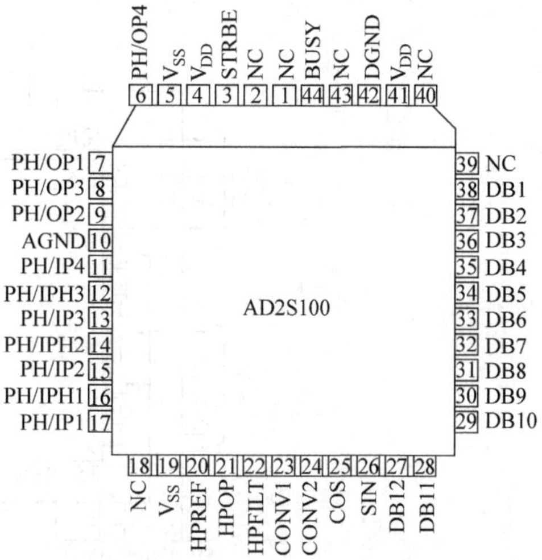

图 1-89 AD2S100 大规模集成电路的引脚

表 1-7 AD2S100 大规模集成电路的引脚功能

引脚	符 号	功 能	引脚	符 号	功 能
3	STRBE	转换启动	17	PH/IP1	cosθ 正常电平输入（90°正交两相信号输入之一）
4	V_{DD}	正电源	19	V_{SS}	负电源
5	V_{SS}	负电源	20	HPREF	不平衡参考电压
6	PH/OP4	sin（$\theta+\varphi$）输出（旋转变换输出）	21	HPOP	不平衡指示电压
7	PH/OP1	cos（$\theta+\varphi$）输出（旋转变换输出）	22	HPFILT	不平衡检波滤波
8	PH/OP3	cos（$\theta-120°+\varphi$）输出	23	CONV1	输入方式选择
9	PH/OP2	cos（$\theta+120°+\varphi$）输出	24	CONV2	输入方式选择
10	AGND	模拟地	25	COS	cosθ 3/2 变换输出
11	PH/IP4	sinθ 输入（90°正交两相信号输入之一）	26	SIN	sinθ 3/2 变换输出
12	PH/IPH3	cos（$\theta-120°$）高电平输入	27	DB12	DB12 是最低有效位（LSB）DB1～DB12 是并行输入的 φ 角值
13	PH/IP3	cos（$\theta-120°$）正常电平输入	38	DB1	DB1 是最高有效位（MSB）
14	PH/IPH2	cos（$\theta+120°$）高电平输入	41	V_{DD}	正电源
15	PH/IP2	cos（$\theta+120°$）正常电平输入	42	DGND	数字地
16	PH/IPH1	cosθ 高电平输入	44	BUSY	锁存 φ 值并指示变换正在进行

AD2S100 的典型外围电路如图 1-90 所示，AD2S100 的典型应用如图 1-91 所示。

8）矢量控制通用变频器实际装置举例。6SE35/36（GTR）、6SC36/37（GTO）是西门子公司生产的两种型号矢量控制通用变频器。这类变频器，由于软件功能具有一定的灵活性，可以实现变结构控制。有速度传感器和无速度传感器两种控制方式，不必改变硬件电路。若调速范围不大，在 1∶10 的速度范围内，常采用无速度传感器方式；若调速范围较大，

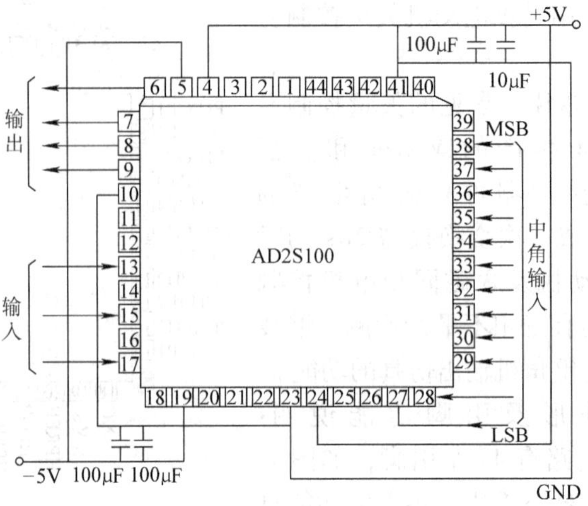

图 1-90　AD2S100 的典型外围电路

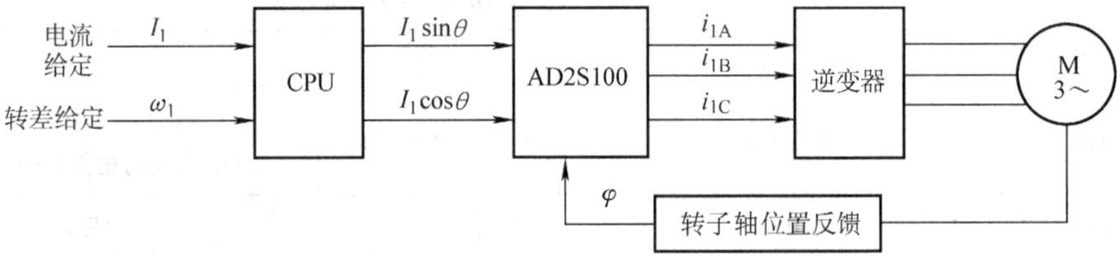

图 1-91　AD2S100 的典型应用电路

即在极低的转速下也要求具有高动态性能和高转速精度时，才需要有速度传感器方式。

① 无速度传感器的矢量控制。这种控制方式下的原理性框图（由软件功能选定）如图 1-92 所示。这是对异步电动机进行单电动机传动的典型模式。

当工作频率高于额定频率的 10% 时，软件开关 S1、S2 置于图 1-92 中所示的位置，进入矢量控制状态。转速的实际值可以利用由微机支持的对异步电动机进行模拟的仿真模型来计算。

对于低速范围，频率在（0～10）% 额定频率的范围内，开关 S1、S2 切换到与图 1-92 所示相反的位置。这种情况下，斜坡函数发生器被切换到直接控制频率的通道。电流的闭环控制或者说电流的施加将同时完成。两种电流设定值可根据需要设定：稳态值必须设定得适合于有效负载转矩；附加设定值只在加速、减速过程中有效，可以设定得与加速或制动转矩相适应。

② 有速度传感器的转速或转矩闭环矢量控制。这种控制方式的主要特性是：在速度设定值的全范围内，转矩上升时间大约为 15ms；速度设定范围大于 1∶100；对闭环控制而言，转速上升时间不大于 60ms。这种矢量控制原理框图如图 1-93 所示。

有功电流调节器仅在 10% 额定频率以上时才运行，而在 10% 以下则不起作用。

直流速度传感器或者脉冲速度传感器均可以采用。此种控制方式也可以通过软件来设定。

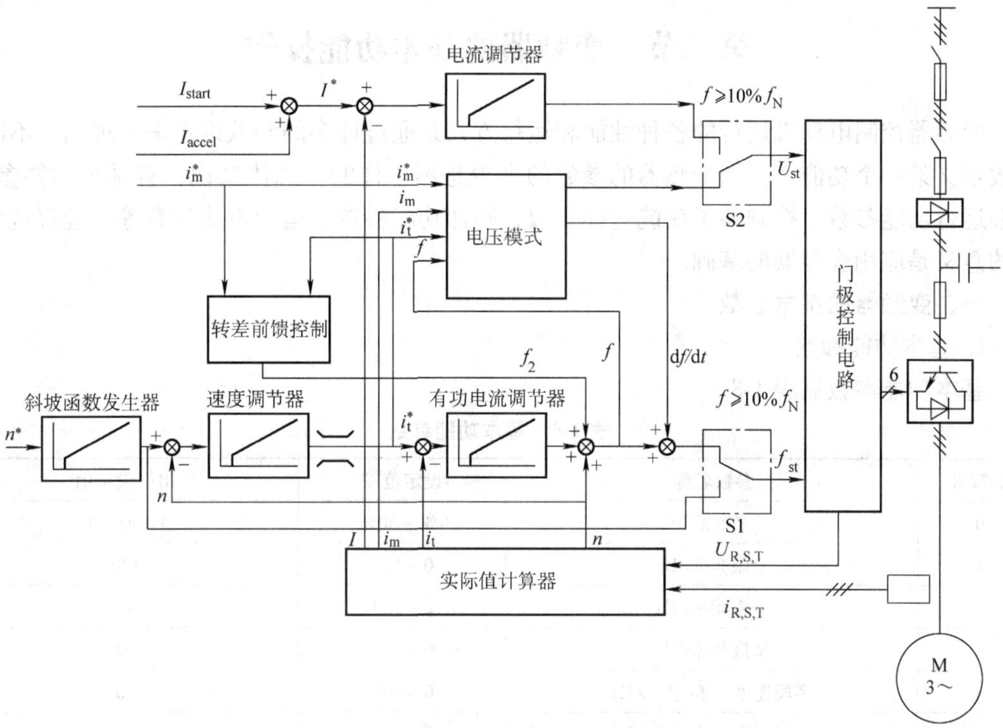

图 1-92　无速度传感器的矢量控制原理框图

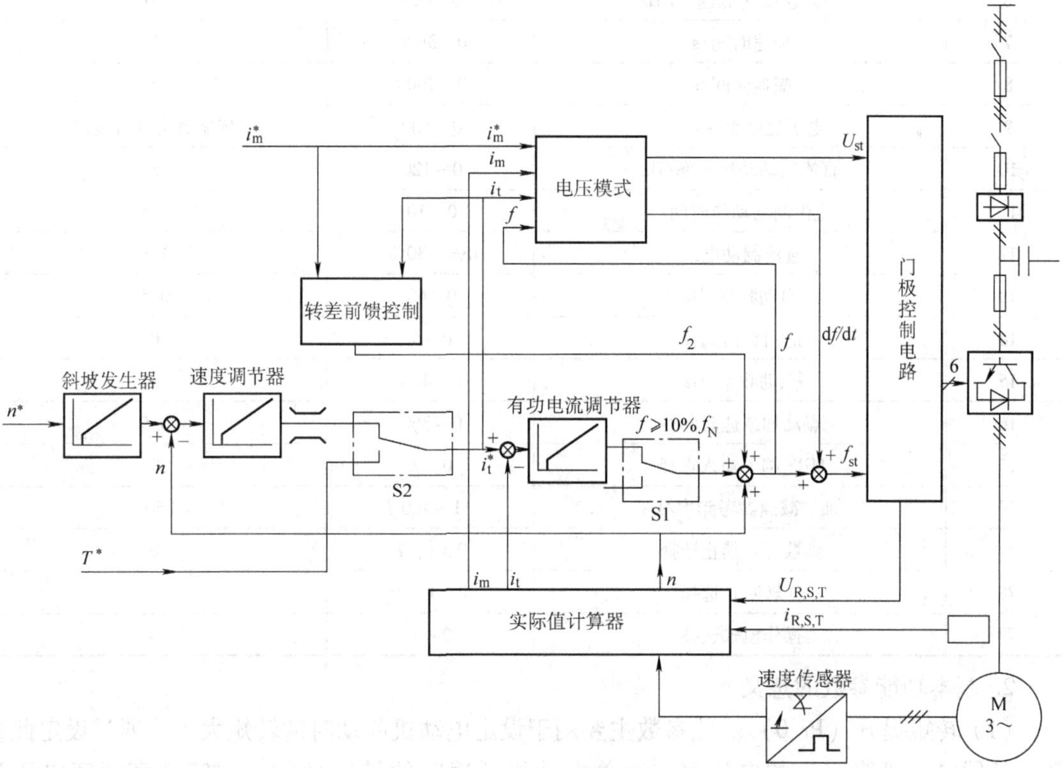

图 1-93　有速度传感器的控制原理框图

第二节　变频器的基本功能操作

变频器控制电动机运行的各种性能和运行方式是通过许多的参数设定来实现的，不同的参数定义某一个功能，不同变频器的参数的多少是不一样的。总体来说，有基本功能参数、标准运行功能参数、控制端子功能选择参数、附加功能参数、运行模式参数等。理解这些参数的意义是应用变频器的基础。

一、变频器的基本参数

1. 基本功能参数

基本功能参数见表1-8。

表1-8　基本功能参数

参数号	参数名称	设定范围	出厂设定值
0	转矩提升	0% ~30%	3%或2%
1	上限频率/Hz	0 ~120	120
2	下限频率/Hz	0 ~120	0
3	基底频率/Hz	0 ~400	50
4	多段速度（高速）/Hz	0 ~400	60
5	多段速度（中速）/Hz	0 ~400	30
6	多段速度（低速）/Hz	0 ~400	10
7	加速时间/s	0 ~3600	5
8	减速时间/s	0 ~3600	5
9	电子过电流保护/A	0 ~500	依据额定电流整定
10	直流制动动作频率/Hz	0 ~120	3
11	直流制动动作时间/s	0 ~10	0.5
12	直流制动电压	0% ~30%	4%
13	启动频率/Hz	0 ~60	0.5
14	适用负荷选择	0 ~5	0
15	点动频率/Hz	0 ~400	5
16	点动加减速时间/s	0 ~360	0.5
17	MRS端子输入选择	0，2	0
20	加、减速参考频率/Hz	1 ~400	50
77	参数写入禁止选择	0，1，2	0
78	逆转防止选择	0，1，2	0
79	操作模式选择	0 ~8	0

2. 基本功能参数的意义

（1）转矩提升（Pr.0）　此参数主要用于设定电动机起动时的转矩大小，通过设定此参数，补偿电动机绕组上的电压降，改善电动机低速时的转矩性能，假定基底频率电压为100%，用百分数设定0时的电压值。设定过大，将导致电动机过热；设定过小，起动转矩不够，一般最大值设定为 10%，如图 1-94 所示。

（2）上限频率（Pr. 1）和下限频率（Pr. 2）　这是两个设定电动机运转上限和下限频率的参数。Pr. 1 设定输出频率的上限，如果运行频率设定值高于此值，则输出频率被钳位在上限频率；Pr. 2 设定输出频率的下限，若运行频率设定值低于这个值，运行时被钳位在下限频率。在这两个值确定之后，电动机的运行频率就在此范围内设定，如图 1-95 所示。

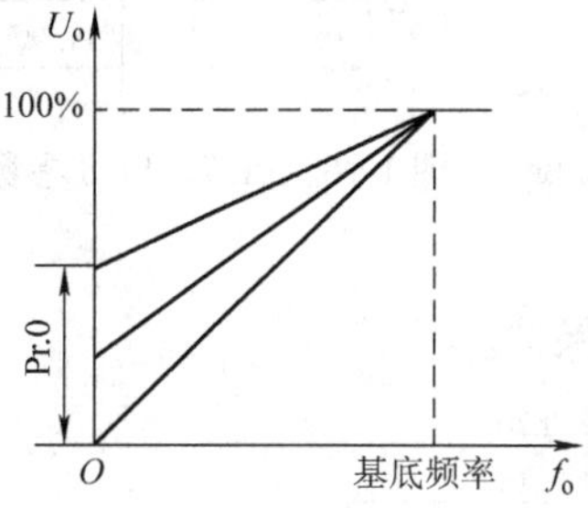

图 1-94　Pr. 0 参数的意义

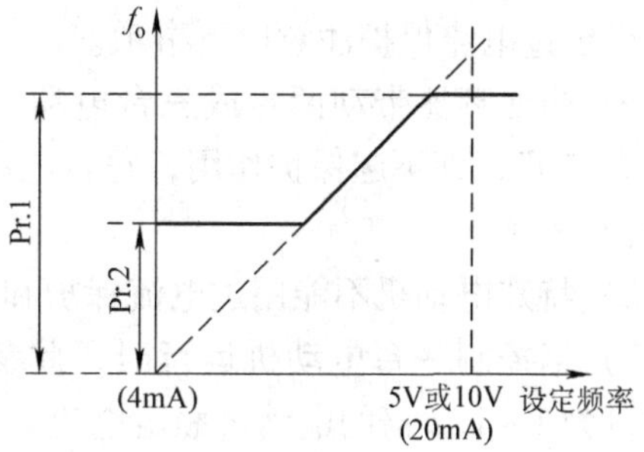

图 1-95　Pr. 1、Pr. 2 参数的意义

（3）基底频率（Pr. 3）　此参数主要用于调整变频器输出到电动机的额定值，当用标准电动机时，通常设定为电动机的额定频率，当需要电动机运行在工频电源与变频器切换时，设定与电源频率相同。

（4）多段速度（Pr. 4、Pr. 5、Pr. 6）　用此参数将多段运行速度预先设定，经过输入端子进行切换。各输入端子的状态与参数之间的对应关系见表 1-9。Pr. 24、Pr. 25、Pr. 26 和 Pr. 27 也是多段速度的运行参数，与 Pr. 4、Pr. 5、Pr. 6 组成 7 种速度的运行。

表 1-9　各输入端子的状态与参数之间的对应关系

输入端子状态	RH	RM	RL	RM、RL	RH、RL	RH、RM	RH、RM、RL
参数号	Pr. 4	Pr. 5	Pr. 6	Pr. 24	Pr. 25	Pr. 26	Pr. 27

设定多段速度参数时注意以下几点：

1）在变频器运行期间，每种速度（频率）均能在 0 ~ 400Hz 范围内被设定。

2）多段速度在 PU 运行和外部运行中都可以设定。

3）多段速度比主速度优先。

4）运行期间参数值可以改变。

5）以上各参数之间的设定没有优先级。

在以上 7 种速度的基础上，借助于端子 REX 信号，又可实现 8 种速度，其对应的参数是 Pr. 232 ~ Pr. 239，见表 1-10。

表 1-10　各端子的状态与参数之间的对应关系

对应端子	REX	REX，RL	REX，RM	REX，RM，RL	REX，RH	REX，RH，RL	REX，RH，RM	REX，RH，RM，RL
参数号	Pr. 232	Pr. 233	Pr. 234	Pr. 235	Pr. 236	Pr. 237	Pr. 238	Pr. 239

注：REX 端子通过 Pr. 180 ~ Pr. 186 的参数设定来确定。

（5）加、减速时间（Pr. 7、Pr. 8）及加、减速基准频率（Pr. 20）　Pr. 7、Pr. 8 用于设

定电动机加速、减速时间，Pr. 7 的值设得越大，加速时间越快；Pr. 8 的值设得越大，减速越慢。Pr. 20 是加、减速基准频率，Pr. 7 设的值就是从 0 加速到 Pr. 20 所设定的基准频率减速到 0 的时间，如图 1-96 所示。

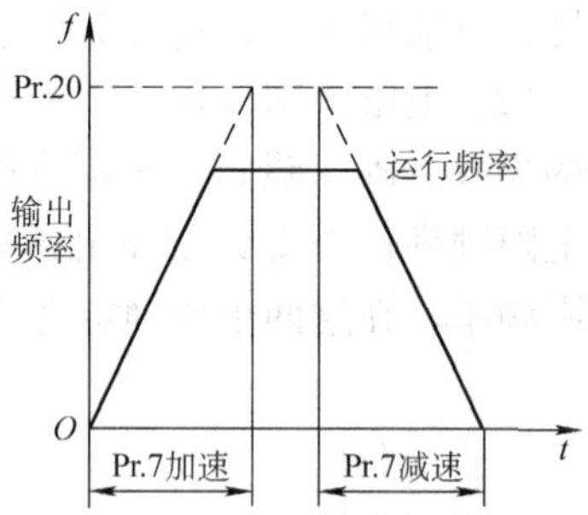

图 1-96　Pr. 7、Pr. 8 参数的意义

（6）电子过电流保护（Pr. 9）　通过设定电子过流保护的电流值，可防止电动机过热，可以得到最优的保护性能。设定过电流保护注意以下事项。

1）当变频器带动两台或三台电动机时，此参数的值应设为“0”，即不起保护作用，每台电动机外接热继电器来保护。

2）特殊电动机不能用过电流保护和外接热继电器保护。

3）当控制一台电动机运行时，此参数的值应设为 1 ~ 1. 2 倍的电动机额定电流。

（7）点动运行频率（Pr. 15）和点动加、减速时间（Pr. 16）　Pr. 15 参数设定点动状态下的运行频率。当变频器在外部操作模式时，用输入端子选择点动功能（接通控制端子 SD 与 JOG 即可）；当点动信号 ON 时，用启动信号（STF 或 STR）进行点动运行；在 PU 操作模式时用操作单元上的操作键（FWD 或 REV）实现点动操作。用 Pr. 16 参数设定点动状态下的加、减速时间，如图 1-97 所示。

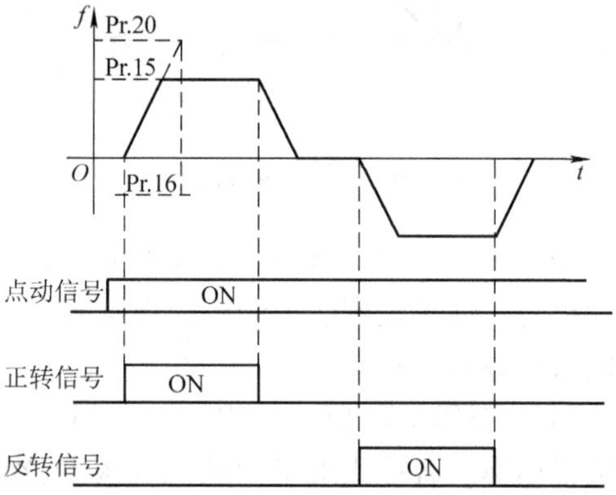

图 1-97　Pr. 15、Pr. 16 参数的意义

（8）操作模式选择（Pr. 79）　这是一个比较重要的参数，确定变频器在什么模式下运行，具体工作模式见表 1-11。

表 1-11　Pr. 79 设定值及其相对应的工作模式

Pr. 79 设定值	工 作 模 式
0	电源接通时为外部操作模式，通过增、减键可以在外部和 PU 间切换
1	PU 操作模式（参数单元操作）
2	外部操作模式（控制端子接线控制运行）
3	组合操作模式 1，用参数单元设定运行频率，外部信号控制电动机起停
4	组合操作模式 2，外部输入运行频率，用参数单元控制电动机起停
5	程序运行

（9）直流制动相关参数（Pr. 10、Pr. 11、Pr. 12）　Pr. 10 是直流制动时的动作频率，Pr. 11 是直流制动时的动作时间（作用时间），Pr. 12 是直流制动时的电压（转矩），通过这 3 个参数的设定，可以提高停止的准确度，使之符合负载的运行要求，如图 1-98 所示。

（10）起动频率（Pr. 13）　Pr. 13 参数设定在电动机开始起动时的频率，如果设定频率（运行频率）设定值较此值小，电动机不运转；若 Pr. 13 的值低于 Pr. 2 的值，即使没有运行频率（即为“0”），起动后电动机也将运行在 Pr. 2 的设定值，如图 1-99 所示。

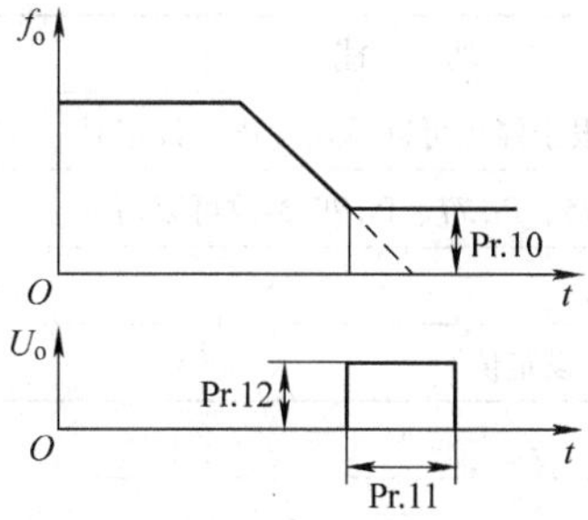

图 1-98　Pr. 10、Pr. 11、Pr. 12 参数的意义

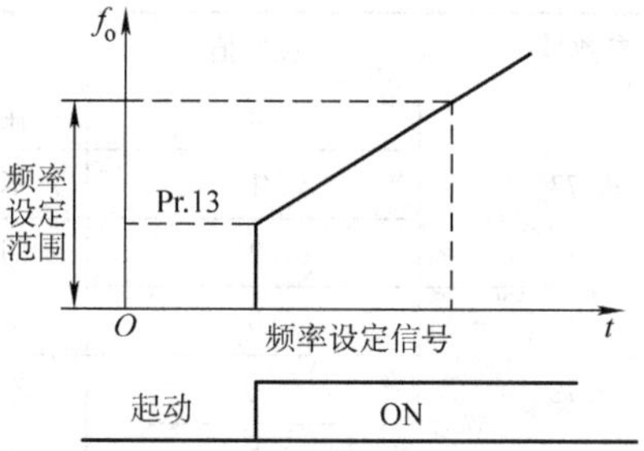

图 1-99　Pr. 13 参数的意义

（11）负载类型选择参数（Pr. 14）　用此参数可以选择与负载特性最适宜的输出特性（U/f 特性），如图 1-100 所示。

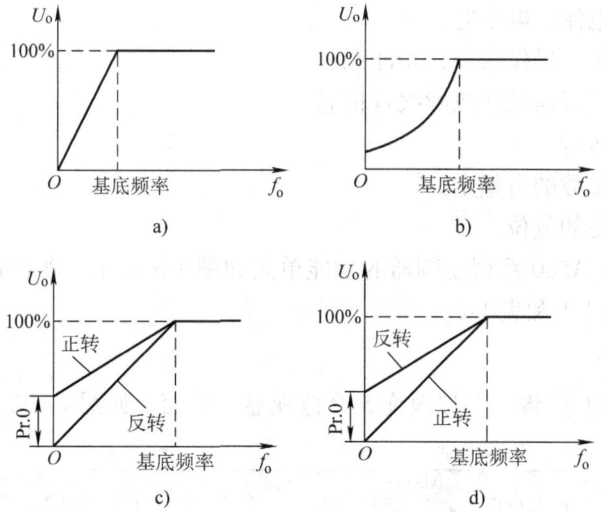

图 1-100　Pr. 14 参数的意义

a）Pr. 14 = 0　b）Pr. 14 = 1　c）Pr. 14 = 2　d）Pr. 14 = 3

（12）MRS 端子输入选择　用于选择 MRS 端子的逻辑，如图 1-101 所示。

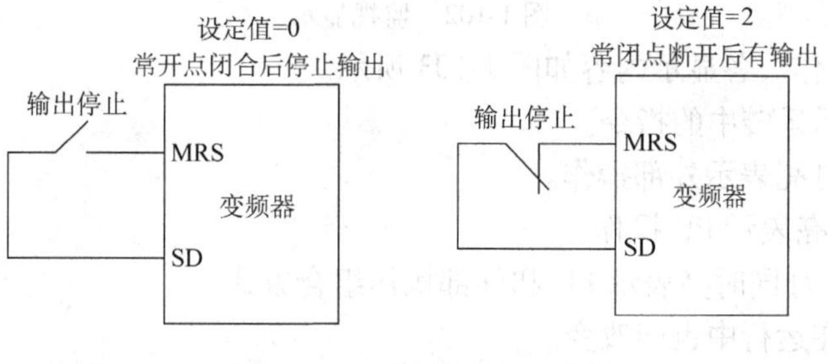

图 1-101　MRS 端子输入选择

（13）参数写入禁止选择（Pr. 77）和逆转防止选择（Pr. 78）　Pr. 77 用于参数写入禁止或允许，主要用于参数被意外改写；Pr. 78 用于泵类设备，防止反转，具体设定值见表 1-12。

表 1-12　Pr. 77、Pr. 78 的设定值及其相应功能

参数号	设定值	功　　能
Pr. 77	0	在“PU”模式下，仅限于停止可以写入（出厂设定）
	1	不可写入参数，但 Pr. 75、Pr. 77、Pr. 79 参数可以写入
	2	即使运行时也可以写入
Pr. 78	0	正转和反转均可（出厂设定值）
	1	不可反转
	2	不可正转

二、参数设定方法及功能单元操作

1. 功能单元简介

通用变频器的功能单元根据变频器生产厂家的不同而千差万别，但是它们的基本功能相同。主要功能有以下几个方面。

1）显示频率、电流、电压等。

2）设定操作模式、操作命令、功能码。

3）读取变频器运行信息和故障报警信息。

4）监视变频器运行。

5）变频器运行参数的自整定。

6）故障报警状态的复位。

三菱公司的 FR—A500 系列变频器的功能单元如图 1-3 所示，各按键的功能及单位显示和操作状态显示见表 1-1 和表 1-2。

2. 基本功能操作

1）按参数单元的

键，可以改变 5 个监视显示画面，如图 1-102 所示。

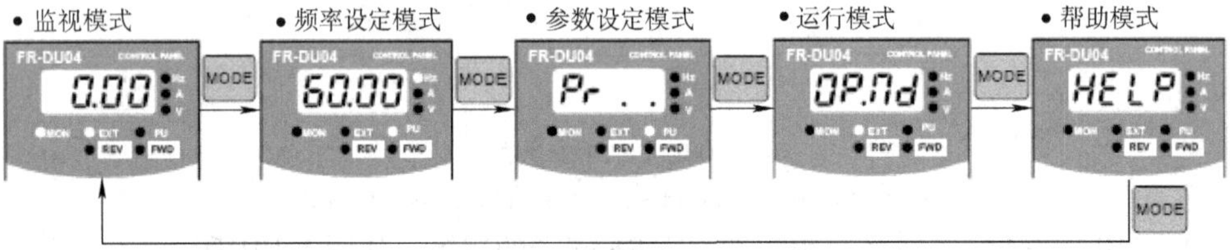

图 1-102　监视显示

2）显示功能操作。各显示内容如图 1-103 所示。

① 监视器显示运转中的指令。

② EXT 指示灯亮表示外部操作。

③ PU 指示灯亮表示 PU 操作。

④ EXT 和 PU 灯同时亮表示 PU 和外部操作组合方式。

⑤ 监视显示在运行中也能改变。

3）频率设定。在 PU 操作模式下设定运行频率，如图 1-104 所示。

4）操作模式。操作模式的设定如图 1-105 所示。

5）帮助模式。帮助模式的操作如图 1-106 所示。

① 报警记录。报警记录显示如图 1-107 所示，用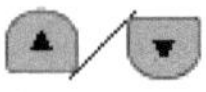键能显示最近的 4 次报警

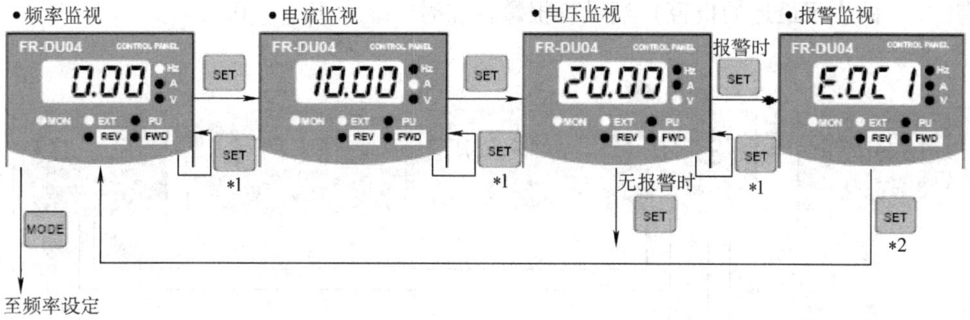

图 1-103　各显示内容

注：1. 按下标有 *1 的 SET 键超过 1.5s 能把电流监视模式改为上电监视模式。

2. 按下标有 *2 的 SET 键超过 1.5s 能显示包括最近 4 次的错误指示。

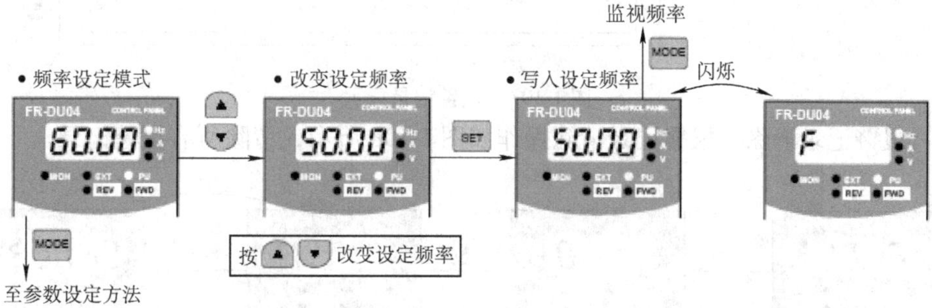

图 1-104　频率设定

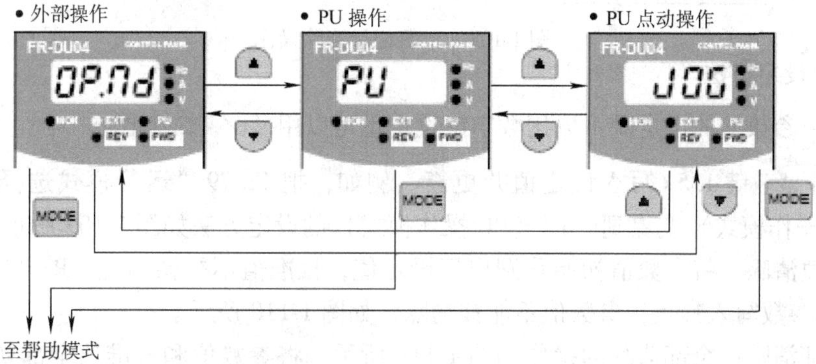

图 1-105　操作模式

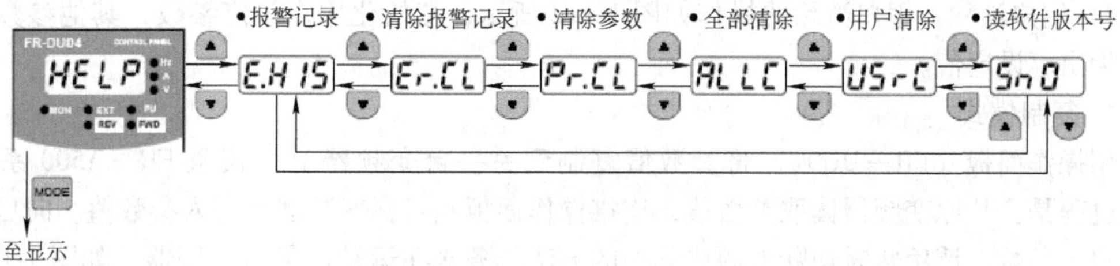

图 1-106　帮助模式操作

（带有“.”的表示最近的报警）当没有报警存在时，显示 E. _ _0. 。

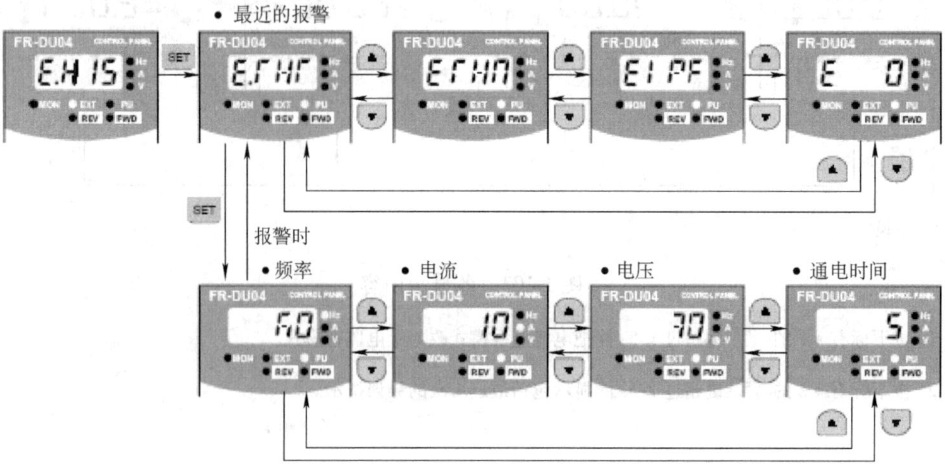

图 1-107　报警记录显示

② 报警记录清除。报警记录清除操作如图 1-108 所示，清除所有报警记录。

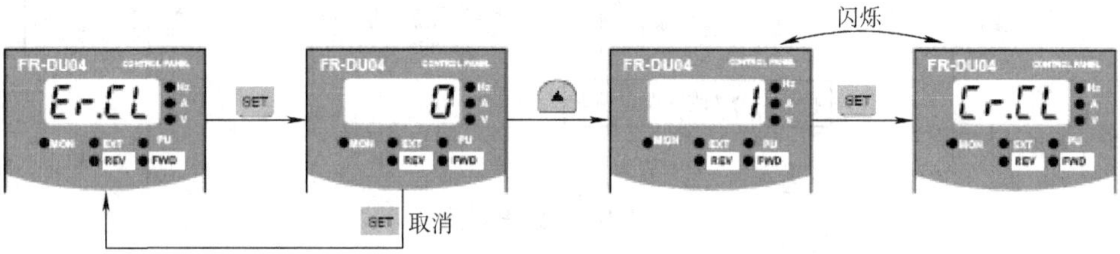

图 1-108　报警记录清除操作

3. 参数设定方法

1）一个参数值的设定既可以用数字键设定也可以用▲/▼键增减。

2）按下 SET 键 1.5s 写入设定值并更新。例如，把 Pr. 79“运行模式选择”设定值从“2”（外部操作模式）变更到“1”（PU 操作模式）的设定方法如图 1-109 所示。

3）参数清除。将参数值初始化到出厂设定值，校准值不被初始化。Pr. 77 设定为“1”时，即选择参数写入禁止，参数值不能被消除，如图 1-110 所示。

4）全部消除。全部清除的操作如图 1-111 所示，将参数值和校准值全部初始化到出厂设定值。

5）用户消除。用户清除的操作如图 1-112 所示，初始化用户设定参数，其他参数被初始化为出厂设定值。

4. 复制模式

用操作面板（FR—DU04）将参数值复制到另一台变频器上（仅限 FR—A500 系列）。操作过程是：从原变频器读取参数值，连接操作面板到目标变频器并写入参数值。向目标变频器写入参数，请用暂时切断电源或其他的方法，务必在运转前复位变频器，如图 1-113 所示。

操作过程中请注意：

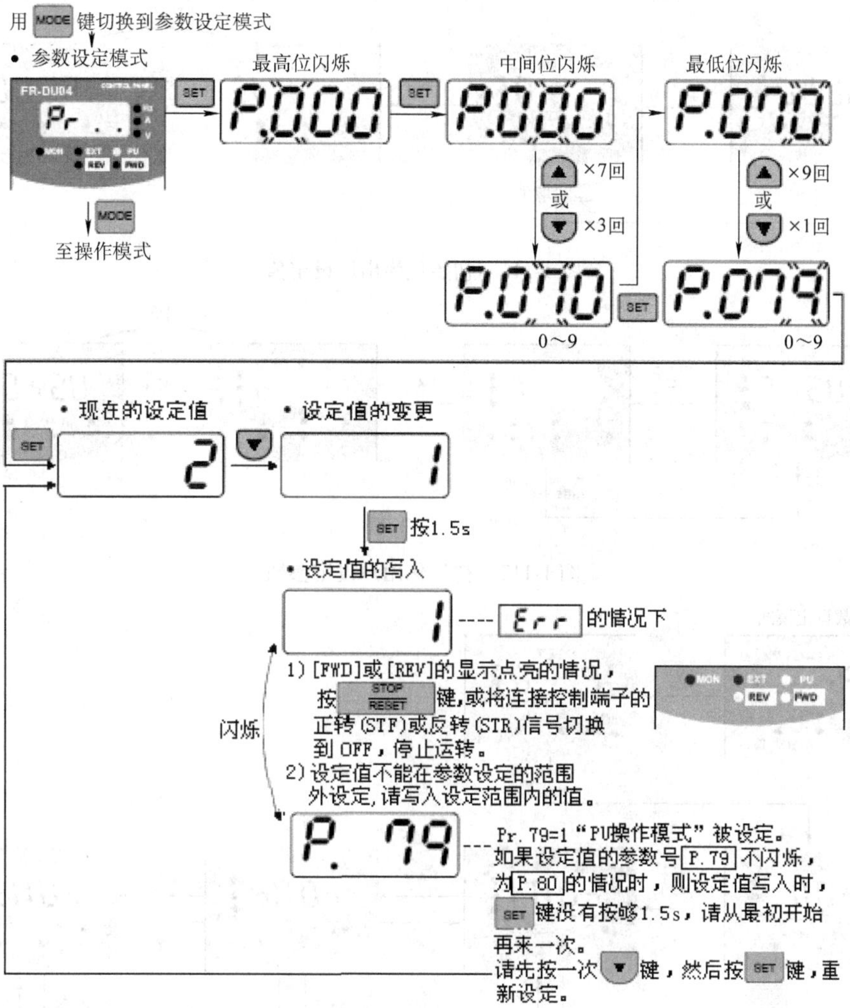

图 1-109　参数设定方法

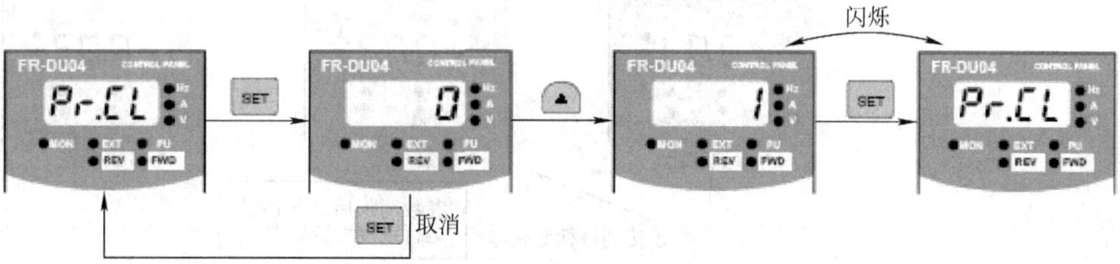

图 1-110　参数清除方法

1）在复制功能执行中，监视显示闪烁，当复制完成后显示返回到亮的状态。

2）如果在读出中有错误发生，则显示"read error（E. rE1）"。

3）如果在写入中有错误发生，则显示"write error（E. rE2）"。

4）如果在参数校验中有差异，相应参数号和"verify error（E. rE3）"交替显示；如果是频率设定或点动频率设定出现差异，则"verify error（E. rE3）"闪烁，按 SET 键，忽略此显示并继续进行校验。

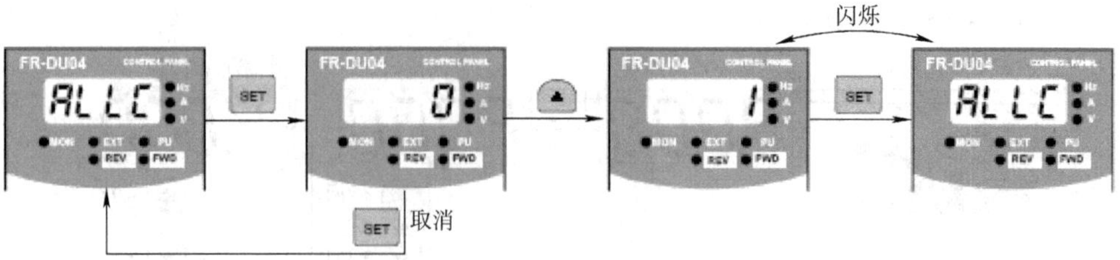

图 1-111　初始化为出厂设定值

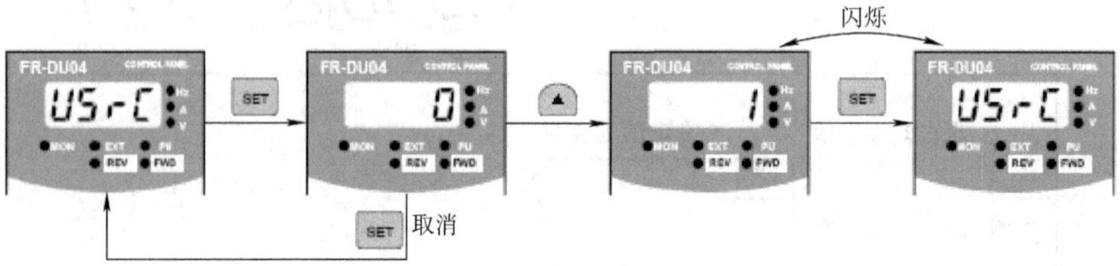

图 1-112　初始化用户设定参数

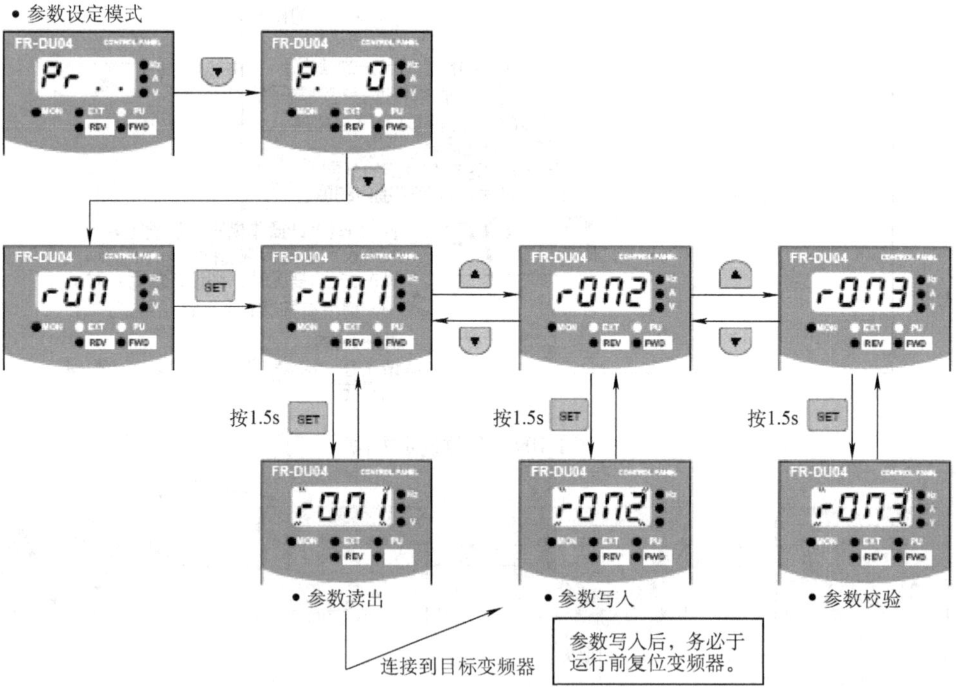

图 1-113　复制操作

5）当目标变频器不是 FR—A500 系列，则显示“model error（E. rE4）”。

三、变频器的基本功能操作训练

1. 变频器的面板操作

仔细阅读变频器的面板介绍，掌握在监视模式下（MON 灯亮）显示 Hz、A、V 的方法，以及变频器的运行方式，PU 运行（PU 灯亮）、外部运行（EXT 灯亮）之间的切换方法。

2. 全部清除操作

为了调试能够顺利进行，开始前要进行一次“全部清除”的操作（全部清除并不是将参数的值清到0，而是将参数设置在出厂值），步骤如下。

1）按下 MODE 键至运行模式，选择 PU 运行（PU 灯亮）。

2）按动 MODE 键至帮助模式。

3）按动▲/▼键至“ALLC”。

4）按下 SET 键，再按图 1-114 所示步骤进行操作。

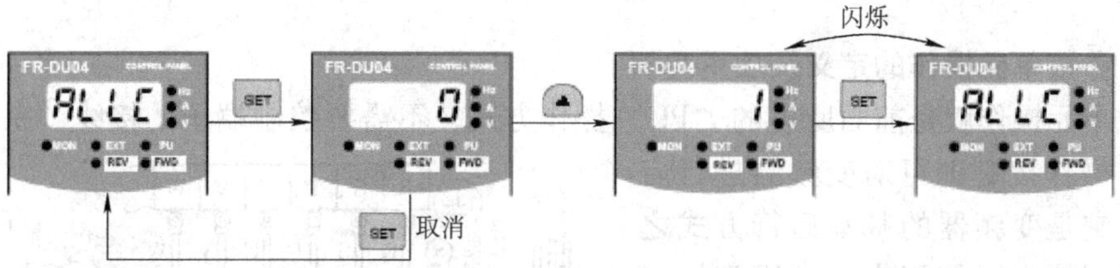

图 1-114　操作步骤

3. 参数预置

变频器在运行前，通常要根据负载和用户的要求，给变频器预置一些参数，如上、下限频率及加、减速时间等。

例如，将上限频率预置为 45Hz，查参数表得：上限频率功能码为 Pr. 1，预置有下面两种方法：

（1）方法一

1）按动 MODE 键至参数给定模式，此时显示 Pr…。

2）按动▲/▼键改变功能码，使功能码为 1。

3）按下 SET 键，读出原数据。

4）按动▲/▼键更改，使数据改为 45。

5）按下 SET 键 1. 5s，写入给定。

（2）方法二

1）按动 MODE 键至参数给定模式，此时显示 Pr…。

2）按下 SET 键，再用▲/▼逐位功能码至 P001。

3）按下 SET 键，读出原数据。

4）按动▲/▼将原数据改为 45Hz。

如果此时显示器交替显示功能码 Pr. 1 和参数 45. 00，则表示参数预置成功（即已将上限频率预置为 45Hz）；否则预置失败，须重新预置。参照参数表查出下列有关的功能码，预置下列参数：下限频率为 3Hz；加速时间为 7s；减速时间为 8s。

4. 给定频率的修改。

例如，将给定频率修改为 35Hz。具体方法如下：

1）按下 MODE 键设定为运行模式，选择 PU 运行（PU 灯亮）。

2）按动 MODE 键设定为频率设定模式。

3）按动▲/▼键修改给定频率为 35Hz。

注意事项如下：

1）在运行中也可以进行运行频率的设定。

2）参数设定一定要在“PU”下进行（一些参数除外，使用时会特别说明），否则显示“P.5”字样（操作错误报警显示），这时最简单的清除方法是重新开启变频器电源即可。

3）各种清除操作也要在“PU”下进行。

4）在 Pr. 79 =1 时，不能进行“外部”与“PU”间的转换。

第三节　变频器的参数单元操作

一、参数单元操作的定义及应用实例

参数单元操作就是前面所说的“PU”操作方式，不需要控制端子的接线，完全用操作面板上的操作按键即可对变频器进行启停控制，它是变频器的基本运行方式之一。变频器的实际使用中经常用到控制各类机械正反转。例如，前进后退、上升下降、进刀回刀等。升降机是工厂生产机械中比较常见的设备，其上升和下降是由电动机的正反转运行来拖动的。若利用变频器对三相笼型异步电动机进行控制，其接线如图 1-115a 所示，变频器的正反转运行曲线如图 1-115b 所示。现要求利用变频器面板（PU）操作控制电动机分别进行正反转连续运行（运行频率分别为 20Hz、30Hz 和 50Hz）和点动运行（35Hz）。

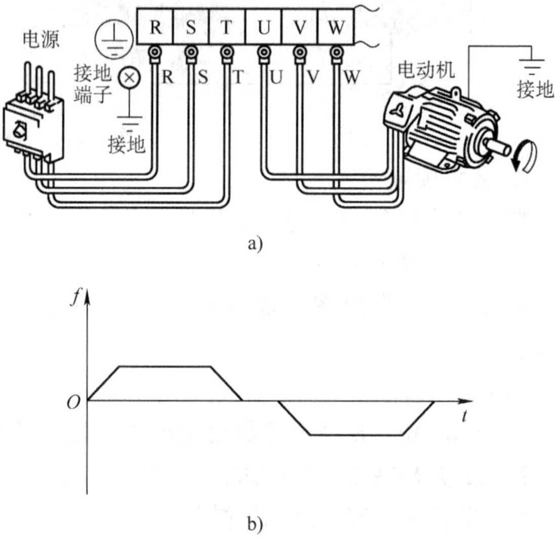

图 1-115　利用变频器控制三相笼型异步电动机

a）电源、电动机、变频器接线　b）正反转运行曲线

二、基本技能训练

PU 运行就是利用变频器的面板直接输入给定频率和启动信号。

1. 主电路接线

如图 1-115a 所示，将变频器、电源及电动机连接起来。

2. 运行曲线

图 1-115b 所示为变频器运行的速度曲线。

3. 参数设定及运行频率设定

先按照运行曲线和控制要求确定有关参数，然后进行设定。

（1）参数设定　按表 1-13 设定相关参数。

（2）运行频率　运行频率分别设定为：第一次 25Hz；第二次 35Hz；第三次 45Hz。

4. 操作步骤

（1）连续运行

1）将电源、电动机和变频器连接好。

2）经老师检查同意，方可通电。

3）按操作面板上的［MODE］键两次，显示［参数设定］画面，在此画面下设定参数 Pr. 79 =1，“PU”灯亮。

表 1-13　参数设定

参数名称	参数号	设置数据	参数名称	参数号	设置数据
上升时间	Pr. 7	4s	上限频率	Pr. 1	50Hz
下降时间	Pr. 8	3s			
加、减速基准频率	Pr. 20	50Hz	下限频率	Pr. 2	0Hz
基底频率	Pr. 3	50Hz	运行模式	Pr. 79	1

4）全部清除操作。

5）依次按表 1-13 设定相关参数。

6）再按操作面板上的［MODE］键，切换到［频率设定］画面下，设定运行频率为 25Hz。

7）返回［监视模式］，观察“MON”和“Hz”灯亮。

8）按［FWD］键，电动机正向运行在设定的运行频率（25Hz）上，同时，FWD 灯亮。

9）按［REV］键，电动机反向运行在设定的运行频率（25Hz）上，同时，REV 灯亮。

10）再分别在［频率设定］画面下改变运行频率为 35Hz、45Hz，重复 7）~8），反复练习。

11）练习完毕后断电拆线，清理现场。

（2）点动运行操作

1）设定参数。在“PU”状态下，操作［MODE］键，调出［参数设定］画面，设定参数 Pr. 15 = 20Hz（点动状态下的运行频率），Pr. 16 = 3s（点动状态下的加减速时间）。

2）按［MODE］键两次，进入“操作模式”，此时显示“PU”字样，再按下“▲”键，即可显示“JOG”字样，进入点动状态。

当设定 Pr. 79 = 0 时，接通电源即为［外部操作］模式（EXT 灯亮），这时通过操作“▲”键可切换到“PU”下，再按一下“▼”键进入点动状态。

3）返回［监视模式］，按下操作单元面板上的［STF］或［STR］键，即正向点动或反向点动，运行在 35Hz 上，加、减速时间由 Pr. 16 的值（4s）决定。

（3）注意事项

1）切不可将 R、S、T 与 U、V、W 端子接错，否则，会烧坏变频器。

2）电动机为丫联结。

3）操作完成后注意断电，并且清理现场。

4）运行中若出现报警现象，要复位后重新运行。

三、应用实例训练

升降机的上升、下降就是典型的正反转控制，为了减缓起动停止时的冲击，适当的延长加减速时间即可实现。若运行曲线如图 1-116 所示，图中正向起动时，刚开始慢速运行至 8Hz，重物起来后加速到 45Hz，快要达到相应高度时减速到 10Hz，运行到所需高度后应慢速停下，下降时运行情况相同。

试用“PU”方式运行此曲线。运行时，不需考虑低速运行，正向直接加速到 45Hz 运行，反向直接加速到 50Hz 运行（停止时的 10Hz 和 13Hz 不考虑）。

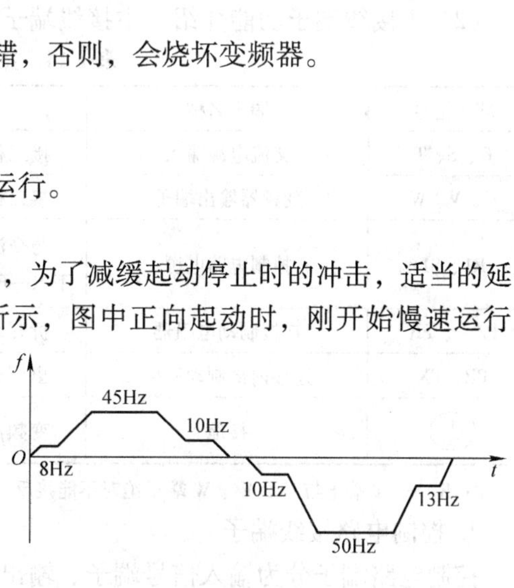

图 1-116　升降机运行曲线

第四节　变频器的外部运行操作

一、外部运行操作的定义及应用实例

外部运行操作，就是用变频器控制端子上的外部接线控制电动机起停和运行频率的一种方法，目前是通过设置 Pr. 79 的值来进行操作模式切换的，此时参数单元操作无效，实际中这种操作模式应用较多。例如，某升降机中变频器和三相笼型异步电动机的接线图如图 1-115a 所示。用外部接线的方式控制电动机的升降运行，由外接电位器（1W、1kΩ 的电位器）来控制运行频率。变频器升降运行曲线如图 1-117a 所示，外部接线如图 1-117b 所示。

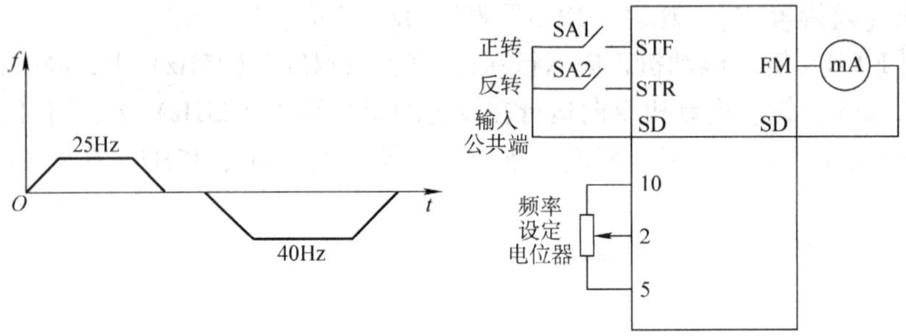

a)　　b)

图 1-117　变频器升降运行曲线及外部接线

a）运行曲线　b）外部接线

二、变频器接线端子

变频器接线主要有两部分：一部分是主电路接线，另一部分是控制电路接线。

1. 主电路接线端子

主电路接线端子是变频器与电源及电动机连接的接线端子。

（1）主接线端子　主接线端子如图 1-118 所示。

（2）主接线端子功能介绍　主接线端子的功能见表 1-14。

表 1-14　主接线端子的功能

端子记号	端子名称	说　明
R、S、T	交流电源输入	接三相交流电源，交流电源与变频器之间一般是通过断路器相连接
U、V、W	变频器输出端子	接三相异步电动机
R1、S1	控制电路电源	与交流电源端子 R、S 相连。在保持异常显示和异常输出时，请拆下 R—R1 和 S—S1 之间的短接片，并提供外部电源到此端子
P/+、PR	连接制动电阻器	拆开端子 PR—PX 之间的短接片，在 PR—PX 之间连接制动电阻器
PR、PX	连接内部制动回路	出厂时用短路片短接，内部制动回路生效
⏚	接地	变频器外壳必须接地

注：R、S、T 端子与 U、V、W 端子绝对不能接反，否则，烧坏变频器。

2. 控制电路接线端子

控制电路端子分为输入信号端子、输出信号端子、模拟信号设定端子。

（1）控制电路端子　控制电路端子如图 1-119 所示。

a)

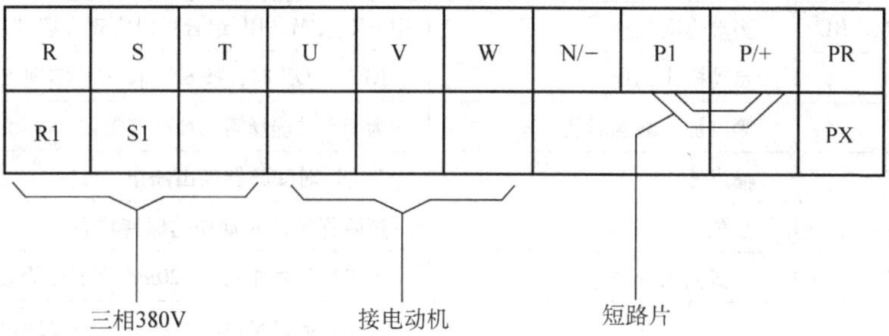

b)

图 1-118　主接线端子

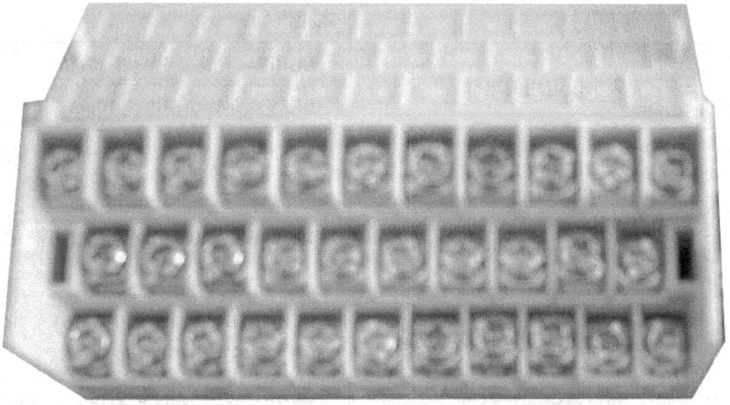

a)

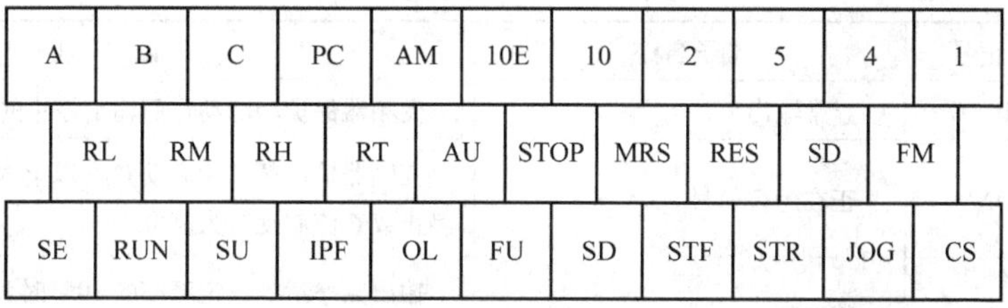

b)

图 1-119　控制端子
a）实物图　b）端子标号

(2) 控制电路端子功能介绍

1) 输入信号端子和模拟信号设定端子的功能见表1-15。

表1-15 输入信号端子和模拟信号设定端子的功能

类型		端子记号	端子名称	说明	
输入信号端子	启动接点功能设定	STF	正转启动	ON正转，OFF停止；程序运行时为程序运行开始时间	当STF和STR同时为ON时，相当于给出停止信号
		STR	反转启动	ON反转，OFF停止	
		STOP	启动自保持	STOP处于ON可以选择启动信号自保持	
		RH、RM、RL	多端速度选择	用RH、RM、RL组合可以实现多段速度控制	
		JOG	点动模式选择	JOG为ON时，按STF和STR实现点动	
		RT	第二加、减速时间	为ON时选择第二加减速时间	
		MRS	输出停止	为ON时变频器输出停止	
		RES	复位	解除保护回路动作的保持状态	
		AU	电流输入选择	为ON时才能用4~20mA直流作为设定信号	
		CS	瞬停电再启动选择	为ON时瞬时停电再恢复时变频器可自动运行（设必要的参数）	
		SD	公共输入端子	接点输入端子和FM端子的公共端	
		PC	直流24V电源和外部晶体管公共端	当连接PLC时，将晶体管输出用的外部电源公共端与之相连	
模拟信号设定端子	频率设定	10E	频率设定用的电源	DC10V，允许负荷电流10mA	
		10		DC5V，允许负荷电流10mA	
		2	频率设定（电压）	输入DC0~5V（或DC0~10V）时，5V（10V）对应最大频率	
		4	频率设定（电流）	DC4~20mA，20mA为最大输出频率。只在端子AU处于ON时，该输入信号有效	
		1	辅助频率设定	输入DC0~5V（或DC0~10V）时，端子2或4的频率设定信号与这个信号相加	
		5	频率设定公共端	频率设定信号和模拟输出端子AM的公共端	

2) 输出信号端子的功能见表1-16。

表1-16 输出信号端子

类型		端子记号	端子名称	说明
输出信号端子	接点	A、B、C	异常输出	变频器保护功能动作而输出停止的转换接点
	集电极开路信号	RUN	正在运行信号	变频器输出频率为启动频率以上时，为低电平，正在停止或直流制动时为高电平
		SU	频率到达	输出频率达到设定频率的10%时为低电平，停止时为高电平
		OL	过负荷报警	过负荷动作为低电平，保护解除为高电平
		IPF	瞬时停电	瞬时停电、电压不足保护动作时为低电平

（续）

类型		端子记号	端子名称	说　明
输出信号端子	集电极开路信号	FU	频率检测	输出频率达到任意设定的检测频率以上时为低电平
		SE	集电极开路输出公共端	RUN、SU、OL、IPF、FU 的公共端
	模拟	AM	模拟信号输出	当变频器输出频率变化时，对应的模拟输出信号是 DC 0～10V；允许电流 1mA

三、基本技能训练

1. 电路接线

主电路接线如图 1-115a 所示。控制电路接线如图 1-120 所示。

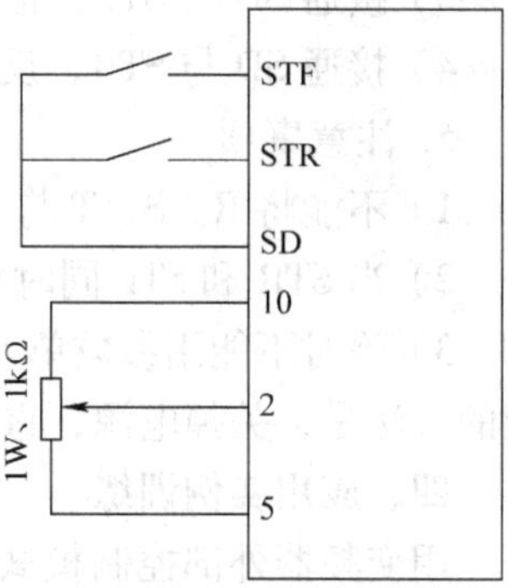

图 1-120　开关控制的外部运行接线

2. 运行曲线

图 1-117a 所示为变频器的外部运行曲线。

3. 实训设备及材料

实训设备及材料见表 1-17。

4. 操作步骤

（1）连续运行

1）主电路按图 1-115a 接线。

2）控制电路首先按图 1-120 接线。

3）老师检查无误后通电。

表 1-17　实训设备及材料

序号	名　称	数量	备　注
1	FR—A540—0.4～7kW 三菱变频器	24	每组一台
2	0.5～1kW 三相异步电动机	24	和变频器配套使用
3	连接导线	若干	电源连线和电动机连线及控制电连线的用线
4	1kΩ、1W 的电位器	24	每台变频器配一个
5	开关	2	

4）在［PU 模式］下进行全部清除操作。

5）在［PU 模式］下设定表 1-18 中的参数。

表 1-18　参数设定

参数名称	参数号	设置数据	参数名称	参数号	设置数据
上升时间	Pr. 7	4s	上限频率	Pr. 1	50Hz
下降时间	Pr. 8	3s	下限频率	Pr. 2	0Hz
加、减速基准频率	Pr. 20	50Hz	运行模式	Pr. 79	1
基底频率	Pr. 3	50Hz			

6）设 Pr. 79 = 2，EXT 灯亮。

7）接通 SD 与 STF，转动电位器，电动机正向逐渐加速至 25Hz。

8）断开 SD 与 STF，电动机停。

9）接通 SD 与 STR，转动电位器，电动机反向逐渐加速至 40Hz。

10）断开 SD 与 STR，电动机停。

11）改变正向运行频率和反向运行频率，重复 1）~8）步进行练习。

12）练习完毕断电后拆线，并且清理现场。

（2）点动运行（Pr. 79 =2 下的点动）

1）接通 SD 与 JOG，变频器处于外部点动状态。

2）设定参数 Pr. 15 =35Hz；Pr. 16 =4s。

3）接通 SD 与 STF，正向点动运行在 25Hz，断开 SD 与 STF，电动机停止。

4）接通 SD 与 STR，反向点动运行在 25Hz，断开 SD 与 STF，电动机停止。

5. 注意事项

1）不能将 R、S、T 与 U、V、W 端子接错，否则，烧坏变频器。

2）当 STR 和 STF 同时与 SD 接通时，相当于发出停止信号，电动机停。

3）绝对不能用参数单元上的［STOP］键停止电动机，否则，报警显示 P—5（清除最简捷的方法是，关掉电源，重新开启）。

四、应用实例训练

用变频器外部控制模式控制电动机的运行，运行曲线如图 1-116 所示。用外接电位器（1W、1kΩ 的电位器）控制运行频率，试按要求设置参数、接线、调试运行，然后改变基本参数值反复操作练习（不需考虑低速运行，正向直接加速到 45Hz 运行，反向直接加速到 50Hz 运行）。

第五节　变频器的组合运行操作

一、组合运行操作的定义及应用实例

组合运行操作是一种应用参数单元和外部接线共同控制变频器运行的方法。一般来说有两种：一种是参数单元控制电动机的起停，外部接线控制电动机的运行频率；另一种是参数单元控制电动机的运行频率，外部接线控制电动机的起停，是工业控制中常用的方法。

例如，工厂车间内在各个工段之间运送钢材等重物时常使用的平板车，就是正反转变频调速的应用实例，其运行速度曲线如图 1-121 所示。

图 1-121 中的正方向是装载时的运行速度，反方向是放下重物后空载返回的速度，前进、后退的加减速时间由变频器的加、减速参数来设定。当前进到接近放下重物的位置 *B* 时，减速到 10Hz 运行，以减小停止时的惯性；同样，当后退到接近装载位置 *D* 时，减速到 10Hz 运行，减小停止的惯性。现要求用外部接线控制电动机的起停，用面板（PU）调节电动机的运行频率。这种用参数单元控制电动机的运行频率，外部接线控制电动机的起停，是变频器组合运行模式的一种，这是工业

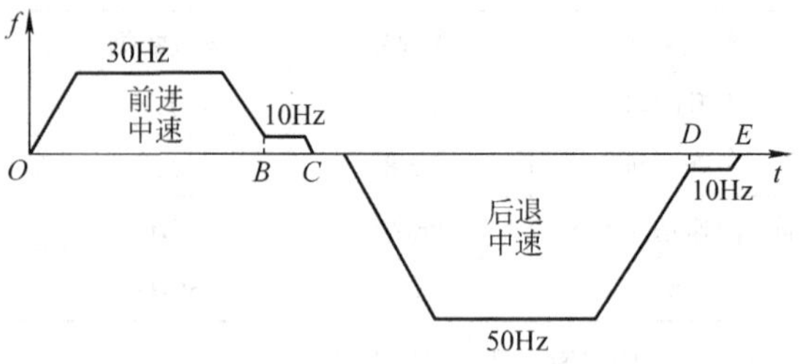

图 1-121　平板车运行速度曲线

控制中经常采用的方法。

二、基本技能训练

1. 用外部信号控制起停，并设定运行频率

（1）基本参数设定　基本参数设定见表 1-19。实训所用设备及材料见表 1-17。

表 1-19　基本参数设定

参数号	设定值	功能	参数号	设定值	功能
Pr. 79	3	组合操作模式 1	Pr. 8	3s	减速时间
Pr. 1	50Hz	上限频率	Pr. 9	2A	电子过电流保护
Pr. 2	0Hz	下限频率	Pr. 4	50Hz	RH 端子对应的运行参数，高速频率
Pr. 3	50Hz	基底频率	Pr. 5	35Hz	RM 端子对应的运行参数，中速频率
Pr. 20	50Hz	加、减速基准频率	Pr. 6	25Hz	RL 端子对应的运行参数，低速频率
Pr. 7	4s	加速时间			

（2）组合操作接线　按图 1-122 接线。

（3）操作步骤

1）主电路按图 1-115a 接线。

2）控制电路按图 1-122 接线。

3）老师检查无误后通电。

4）在［PU 模式］下进行全部清除操作。

5）在［PU 模式］下设定表 1-19 中的参数。

6）设 Pr. 79 = 3，EXT 灯和 PU 灯同时亮。

7）在接通 RH 与 SD 前提下：SD 与 STF 导通，电动机正转运行在 50Hz，断开即停。SD 与 STR 导通，电动机反转运行在 50Hz，断开即停。

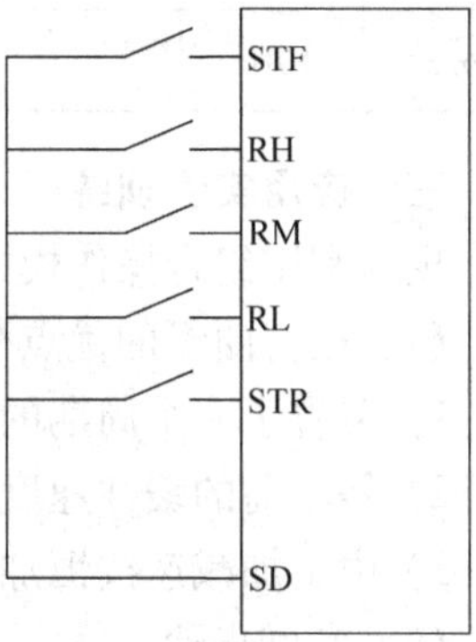

图 1-122　组合操作接线

8）在接通 RM 与 SD 前提下：SD 与 STF 导通，电动机正转运行在 35Hz，断开即停。SD 与 STR 导通，电动机反转运行在 35Hz，断开即停。

9）在接通 RL 与 SD 前提下：SD 与 STF 导通，电动机正转运行在 25Hz。SD 与 STR 导通，电动机反转运行在 25Hz。

10）在频率设定画面下，设定频率 $f = 40\text{Hz}$，仅接通 SD 与 STF（或 STR），电动机运行在 40Hz。

11）改变 Pr. 4、Pr. 5、Pr. 6 参数的值，反复练习。

2. 用外接电位器设定运行频率，并控制电动机起停

1）外部控制频率的组合操作接线如图 1-123 所示。

2）按表 1-20 设置参数。

3）操作步骤：

① 主电路按图 1-115a 接线。

② 控制电路按图 1-123 接线。

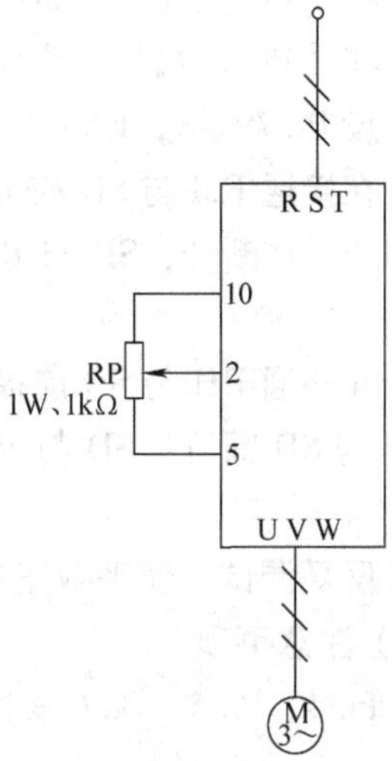

图 1-123　外部控制频率的组合操作接线

③ 老师检查无误后通电。
④ 在［PU 模式］下进行全部清除操作。
⑤ 在［PU 模式］下设定表 1-20 中的参数。
⑥ 设定参数 Pr. 79 =4，“EXT” 和 “PU” 灯同时亮。
⑦ 按下操作面板上的“FWD”键，转动电位器，电动机正向加速。
⑧ 按下操作面板上的“REV”键，转动电位器，电动机反向加速。
⑨ 按下“STOP”键，电动机停止转动。

表 1-20　基本参数设定

参数号	设定值	功能	参数号	设定值	功能
Pr. 79	4	组合操作模式 2	Pr. 20	50Hz	加、减速基准频率
Pr. 1	50Hz	上限频率	Pr. 7	5s	加速时间
Pr. 2	2Hz	下限频率	Pr. 8	3s	减速时间
Pr. 3	50Hz	基底频率	Pr. 9	2A	电子过电流保护

三、应用实例训练

现在利用组合操作模式实现图 1-121 所示的运行曲线。

(1) 运行曲线的优点分析

1) 节省了一个周期的运行时间，提高了工作效率。

2) 停车前的缓冲速度保证了停车精度，消除了对正位置的时间。

3) 由于加减速按恒加减速运行，没有振动，运行平稳，提高了安全性。

(2) 实操步骤

1) 主电路按图 1-115a 接线。

2) 控制电路按图 1-122 接线。

3) 老师检查无误后通电。

4) 在［PU 模式］下进行全部清除操作。

5) 在［PU 模式］下设定表 1-21 中的参数。

6) 设 Pr. 79 =3，EXT 灯和 PU 灯同时亮。

7) 在接通 RM 与 SD 前提下，SD 与 STF 导通，平板车中速前进在 30Hz，当运行到 *B* 点时，RM 与 SD 断开，SD 与 RL 接通，低速前进运行在 10Hz，运行到 *C* 点时平板车停止运行。

8) 在接通 RH 与 SD 前提下，SD 与 STR 导通，平板车高速后退在 50Hz，当运行到 *D* 点时，RH 与 SD 断开，SD 与 RL 接通，低速返回运行在 10Hz，运行到 *E* 点时平板车停止运行。

9) 反复调试，使平板车按图 1-121 所示曲线运行。

(3) 注意事项

1) Pr. 4、Pr. 5、Pr. 6 参数的设定，在外部运行和 PU 操作（参数单元操作）下均可设定。

2) 运行期间同时接通 SD 与 STF 和 STR，电动机停止。

表 1-21　基本参数设定

参数号	设定值	功能	参数号	设定值	功能
Pr. 79	3	组合操作模式 1	Pr. 8	4s	减速时间
Pr. 1	50Hz	上限频率	Pr. 9	2A	电子过电流保护
Pr. 2	0Hz	下限频率	Pr. 4	50Hz	RH 端子对应的运行参数，高速频率
Pr. 3	50Hz	基底频率	Pr. 5	30Hz	RM 端子对应的运行参数，中速频率
Pr. 20	50Hz	加、减速基准频率	Pr. 6	10Hz	RL 端子对应的运行参数，低速频率
Pr. 7	5s	加速时间			

3）操作注意安全。

4）电动机为丫联结。

（4）课后练习　如图 1-124 所示的速度曲线，请在 Pr. 79 = 3 设定模式下按曲线上所标注的参数要求运行此曲线。

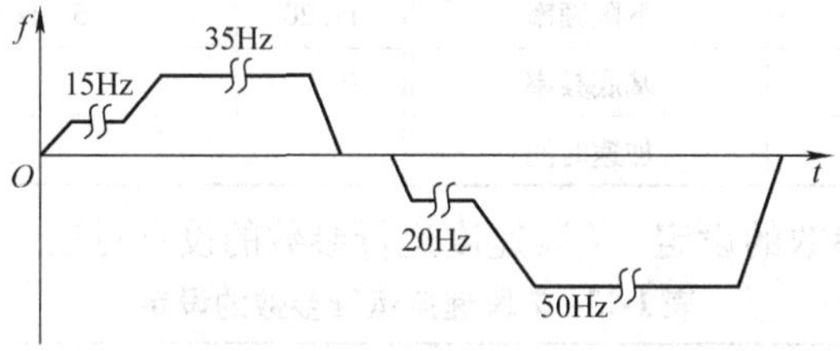

图 1-124　组合运行练习示意图

第六节　变频器的多段速度运行操作

一、多段速度运行的定义及应用实例

FR—A540 三菱变频器的多段速度运行共有 15 种运行速度，通过外部接线端子的控制可以运行在不同的速度上，特别是与可编程序控制器联合起来控制更方便，在需要经常改变速度的生产机械上得到了广泛应用。

例如，某高楼为了实现恒压供水，应用压力开关根据管内压力实现对泵的运行速度的控制，当压力增大（用水量小）达到上限压力时，减小泵的速度；当压力减小（用水量大）到下限压力时，提高泵的速度，从而实现管内压力的恒定，其运行曲线如图 1-125 所示，通常是用 PLC 控制变频器实现恒压供水的控制。

二、基本技能训练

多段速度控制方式在实际应用中是十分广泛的，是工业生产控制中变频器基本控制方式之一。

1. 7 段速度运行操作

（1）运行曲线　7 段速度运行曲线如图 1-126 所示，运行频率图中已经注明。

（2）基本参数设定　基本参数设定见表 1-22。

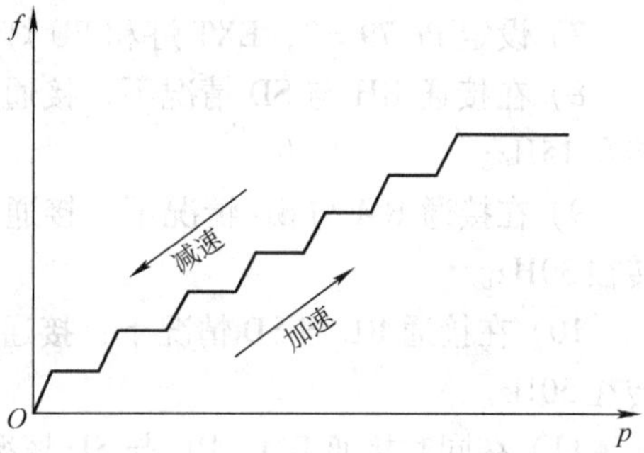

图 1-125　变频调速运行曲线

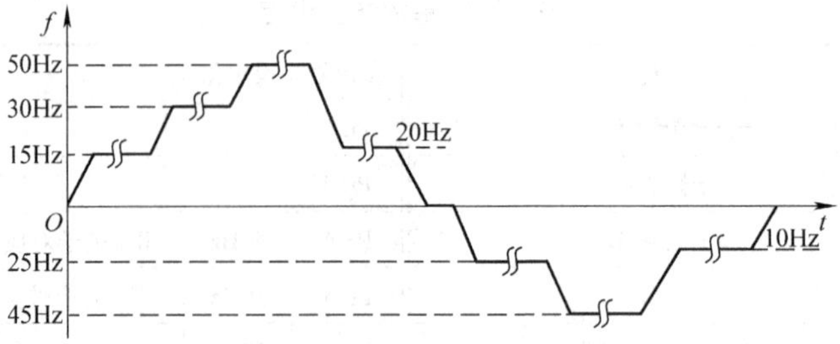

图 1-126 7 段速度运行曲线

表 1-22 基本参数设定

参数号	设定值	功能	参数号	设定值	功能
Pr. 0	5%	提升转矩	Pr. 8	3s	减速时间
Pr. 1	50Hz	上限频率	Pr. 9	3A（由电动机功率定）	电子过电流保护
Pr. 2	3Hz	下限频率	Pr. 20	50Hz	加减速基准频率
Pr. 3	50Hz	基底频率	Pr. 79	3	操作模式
Pr. 7	4s	加速时间			

（3）7 段速度运行参数的设定　7 段速度运行参数的设定见表 1-23。

表 1-23 7 段速度运行参数的设定

控制端子	RH	RM	RL	RM RL	RH RL	RH RM	RH RM RL
参数号	Pr. 4	Pr. 5	Pr. 6	Pr. 24	Pr. 25	Pr. 26	Pr. 27
设定值/Hz	15	30	50	20	25	45	10

注：Pr. 4 ~ Pr. 6 和 Pr. 24 ~ Pr. 27 参数在外部、组合模式下均可设定，且无优先级。

（4）操作步骤

1）主电路按图 1-115a 接线。

2）控制电路按图 1-127 接线。

3）老师检查无误后通电。

4）在［PU 模式］下进行全部清除操作。

5）在 PU（Pr. 79 = 1，“PU” 灯亮）下，设定参数。

6）设定表 1-23 中的参数，即 Pr. 4 ~ Pr. 6 和 Pr. 24 ~ Pr. 27 参数（在外部、组合、PU 下均可设定）。

7）设定 Pr. 79 = 3，EXT 灯和 PU 灯均亮。

8）在接通 RH 与 SD 情况下，接通 STF 与 SD，电动机正转在 15Hz。

9）在接通 RM 与 SD 情况下，接通 STF 与 SD，电动机正转在 30Hz。

10）在接通 RL 与 SD 情况下，接通 STF 与 SD，电动机正转在 50Hz。

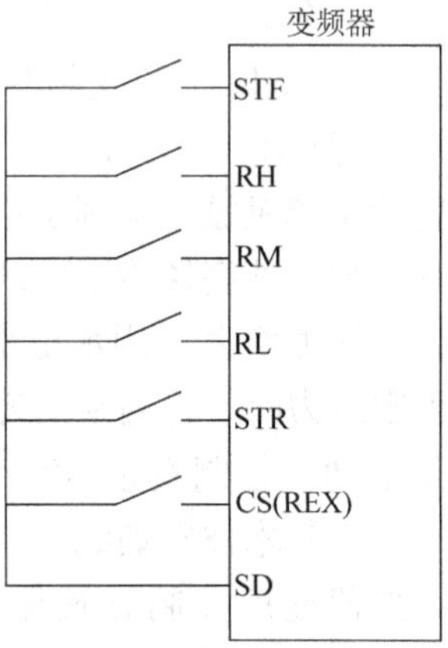

图 1-127 多段速度运行控制电路接线

11）在同时接通 RM、RL 与 SD 情况下，接通 STF 与 SD，电动机正转在 20Hz。

12）在同时接通 RH、RL 与 SD 情况下，接通 STR 与 SD，电动机反转在 25Hz。

13）在同时接通 RH、RM 与 SD 情况下，接通 STR 与 SD，电动机反转在 45Hz。

14）在同时接通 RH、RM、RL 与 SD 情况下，接通 STR 与 SD，电动机反转在 10Hz。

（5）注意事项

1）运行中出现“E·LF”字样，表示变频器输出至电动机的连线有一相断线（即断相保护），这时返回 PU 模式下，进行清除操作（如图 1-108 所示），然后关掉电源重新开启即可消除。若不要此保护功能，请设定 Pr. 251 =0。

2）出现“E·TMH”字样，表示电子过电流保护动作，同样在［PU 模式］下，进行清除操作即可（如图 1-107 和图 1-108 所示）。

3）Pr. 79 =4 的运行方式，即外部接电位器控制运行频率，参数单元控制电动机起停，实际中应用较少。

2. 15 段速度运行操作

在前面 7 段速度基础上，再设定下面 8 种速度，就变成 15 种速度运行。具体方法如下：

1）改变端子功能，设定 Pr. 186 =8，使 CS 端子的功能变为 REX 功能。

2）按表 1-22 设定基本运行参数。

3）按表 1-24 设定运行参数。

表 1-24　运行参数的设定

参数号	Pr. 232	Pr. 233	Pr. 234	Pr. 235	Pr. 236	Pr. 237	Pr. 238	Pr. 239
设定值/Hz	40	48	38	28	18	10	36	26

注：1. Pr. 232 ~ Pr. 239 在外部、PU、组合模式下均可设定。
2. Pr. 232 ~ Pr. 239 没有优先级。
3. 基本参数的设定与表 1-22 相同。

其中，各运行参数与接线端子的对应状态见表 1-25。8 ~ 15 段速度运行曲线如图 1-128 所示。

表 1-25　运行参数与接线端子的对应状态

端子名称	REX	REX RL	REX RM	REX RM RL	REX RH	REX RH RL	REX RH RM	REX RH RM RL
参数号	Pr. 232	Pr. 233	Pr. 234	Pr. 235	Pr. 236	Pr. 237	Pr. 238	Pr. 239

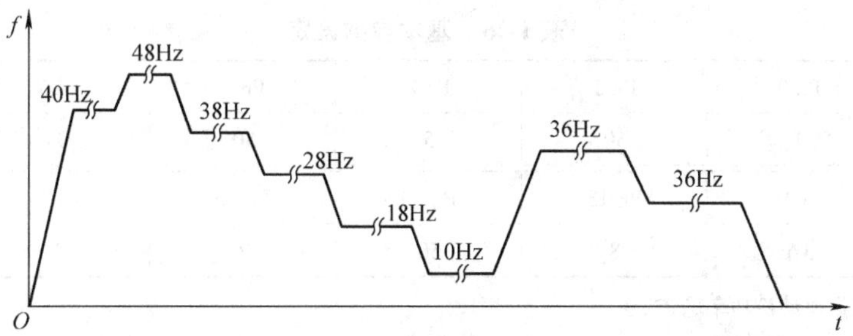

图 1-128　8 ~ 15 段速度运行曲线

4）按图 1-127 所示进行接线。

5）接通 REX 与 SD 端，运行 40Hz。

6）同时接通 REX、RL 与 SD 端，运行 48Hz。

7）同时接通 REX、RM 与 SD 端，运行 38Hz。

8）同时接通 REX、RL、RM 与 SD 端，运行 28Hz；同时接通 REX、RH 与 SD 端，运行 18Hz。

9）同时接通 REX、RL、RH 与 SD 端，运行 10Hz。

10）同时接通 REX、RH、RM 与 SD 端，运行 36Hz。

11）同时接通 REX、RL、RM、RH 与 SD 端，运行 26Hz。

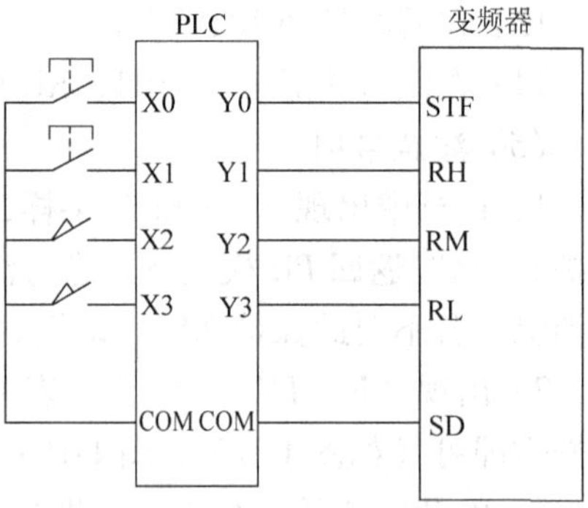

图 1-129 恒压供水 PLC 与变频器接线

三、应用实例训练

如图 1-129 所示，对 PLC 与变频器联合控制系统进行正确接线。其中所用设备及材料见表 1-26。

表 1-26 所用设备及材料

序号	名称	数量	备注
1	FR—A540—0.4～7kW 三菱变频器	24	每组一台
2	0.5～1kW 三相异步电动机	24	和变频器配套使用
3	连接导线	若干	电源连线和电动机连线及控制回路连线的用线
4	FX2N—40MR 三菱 PLC	24	和变频器配套使用
5	带自锁的开关	每组 5～6 个	也可用导线的接通与断开代替
6	不带自锁的按钮	每组两个	

1. 变频器参数设定及运行曲线

1）变频器调速运行曲线如图 1-125 所示，对相关运行参数进行设定，见表 1-27。

表 1-27 运行参数

参数号	Pr. 4	Pr. 5	Pr. 6	Pr. 24	Pr. 25	Pr. 26	Pr. 27
设定值/Hz	15	25	30	35	40	45	50

2）对基本功能参数进行设定，见表 1-28。

表 1-28 基本参数设定

参数号	Pr. 0	Pr. 1	Pr. 2	Pr. 3	Pr. 7	Pr. 8
设定值/Hz	4	50	5	50	3s	4s
参数号	Pr. 9	Pr. 13	Pr. 20	Pr. 76	Pr. 78	Pr. 79
设定值/Hz	3A	8	50	2	1	3

注：Pr. 9 的值根据电动机功率确定。

2. 可编程序控制器的 I/O 分配与状态转移图

（1）I/O 分配

X0—启动　　X1—停止　　X2—上限压力　　X3—下限压力

Y0—STF　　Y1—RH　　Y2—RM　　Y3—RL

(2) 状态转移图　PLC 状态转移图如图 1-130 所示。

3. 操作步骤

1）主电路按图 1-115a 接线。

2）按图 1-129 连接 PLC 与变频器的连线。

3）老师检查无误后通电。

4）在［PU 模式］下进行全部清除操作。

5）在 PU（Pr. 79 = 1，“PU”灯亮）下，设定表 1-29 中的参数。

6）按表 1-27 设定变频器的运行参数（［PU 模式］或［组合模式］下设定）。

7）输入 PLC 程序，调试正确无误。

8）启动 X0，电动机转动，当下限压力开关（用根导线代替）接通时，电动机速度提高，当上限压力开关（用根导线代替）接通时，电动机速度降低。

9）按下 X1，电动机停止。

10）改变各级的运行时间，反复练习。

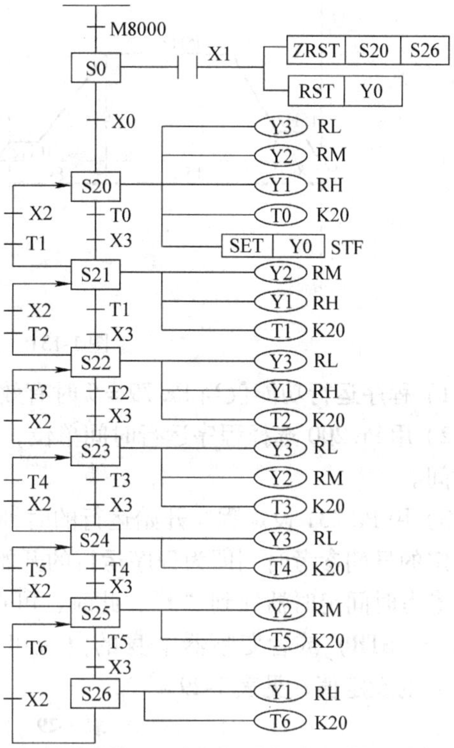

图 1-130　PLC 状态转移图

第七节　变频器的程序运行操作

一、程序运行操作的定义及应用实例

程序运行是变频器在生产机械、家用电器、运输工具控制中常用的运行方法，它是将预先需要运行的曲线及相关参数按时间（时间单位由 Pr. 200 参数设定）的顺序预置到变频器内部，接通启动信号后自动运行该曲线的一种方法。例如，龙门刨床是机械制造业中必不可少的机械加工设备，主要由床身、横梁、刀架、立柱等部分组成，工作时被加工的零件固定在工作台上作往复运动，刀架装在横梁上，由垂直进给电动机拖动可以上下运动（即垂直方向进刀），横向进给由横向进给电动机拖动左右运动（即横向进给），龙门刨床运行曲线如图 1-131 所示。试用变频器控制实现对龙门刨床加工过程的控制运行（仅考虑刀具的运行）。

二、程序运行操作的基本知识

由于 FR—A540 型变频器的程序运行分为三组，根据需要可以选择一组或多组运行，也可以进行单组或多组的重复运行。在程序运行设置下，一些端子的功能将发生变化。

程序控制是指按照预先设定的时钟、电动机的运行频率、起动时间及旋转方向在内部定时器的控制下执行运行操作。注意：对于 FR—A500 型变频器，当选购件 FR—A5AP 插入时，则不能进行程序运转。

程序运行功能说明如下：

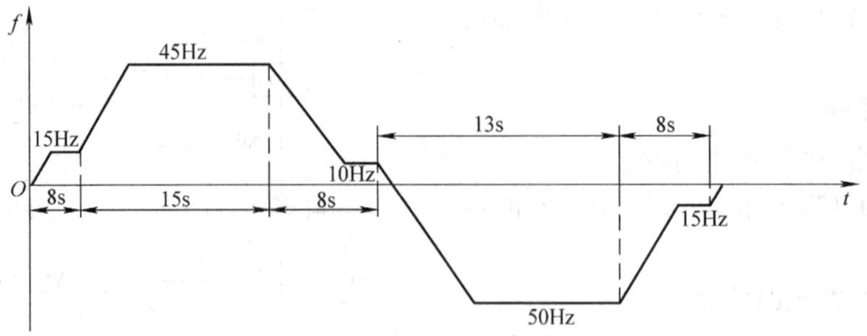

图 1-131 龙门刨床运行曲线

1）程序运行功能仅当 Pr. 79 = 5 时有效。

2）用 Pr. 200 选择程序运行时间单位，可以在“分/秒”和“小时/分”之间选择程序运行时间。

3）用 Pr. 231 设定程序开始运行的时钟基准。变频器中有一个内部定时器 RAM，Pr. 231 中设定的日期参考时刻即为程序运行的开始时刻。当同时接通开始信号和组选择信号时，日期的参考时间定时器回到“0”，此时，可在 Pr. 231 中设定日期的参考值。通过定时器的复位端子（STR）或者变频器本身的复位可清除日期参考时间。Pr. 231 的设定范围取决于 Pr. 200 的设定值，见表 1-29。

表 1-29 Pr. 231 的设定范围

Pr. 200 设定值	0	1	2	3
Pr. 231 设定范围	最大 99min59s	最大 99h59min	最大 99min59s	最大 99h59min

4）旋转方向、运行频率、起动时间可以定义为一个点，每 10 个点为一组，共分 3 个组，可用 Pr. 201 ~ Pr. 230 设定，见表 1-30。

表 1-30 程序运行分组

参数号	名 称	组信号端子	备 注
Pr. 201 ~ Pr. 210	程序设定 1 ~ 10	RH	组 1
Pr. 211 ~ Pr. 220	程序设定 11 ~ 20	RM	组 2
Pr. 221 ~ Pr. 230	程序设定 21 ~ 30	RL	组 3

5）程序运行时，既可选择单组运行，也可选择两个或者更多的组按组 1、组 2、组 3 的顺序运行。既可选择单组重复运行，也可选择多个组的重复运行。

6）程序运行输入输出信号控制端子的功能见表 1-31。

表 1-31 程序运行输入输出信号控制端子的功能

	名 称	端子	说 明
输入信号	第一组信号	RH	用于选择程序运行组，RH 组对应 Pr. 201 ~ Pr. 210 10 个参数
	第二组信号	RM	用于选择程序运行组，RM 组对应 Pr. 211 ~ Pr. 220 10 个参数
	第三组信号	RL	用于选择程序运行组，RL 组对应 Pr. 221 ~ Pr. 230 10 个参数
	定时器复位信号	STR	将日期的参考时间置 0
	程序运行启动信号	STF	输入则开始运行预定程序

（续）

	名　　称	端子	说　　　明
输出信号	时间到达信号	SU	所选择的组运行完成时输出和定时器复位清零
	组选择信号	FU	运行第一组的输出信号
		OL	运行第二组的输出信号
		IPF	运行第三组的输出信号
	公共端	SE	集电极开路的输出信号公共端

三、基本技能训练

1. 单组程序运行操作

下面选用第一组（RH 组）运行。

（1）运行接线　程序运行接线如图 1-132 所示。所用设备及材料见表 1-26。

图 1-132 中若不需要重复运行，去掉 SU 与 STR 和 SE 与 SD 的连线。

（2）程序运行曲线如图 1-133 所示。

（3）基本参数设定　在 Pr. 79 = 1 下，按表 1-32 中的数值设定。

（4）第一组运行参数设定　在 Pr. 79 = 5 下，按表 1-33 中的数值设定参数。

表 1-33 中每个参数有 3 个内容，其意义说明如下：

第一个内容：表示转向，“1”表示正转；“2”表示反转；“0”表示停止。

第二个内容：表示运行频率（Hz）。

第三个内容：表示运行此频率的时间（s）。

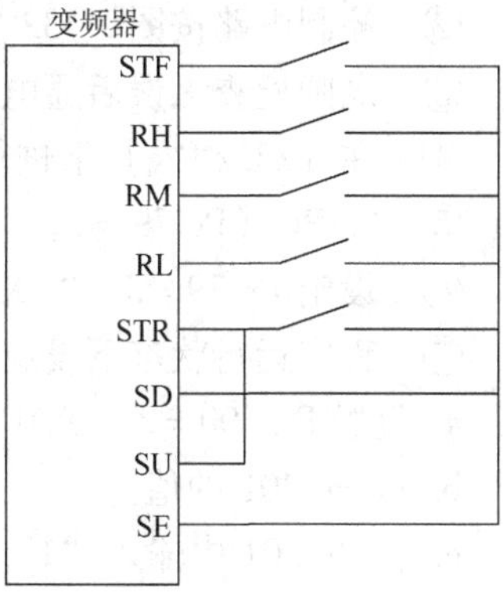

图 1-132　程序运行接线

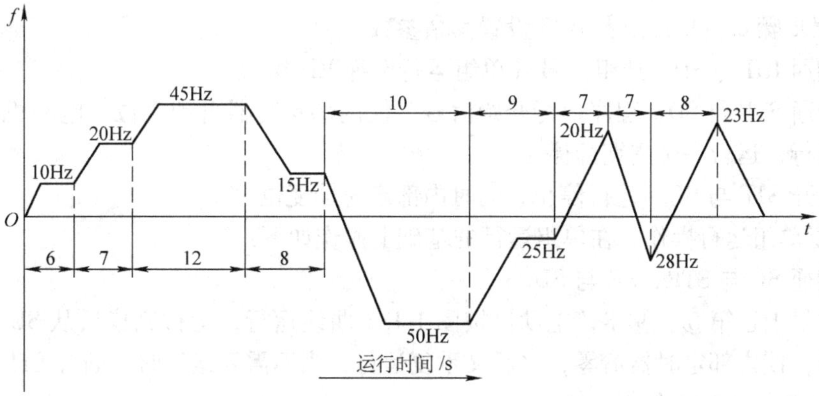

图 1-133　程序运行曲线

表 1-32　基本参数设定

参数号	Pr. 1	Pr. 2	Pr. 3	Pr. 7	Pr. 8	Pr. 13	Pr. 20	Pr. 76	Pr. 79
设定值/Hz	50	0	50	3	5	5	50	3	5

表 1-33 第一组运行参数设定

参数号及设定值	参数号及设定值
Pr. 200 = 2	Pr. 201 =1，10，0. 00
Pr. 202 =1，20，0. 06	Pr. 203 =1，45，0. 13
Pr. 204 =1，15，0. 25	Pr. 205 =2，50，0. 33
Pr. 206 =2，25，0. 43	Pr. 207 =1，20，0. 52
Pr. 208 =2，28，0. 59	Pr. 209 =1，23，0. 66
Pr. 210 =0，0，0. 74	

（5）操作步骤

1）非重复运行操作。

① 主电路按图 1-115a 接线。

② 控制电路按图 1-132 所示接线。

③ 老师检查无误后通电。

④ 在［PU 模式］下进行全部清除操作。

⑤ 在 PU（Pr. 79 =1，“PU”灯亮）下，设定表 1-32 中的参数。

⑥ 设定 Pr. 79 =5，“EXT”灯亮，变频器处于程序运行状态。

⑦ 程序运行状态下设定表 1-33 中的参数，具体步骤如下：

a. 设置 Pr. 200 =2（或 0）。

b. 读 Pr. 201 的值。

c. 在 Pr. 201 中输入“1”（即旋转方向为正转），然后按［SET］键 1. 5s。

d. 输入“10”（运行频率为 10Hz），按［SET］键 1. 5s。

e. 输入“0：00”（开始运行时间为 0min0s），按［SET］键 1. 5s。

f. 按［▲/▼］键移动到下一个参数（Pr. 202）。

g. 依照步骤 c. ~f. ，按表 1-33 设置其余参数。

⑧ 接通 RH 与 SD，选组信号（单组运行选择 RH 组）。

⑨ 接通 STF 与 SD，程序运行开始信号，使内部定时器自动复位，电动机按照设定的曲线开始运行，运行一个周期即停止。

⑩ 断开 STF 与 SD，运行停止，同时内部定时器复位。

2）重复单组运行操作，在单组运行的基础上操作如下：

① 接通 SU 与 STR，SE 与 SD。

② 重复上述第⑧、⑨步，电动机按图 1-133 曲线运行，运行完毕后从 SU 端子输出一个到时信号，使内部定时器清零，之后又重复运行，当不需要运行时，断开 STF 即可。

2. 多组程序运行操作

下面选择 RH 和 RM 组，将图 1-133 所示的曲线分两组运行。

1）主电路和控制电路接线和单组运行的接线相同。

2）在［PU 模式］下进行全部清除操作。

3）在 PU（Pr. 79 =1，“PU”灯亮 ）下，根据表 1-32 设定基本运行参数。

4）设定 Pr. 79 =5，“EXT”灯亮，变频器处于程序运行状态。

5）运行参数设定，在 Pr. 79 = 5 时设定表 1-34 中的参数。

表 1-34 运行参数

组 号	参 数	
RH 组	Pr. 200 = 2	Pr. 201 = 1，10，0.00
	Pr. 202 = 1，20，0.06	Pr. 203 = 1，45，0.13
	Pr. 204 = 1，15，0.25	Pr. 205 = 0，0，0.33
RM 组	Pr. 211 = 2，50，0.00	Pr. 212 = 2，25，0.10
	Pr. 213 = 1，20，0.19	Pr. 214 = 2，28，0.26
	Pr. 215 = 1，23，0.34	Pr. 216 = 0，0，0.42

6）接通图 1-132 中的 RH 与 SD 和 RM 与 SD 组。

7）接通 STF 与 SD，变频器先运行 RH 组，运行完后再运行 RM 组，到 RM 组运行完后，从 SU 端子输出时间到达信号。

8）将 SU 与 STR 连接，SE 与 SD 连接，此时变频器可以重复运行 RH 和 RM 组。

RM 与 RL 组的运行由学生自己完成。

四、应用实例训练

前面已分析了龙门刨床的运行情况，龙门刨床运行曲线如图 1-131 所示。下面就如何利用变频器的程序运行操作实现该控制进行分析。

1. 工作台的速度运行曲线

如图 1-131 所示，曲线的形成说明如下。

1）刚开始工作台前进起动，刀具慢速切入，运行在 15Hz 上。

2）8s 后开始加速到稳定切削阶段，运行在 45Hz 上。

3）15s 后开始减速退刀至 10Hz，共计运行 8s。

4）随后工作台反向加速返回，运行在 50Hz。

5）13s 后后退减速到 15Hz 上，随后工作台返回停止，完成一个运行周期。

2. 变频器参数设定

（1）基本参数　在［PU 模式］（Pr. 79 = 1）下，按表 1-35 设定基本参数。

表 1-35 基本参数设定

参数名称	参数号	设定值	参数名称	参数号	设定值
转矩提升	Pr. 0	6%	加速时间	Pr. 7	3s
上限频率	Pr. 1	50Hz	减速时间	Pr. 8	3s
下限频率	Pr. 2	3Hz	启动频率	Pr. 13	5Hz
基底频率	Pr. 3	50Hz	电子过电流保护	Pr. 9	0（不起作用，外接热继电器保护）

（2）运行参数　在 Pr. 79 = 5 下，按表 1-36 设定运行参数。

3. 操作方法

1）主电路按图 1-115a 接线。

2）控制电路按图 1-132 所示接线。

3）老师检查无误后通电。

表 1-36 运行参数

参数名称	参数号	设定值	参数名称	参数号	设定值
程序运行分秒选择	Pr. 200	2	程序设定	Pr. 204	2，50，0. 31
程序设定	Pr. 201	1，15，0. 00	程序设定	Pr. 205	2，15，0. 44
程序设定	Pr. 202	1，45，0. 08	程序设定	Pr. 206	0，0，0. 52
程序设定	Pr. 203	1 ，10 ，0. 23			

4）在［PU 模式］下进行全部清除操作。

5）在 PU（Pr. 79 =1，“PU”灯亮）下，设定表 1-35 中的参数。

6）设定 Pr. 79 =5，“EXT”灯亮，变频器处于程序运行状态。程序运行状态下设定表 1-36 中的参数。

7）接通 RH 与 SD，选组信号。

8）接通开始信号 STF，使内部定时器被自动复位，工作台运行一个周期即停止。

9）断开 STF 与 SD，运行停止。

注意：调试时垂直进刀、左右进刀、刀具上移限位等可用模拟开关代替。

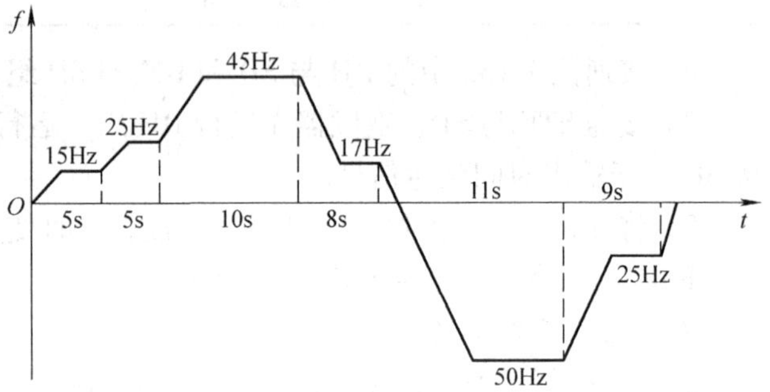

图 1-134 课堂练习程序运行曲线

4. 课堂练习

如图 1-134 所示的运行曲线，在 Pr. 79 =5 设定下按曲线上所标注的参数要求，单组重复运行此曲线。

第八节 变频器的多级加减速设置操作

一、多级加减速的定义及应用实例

多级加减速就是在不同的运行速度变化过程中，各级之间的加减速时间不同，各种型号的变频器都有这种功能，只不过级数的多少不一，FR—A540 三菱变频器有三级加减速的设置功能，为使用提供了很大方便。例如，冶金行业的高楼上料设备中，料车的运行速度曲线如图 1-135 所示。

图 1-135 中 *OA* 段为料车起动后以等加速度加速到最大速度的加速段，加速时间 3s；*AB* 段是高速运行段，运行频率 50Hz；*BC* 为料车一次减速段，减速时间 7s；*CD* 为料车中速运行，频率是 25Hz；*DE* 为料车二次减速段，减速时间 4s；*EF* 为料车低速运行段，频率是 10Hz；*FG* 是料车制动停车段，利用变频器的多级加减速操作实现此曲线。

二、基本技能训练

1. 运行曲线

多级加减速运行曲线如图 1-136 所示。

2. 参数设定

（1）基本运行参数的设定　变频器基本运行参数的设定见表 1-37。

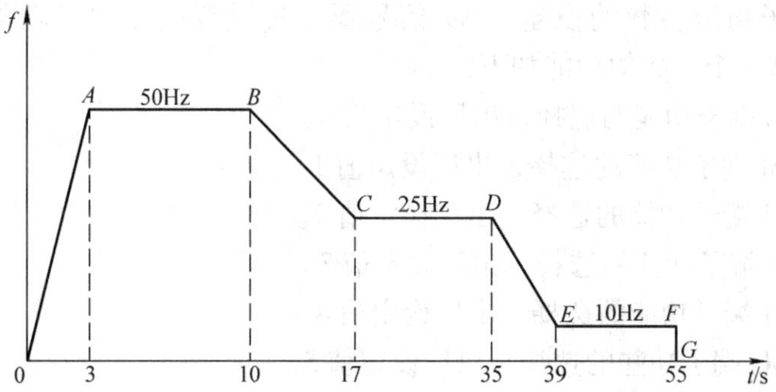

图 1-135　料车的运行速度曲线

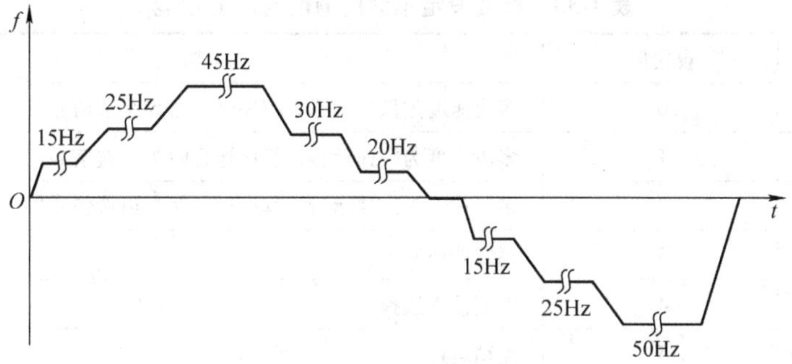

图 1-136　多级加减速运行曲线

表 1-37　变频器基本运行参数的设定

参数号	设定值	说　明
Pr. 1	50Hz	上限频率
Pr. 2	0Hz	下限频率
Pr. 3	50Hz	基底频率
Pr. 20	50Hz	加减速基准频率
Pr. 13	5Hz	启动频率
Pr. 7	2s	加速时间
Pr. 8	2s	减速时间
Pr. 4	45Hz	RH 端子对应的频率
Pr. 5	25Hz	RM 端子对应的频率
Pr. 6	15Hz	RL 端子对应的频率
Pr. 44	4s	第二加速时间
Pr. 45	4s	第二减速时间
Pr. 110	6s	第三加速时间
Pr. 111	7s	第三减速时间
Pr. 24	30Hz	第四级多段速度（对应 RM、RL 同时接通）
Pr. 25	20Hz	第五级多段速度（对应 RH、RL 同时接通）
Pr. 26	50Hz	第六级多段速度（对应 RH、RM 同时接通）

（2）改变端子功能参数的设定　X9 信号要通过设置改变端子功能的参数 Pr. 180 ~ Pr. 186 来设定，这 7 个参数的功能如下：

Pr. 180——RL 端子功能的选择，出厂设定值 0。

Pr. 181——RM 端子功能的选择，出厂设定值 1。

Pr. 182——RH 端子功能的选择，出厂设定值 2。

Pr. 183——RT 端子功能的选择，出厂设定值 3。

Pr. 184——AU 端子功能的选择，出厂设定值 4。

Pr. 185——JOG 端子功能的选择，出厂设定值 5。

Pr. 186——CS 端子功能的选择，出厂设定值 6。

对这 7 个参数设定不同的值所对应的功能见表 1-38。

表 1-38　参数设定不同的值所对应的功能

端子名称	设定值	功　能
RL 端子	0	多段速度为低速运行；程序运行时为组选信号
RM 端子	1	多段速度为中速运行；程序运行时为组选信号
RH 端子	2	多段速度为高速运行；程序运行时为组选信号
RT 端子	3	第二功能有效
AU 端子	4	电流输入选择
JOG 端子	5	点动运行
CS 端子	6	瞬时停电自动再启动运行
REX 端子	8	15 种运行速度选择
X9 信号	9	第三功能选择

现将 CS 端子的功能设定为 X9 的信号，那么，设 Pr. 186 = 9。又因为在组合模式下运行故设 Pr. 79 = 3，这时操作单元上“EXT”和“PU”灯同时亮。

3. 多级加减速运行接线

多级加减速运行接线如图 1-137 所示。所用设备及材料见表 1-26。

4. 操作步骤

1）主电路按图 1-115a 接线。

2）控制电路按图 1-137 所示接线。

3）老师检查无误后通电。

4）在［PU 模式］下进行全部清除操作。

5）在 PU（Pr. 79 = 1，“PU”灯亮）下，设定表 1-37 中的参数。

6）在组合模式下（Pr. 79 = 3，“EXT”灯和“PU”灯亮），设定表 1-38 中的参数。

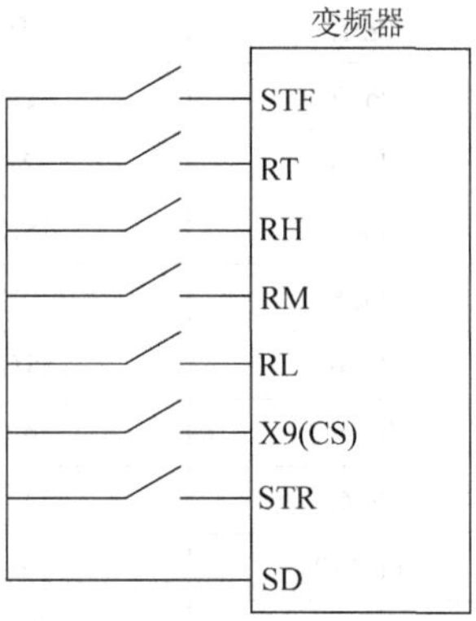

图 1-137　多级加减速运行接线

7）接通 SD 与 STF 以及 SD 与 RL，正转运行在 15Hz，加速时间是 Pr. 7 的设定时间。

8）接通 SD 与 STF、SD 与 RM（断开 RL）、SD 与 RT 信号，电动机加速到 25Hz，加速时间是 Pr. 44 设定的时间。

9）接通 SD 与 STF、SD 与 RH（断开 RM）、SD 与 X9 信号，电动机加速到 45Hz，加速时间是 Pr. 110 设定的时间。

10）接通 SD 与 STF、SD 与 RL 及 RM（断开 X9、RT 信号），电动机减速到 30Hz，减速时间是 Pr. 8 的设定值。

11）接通 SD 与 STF 和 SD 与 RT 信号、SD 与 RL 及 RH，电动机减速到 20Hz，减速时间是 Pr. 45 的设定值。

12）断开 SD 与 STF 和 SD 与 RL 及 RH 信号，接通 SD 与 X9 信号，电动机减速到 0Hz，减速时间是 Pr. 111 的设定值。

13）接通 SD 与 STR 以及 SD 与 RL，反转运行在 15Hz，加速时间是 Pr. 7 的设定时间。

14）接通 SD 与 STR、SD 与 RM（断开 RL）、SD 与 RT 信号，电动机加速到 25Hz，加速时间是 Pr. 44 的设定值。

15）接通 SD 与 STR、SD 与 RH 及 RM、SD 与 X9 的信号，电动机加速到 50Hz，Pr. 110 设定的加速时间起作用。

16）断开 SD 与 STR、RH、RM、X9 的信号，电动机减速到 0Hz，减速时间是 Pr. 8 的设定值。

17）改变 Pr. 7、Pr. 8、Pr. 44、Pr. 45、Pr. 110、Pr. 111 的值，反复操作。

5. 注意事项

1）RT 和 X9 的信号均不接通时，属第一级加减速，运行 Pr. 8 的值。

2）RT 的信号接通时，属第二级加减速，运行 Pr. 44 的值。

3）X9 的信号接通时，属第三级加减速，运行 Pr. 110 和 Pr. 111 的值。

4）RH、RM、RL 以及 RL—RM、RL—RH、RH—RM6 个端子状态对应的速度由 Pr. 4、Pr. 5、Pr. 6、Pr. 24、Pr. 25、Pr. 26 6 个参数决定，没有优先级。

5）操作中注意安全。

6. 课堂练习

如图 1-138 所示的曲线，试按图中的要求设定参数，且运行此曲线。

各段运行曲线的加减速时间要求如下：

1. 1 ~2 段加速时间为 3s，并运行 5s。

2. 2 ~3 段加速时间为 8s，并运行 7s。

3. 3 ~4 减速时间为 5s，并运行 4s。

4. 最后停止时间为 2s。

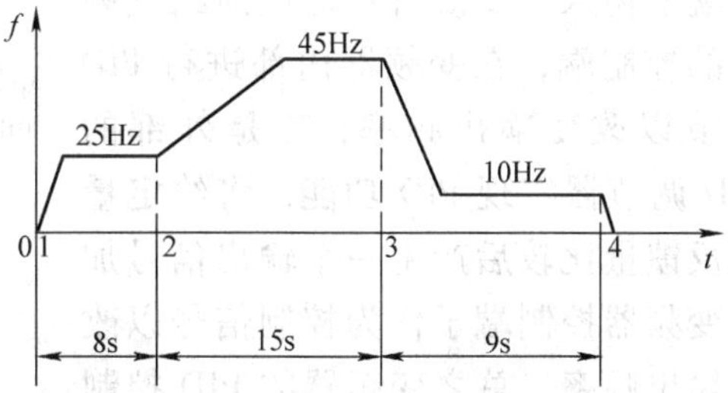

图 1-138　多级加减速练习曲线

同学们参照图 1-137 画出接线图，用带自锁的按钮在 Pr. 79 =3 情况下控制运行。

三、应用实例训练

冶金行业的高楼上料设备中，料车的运行速度曲线如图 1-135 所示，曲线的分析如前面所示，下面用多段速度运行此曲线，具体步骤如下：

1）主电路按图 1-115a 接线。

2）控制电路按图 1-137 所示接线。

3）老师检查无误后通电。

4）在［PU 模式］下进行全部清除操作。

5）在 PU（Pr. 79 =1，“PU” 灯亮）下，设定表 1-38 中的参数。

6）在组合模式（Pr. 79 =3，“EXT” 灯和 “PU” 灯亮）下，设定表 1-39 中的参数。

7）接通 SD 与 STF 以及 SD 与 RH，正转运行在 50Hz，加速时间是 Pr. 7 的设定时间。

8）接通 SD 与 STF、SD 与 RM（断开 RH），电动机减速到 25Hz，减速时间是 Pr. 8 设定的时间。

9）接通 SD 与 STF 和 SD 与 RT 信号、SD 与 RL，电动机减速到 10Hz，减速时间是 Pr. 45 的设定值。

10）断开 SD 与 STF，断开 SD 与 RT，接通 SD 与 X9 信号，电动机减速到 0Hz，减速时间是 Pr. 111 的设定值。

表 1-39 运行参数设定

参数号	设定值	说 明	参数号	设定值	说 明
Pr. 79	3	运行模式	Pr. 8	7s	第一减速时间
Pr. 4	50Hz	RH 运行频率	Pr. 45	4s	第二减速时间
Pr. 5	25Hz	RM 运行频率	Pr. 111	2s	第三减速时间
Pr. 6	10Hz	RL 运行频率	Pr. 186	9	CS 端子变为 X9 信号
Pr. 7	3s	第一加速时间	Pr. 20	50Hz	加减速基准频率

第九节 变频器的 PID 控制运行操作

一、PID 操作运行的定义及应用实例

PID 就是比例微积分控制，通过变频器实现 PID 控制有两种情况：一是变频器内置的 PID 控制功能，给定信号通过变频器的端子输入，反馈信号也反馈给变频器的控制端，在变频器内部进行 PID 调节以改变输出频率；二是外部的 PID 调节器实现 PID 功能，将给定量与反馈量比较后产生一个输出信号加到变频器控制端子作为控制信号以改变输出频率。总之变频器的 PID 控制是与传感器器件构成的一个闭环控制系统，实现对被控制量的自动调节。在温度、压力等参数要求恒定的场合应用十分广泛，是变频器在节能方面常用的一种方法。

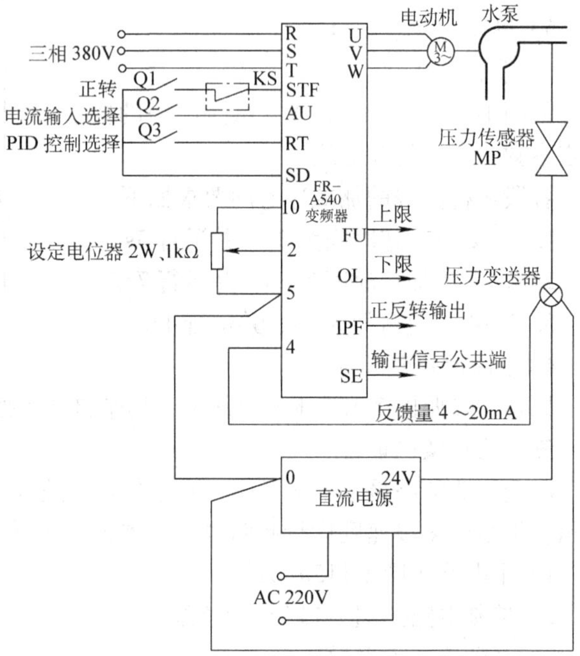

图 1-139 PID 应用运行接线

例如，图 1-139 所示为某一个工厂的恒压供水电路，用压力变送器和变频器构成闭环控制系统。4 端和 5 端是反馈信号输入端；MP 是压力传感

器，将压力信号变为电压或电流信号；图中的 KS 是水位开关，当水位低于标定水位时，此触头断开，变频器停止输出，只有在水位高于标定水位时，水位开关才能继续工作。工作时反馈值与目标值比较，并按预置的 PID 值调整变频器的给定信号，从而达到改变电动机转速的作用。

二、PID 控制运行的基本知识

1. PID 的闭环控制

PID 闭环控制是指将被控量的检测信号（即由传感器测得的实际值）反馈到变频器，并与被控量的目标信号相比较，以判断是否已经达到预定的控制目标。如尚未达到，则根据两者的差值进行调整，直至达到预定的控制目标为止。

PID 控制是利用 PI 控制和 PD 控制的优点组合成的控制。PI 控制是由比例控制（P）和积分控制（I）组合成的，根据偏差及时间变化，产生一个执行量。PD 控制是由比例控制（P）和微分控制（D）组成的，根据改变动态特性的偏差速率，产生一个执行量。

反馈信号的接入有下面两种方法。

（1）给定输入法　变频器在使用 PID 功能时，将传感器测得的反馈信号直接接到给定信号端，其目标信号由键盘给定。

（2）独立输入法　变频器专门配置了独立的反馈信号输入端，有的变频器还为传感器配置了电源，其目标值可以由键盘给定，也可以由指定输入端输入。

2. PID 调节功能的预置

（1）预置 PID 调节功能　预置的内容是变频器的 PID 调节功能是否有效。这是十分重要的，因为变频器的 PID 调节功能有效后，其升、降速过程将完全取决于由 P、I、D 数据所决定的动态响应过程，而原来预置的“升速时间”和“降速时间”将不再起作用。

（2）目标值的预置　PID 调节的根本依据是反馈量与目标值之间进行比较的结果。因此，准确地预置目标值是十分重要的。主要有以下两种方法：

1）面板输入式。只需通过键盘输入目标值即可。目标值通常是被测量实际大小与传感器量程之比的百分数。例如，空气压缩机要求的压力（目标压力）为 6MPa，所用压力表的量程是 0～10MPa，则目标值为 60%。

2）外接给定式。由外接电位器进行预置，调整较方便。

3. 变频器按 PID 调节规律运行特点的分析

1）变频器的输出频率 f_x 只根据实际数值与目标数值的比较结果进行调整，与被控量之间无对应关系。

2）变频器的输出频率 f_x 始终处于调整状态，其数值常不稳定。

三、基本技能训练

以下的操作均是用变频器内置 PID 运行。所用设备及材料见表 1-40。

表 1-40　所用设备及材料

序号	名　称	数量	备　注
1	FR-A540-0.4～7kW 三菱变频器	24	每组一台
2	250W 三相异步电动机	24	和变频器配套使用
3	直流 24V 的三线型的压力传感器	1	可用一个 9V 层叠电池、10kΩ 电位器、8kΩ 的炭模电阻构成一个 4～20mA 电路代替

（续）

序号	名　称	数量	备　注
4	电位器（1kΩ、1W）	1	用于给定信号设定
5	连接导线	若干	电源连线和电动机连线及控制电路连线的用线

1. 电路接线

按图 1-139 所示正确进行接线。

2. 设定参数及改变端子功能

（1）定义端子功能及参数设定　按表 1-41 定义各端子的功能。

表 1-41　端子的功能

参数号	作　用	功　能
Pr. 183 = 14	将 RT 端子设定为 X14 的功能	RT 端子功能选择
Pr. 192 = 16	从 IPF 端子输出正反转信号	IPF 端子功能选择
Pr. 193 = 14	从 OL 端子输出下限信号	OL 端子功能选择
Pr. 194 = 15	从 FU 端子输出上限信号	FU 端子功能选择

说明：若不要求上限、下限、转向信号的输出，可以不设定 Pr. 192、Pr. 193、Pr. 194 的值。

（2）PID 运行时的相关参数　PID 运行要设定校准参数。实际应用中常常根据输入到变频器输入端的信号范围校准输出频率的范围，一般将传感器 4mA 时的值对应输出 0%，20mA 时的值对应 100%，在 0% ~100% 范围内设定目标值。

1）Pr. 902 ~ Pr. 905 参数意义的介绍：

Pr. 902——频率设定电压偏置

Pr. 903——频率设定电压增益

Pr. 904——频率设定电流偏置

Pr. 905——频率设定电流增益

这里的“偏置”和“增益”功能意思是调节从变频器外部输入的输入信号到设定输出频率的关系，如 0 ~5V 、DC 0 ~10V 或 4 ~20mA 和输出频率。Pr. 902 设定 0V 时的偏置频率，Pr. 903 设定相对于 Pr. 73 所设定的电压值的输出频率，Pr. 904 设定 4mA 时的偏置频率，Pr. 905 设定相对于 20mA 电流时的输出频率。具体如图 1-140 所示。

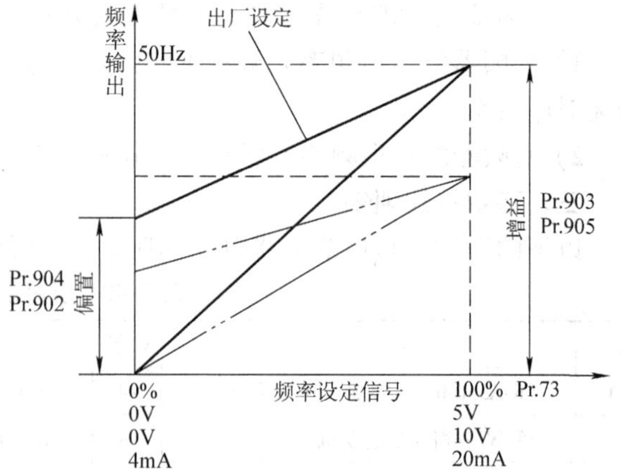

图 1-140　Pr. 902 ~ Pr. 905 参数的意义

一般 Pr. 904、Pr. 905 所设定的频率与 Pr. 902、Pr. 903 所设定的值一致，并且，PID 运行时下限频率为 Pr. 902 的设定值，上限频率为 Pr. 903 的设定值。

2）PID 运行参数的设定。[PU 模式] 下设定表 1-42 中的运行参数。

表 1-42 运行参数的设定

参数号	作 用	功 能
Pr. 128 = 20	检测值从端子 4 输入	选择 PID 对压力信号的控制
Pr. 129 = 40%	确定 PID 的比例调节范围，设定范围是 0.1% ~ 100%。设为 9999，无比例控制	PID 的比例范围常数设定，如果比例范围较窄，反馈量的微小变化会引起执行量的很大变化。因此，比例范围变窄，相应的灵敏度高，但稳定性差
Pr. 130 = 10s	PID 的积分时间，0.1 ~ 3600s。设为 9999，无积分控制	此值设定得越小，到达设定值就越快，但容易发生振荡
Pr. 131 = 100%	设定上限值，设定范围 0% ~ 100%，设定 9999，功能无效	若检测值超过此值，就输出 FU 信号（检测值的 4mA 等于 0%，20mA 等于 100%）
Pr. 132 = 0%	设定下限值，设定范围 0% ~ 100% 设定 9999，功能无效	若检测值低于此值，就输出 OL 信号（检测值的 4mA 等于 0%，20mA 等于 100%）
Pr. 133 = 100%	［PU 模式］下设定的 PID 控制设定值（目标值）	仅在［PU 模式］或［PU/外部组合模式］下对于 PU 指令有效，对于外部操作，设定值由端子 2—5 之间的电压决定
Pr. 134 = 3s	PID 的微分时间常数。设定范围 0.01 ~ 10s，设定 9999，无微分控制	时间值仅要求向微分作用提供一个与比例作用相同的检测值。随着时间的增加，偏差改变也会较大
Pr. 902 = 0	频率设定电压偏置	2—5 端子间的电压为 0V 时设 0
Pr. 903 = 50Hz	频率设定电压增益	2—5 端子间的电压为 5V 时设 50Hz
Pr. 904 = 0	频率设定电流偏置	4—5 端子间的电流调至 4mA 时设为 0
Pr. 905 = 50Hz	频率设定电流增益	4—5 端子间的电流调至 20mA 时设为 50

一般应用中，开始调整时，积分时间和比例范围设置得较大，待系统稳定后，积分时间逐渐调小，微分时间设置得应大些。

3）4 ~ 20mA 电流信号的产生。在无传感器的情况下，可以用图 1-141 所示电路产生 4 ~ 20mA 电流信号，通入变频器实现闭环调节，图中电源是 9V 的层叠电池，RP 是 1W 的电位器，R_2 是 0.25W 的碳膜电阻，具体方法如下：

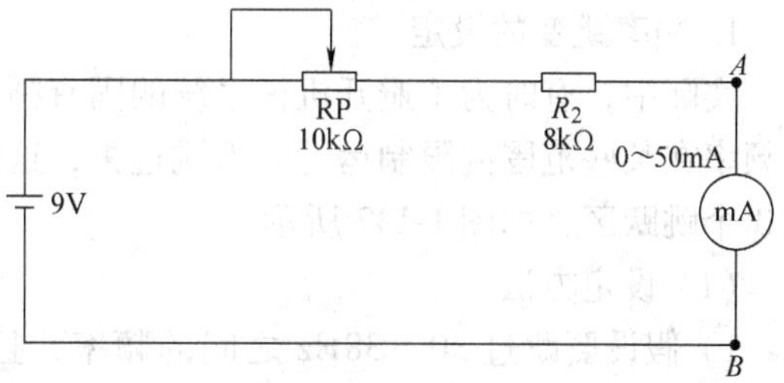

图 1-141 4 ~ 20mA 电流信号产生电路

① 按图 1-141 接线，调节电位器电流表指示 4mA，电位器记一个位置，再调到 20mA 记一个位置。

② 去掉电流表，将 A 点接变频器的“4”端子，B 点接变频器的“5”端子。

③ 在所标记的范围内调节电位器，从变频器的电流输入端（4 端）即可输入 4 ~ 20mA 的电流。

3. 操作步骤

1）分别按表 1-41 和表 1-42 在［PU 模式］下设定参数。

2）按图 1-139 所示进行接线。

3）设 Pr. 79 =2，“EXT” 灯亮。

4）调节 2—5 端子间的电压到 2. 5V。

5）同时接通 SD 与 AU，SD 与 RT，SD 与 STF，电动机正转，断开 SD 与 STF，电动机停止。

6）改变 2—5 端子间的电压值，电动机的转速会发生变化，但由于 PID 的作用，转速很快稳定在设定值。

7）调节电位器（即改变 4 ~ 20mA 电流信号大小），电动机转速也会发生变化，但由于 PID 的作用，转速很快被稳定在设定值。

8）设 Pr. 79 =1，“PU” 灯亮。

9）操作［操作面板］上的“FWD”键、“REV”键和“STOP”键，控制电动机起停，同时改变设定，转速变化后很快又稳定在设定值（Pr. 33 的设定值起作用）。

4. 注意事项

1）外接所用的电位器是阻值 1kΩ、功率 1W 的碳膜式电位器。

2）传感器可用 WZP—280 型，DC24V，输出电流 4 ~ 20mA。

3）通过设定 Pr. 190 ~ Pr. 192 的参数来确定输出信号端子的功能。

4）由于 PID 运行只有在有被控系统的压力信号（被控量）时才能体现出来，所以，这种模拟的操作只能看到 PID 调整的现象，有时设定值（目标值）与变频器的实际运行值不一致（不成一定的比例关系），这是正常的，只要体会到 PID 调整的过程即可。

第十节　变频器的其他功能设置操作

变频器除了上述使用方法外，还有一些特殊功能的设定，包括频率跳变的设定，瞬时停电再启动的设定，变频/工频电源切换功能的设定等。掌握这些方面的设定方法，也是灵活使用变频器的重要方面。

1. 频率跳变的设定

实际中，有时为了避开机械系统的固有频率，防止发生机械系统的共振，对变频器的运行频率在某些范围内限制运行，即跳过去，这就是频率跳变。三菱系列的变频率最多可以设定 3 个跳跃区，如图 1-142 所示。

（1）设定方法

1）假设要跳过 30 ~ 38Hz 之间的频率，且在此频率之间固定在 30Hz 运行，请设定 Pr. 33 =30Hz，Pr. 34 =38 Hz（也可用其他的两个跳区）。

2）假设要跳过 30 ~ 38Hz 之间的频率，且在此频率之间固定在 38Hz 运行，请设定 Pr. 33 =38Hz，Pr. 34 =30 Hz（也可用其他的两个跳区）。

3）加减速期间，设定范围内的运行频率仍然有效。

（2）实例　某系统在运行过程中，要求避开 25 ~ 30Hz 和 35 ~ 40Hz 两个频率区间，25 ~ 30Hz 运行在 25Hz，35 ~40Hz 跳至 40Hz 运行，设定方法如下：

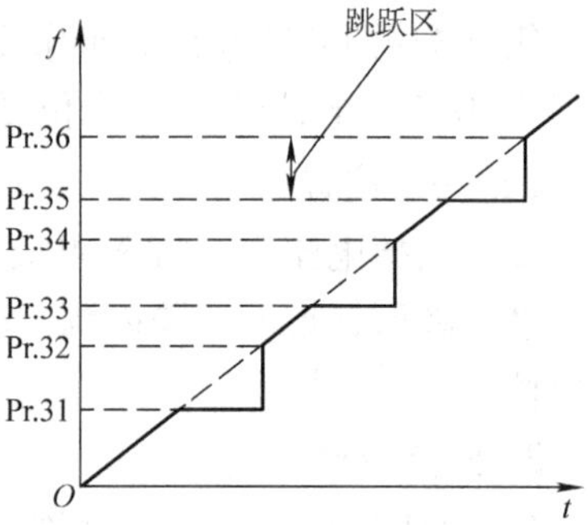

图 1-142　频率跳变示意图

1）参数设定。Pr. 31 = 25Hz；Pr. 32 = 30Hz；Pr. 33 = 40Hz；Pr. 34 = 35Hz。

2）［PU 模式］下运行，可以看到其运行频率会跳过所设定的区间。

2. 瞬时停电再启动的设定

此功能是当工频运行切换到变频运行或变频运行中瞬时停电再恢复时保证电动机运行不停，变频器重新启动。

变频器的接线如图 1-143a 所示，瞬时停电与变频器的输出情况、惯性运行情况、再启动情况的时间关系如图 1-143b 所示。

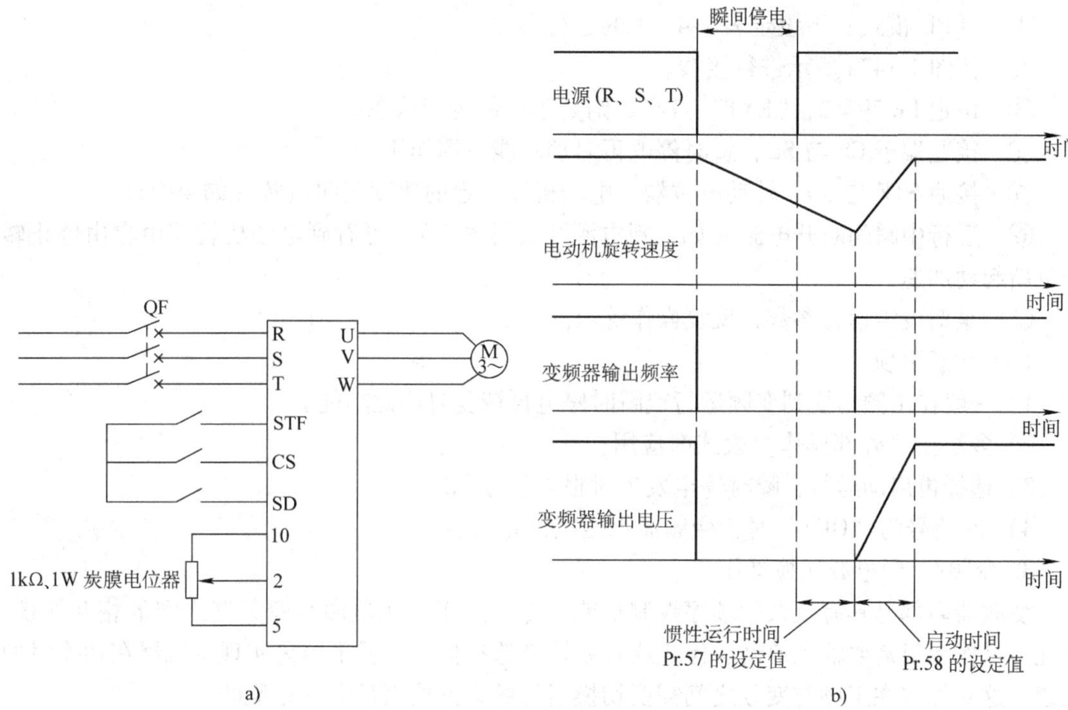

图 1-143　瞬时停电再启动示意图

a）接线　b）时间关系

（1）相关功能参数的意义　表 1-43 列出了相关参数的意义（详细请看附录 A），正确设定这些参数是运行此功能的前提。

表 1-43　相关参数的意义

参数号	意　义	设 定 范 围
Pr. 57	再启动自由运行时间	0. 1 ~ 5s
Pr. 58	再启动上升时间	0 ~ 60s
Pr. 162	瞬停再启动动作选择	0 表示瞬时停电后有搜索频率功能 1 表示无频率搜索功能
Pr. 163	再启动第一缓冲时间	0 ~ 20s
Pr. 164	再启动第一缓冲电压	0 ~ 100V

（2）操作运行

1）运行参数的设定，见表1-44。

表1-44 运行参数的设定

参数号	设定值	参数号	设定值
Pr. 57	2s	Pr. 162	1
Pr. 58	3s	Pr. 163	0s

2）操作步骤。

① ［PU模式］下设定表1-44中的运行参数。

② 按图1-143a所示进行接线。

③ 设定Pr. 79=2，“EXT”灯亮，则处于外部运行状态。

④ 接通端子CS与SD，瞬时停电再启动功能发挥作用。

⑤ 接通STF与SD，转动电位器，电动机以一定的速度正向运转（如40Hz）。

⑥ 运行中瞬间断开电源（如关断电源开关再接通），可看到电动机转速由自由停止转为重新起动加速。

⑦ 重新设定运行参数，反复操作练习。

（3）注意事项

1）一般在工频切换到变频运行或瞬时停电再恢复时用此功能。

2）参数在［外部操作］模式时应用。

3）选择再启动运行，瞬时停电发生时报警信号无效。

4）CS信号为“OFF”时，变频器不能执行此功能。

3. 变频/工频电源切换操作

变频器内部已具有复杂的顺序控制功能，专门用于工频电源与变频器之间的相互切换，因此，操作者只需要输入启动、停止或自动切换选择信号，就很容易实现接触器在切换时的互锁，这对那些在工频与变频之间需要切换运行的设备控制是十分方便的。

（1）变频/工频电源切换 如图1-144所示，KM1是变频器电源接触器，KM2是电动机工频运行接触器，KM3是变频器输出带动负载的接触器，均为直流24V（因为变频器输出端子IPF、OL、FU的容量只有DC 24V、0.1A），在接触器线圈两端反向并联二极管，吸收线圈断电时的过电压。

（2）相关参数意义介绍 运行在此功能下的相关参数的意义见表1-45。

表1-45 相关参数的意义

参数号	意 义	设定范围	备 注
Pr. 135	工频电源切换输出端子选择	0，1	“1”表示有顺序输出，选择互相切换功能要设为“1”
			“0”表示无顺序输出
Pr. 136	接触器切换的互锁时间	0~100s	设定KM2和KM3动作的互锁时间
Pr. 137	启动等待时间	0~100s	设定值应大于KM3的动作时间（一般0.3~0.5s）
Pr. 138	报警时工频电源与变频器切换选择	0，1	“0”表示变频器停止输出时，电动机停止运行
			“1”表示变频器停止运行时可以切换到工频运行

（续）

参数号	意 义	设定范围	备 注
Pr. 139	变频器与工频电源自动切换选择	0～60Hz	变频器控制电动机运行到达切换工频的设定频率。当运行达到此值时自动切换到工频运行。起停信号由变频器指令（STF 或 STR）控制
		9999	9999 表示无此功能
Pr. 57	再启动自由运行时间	0. 1～5s	
Pr. 58	再启动上升时间	0～60s	

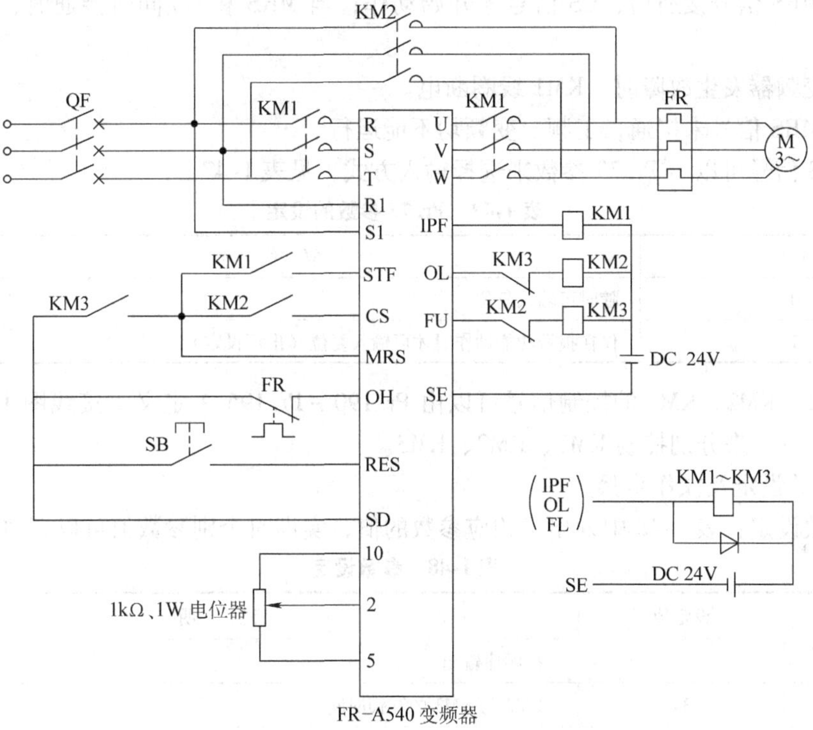

图 1-144 工频电源切换

（3）相关端子功能的介绍 相关端子功能的介绍见表 1-46。

表 1-46 相关端子功能

信号	端子名称	功能	状态	接触器状态
MRS	MRS	此操作是否有效	接通：可以切换运行	工频运行：KM1、KM2 为“ON”
			断开：不可以切换运行	变频运行：KM1、KM3 为“ON”
CS	CS	瞬时停电再启动	变频运行为“ON”，工频运行为“OFF”	
STF	STF	变频运行指令	正转	KM1、KM3 为“ON”
STR	STR	变频运行指令	反转（接线图 1-144 中未画）	

（续）

信号	端子名称	功能	状态	接触器状态
OH	由 Pr. 180 ~ Pr. 186 确定相应端子	外部热继电器信号端子（常闭触点）	电动机正常为“ON” 电动机故障为“OFF”	动作后 KM1、KM2 均断电
RES	RES	运行状态初始化	初始化为“ON” 正常运行为“OFF”	“ON”时 KM1、KM3 保持原来状态

各端子的操作说明如下：

1）当 MRS 信号接通后，CS 信号才开始动作；当 MRS 和 CS 同时接通时，STF（STR）才能有效。

2）当变频器发生故障时，KM1 线圈断电。

3）若 MRS 信号未接通，工频、变频均不能运行。

4）RES 信号可以由 Pr. 75 参数来选择输入方式，见表 1-47。

表 1-47　Pr. 75 参数的设定

Pr. 75	复位方式
0	随时可输入复位
1	仅在报警功能动作时才可输入复位（出厂设定）

5）KM1、KM2、KM3 的控制信号可以由 Pr. 190 ~ Pr. 195 来定义，接线图 1-144 中设定用 IPF、OL、FU 来分别控制 KM1、KM2、KM3。

（4）参数设定及操作步骤

1）参数设定：表 1-48 中列出了相应参数的值，实训时个别参数值可以调整。

表 1-48　参数设定

参数号	设定值	说明
Pr. 135	1	按顺序输出
Pr. 136	3s	KM2 与 KM3 的互锁时间
Pr. 137	3s	启动等待时间
Pr. 138	1	变频器停止运行时，切换到工频运行
Pr. 139	40Hz	变频器控制电动机输出频率达到 40 Hz 时，自动切换到工频运行（KM3 OFF；KM2 ON）
Pr. 185	7	JOG 端子用作 OH
Pr. 186	6（出厂设定值）	CS 端子功能选择，瞬时停电再启动，变频运行时为“ON”
Pr. 192	17	IPF 控制 KM1
Pr. 193	18	OL 控制 KM2
Pr. 194	19	FU 控制 KM3
Pr. 57	1s	再启动自由运行时间
Pr. 58	2s	再启动上升时间
Pr. 75	0	随时输入复位

有关参数的说明如下：

① 当 Pr. 135 设定为 0 以外的数值时，Pr. 139 才有效。

② 由 Pr. 139 设定当电动机由变频运行至自动切换到工频运行时的频率值。

③ 当电动机由变频起动到达自动切换频率时，变频器自动切换到工频状态运行，如果以后变频器的设定频率（输出频率）低于切换频率，不会自动切换到变频运行。

2）操作步骤：

① 按图 1-144 接线。

② 在“PU”下按表 1-48 设定参数。

③ 将操作模式设为 Pr. 79 = 3，“EXT”和“PU”灯同时亮（Pr. 79 = 2 模式下也可运行）。

④ 按表 1-49 操作。

表 1-49

变频器信号 / 运行状态	MRS	CS	STF	KM1	KM2	KM3	说明
电源接通	OFF	OFF	OFF	OFF→ON	OFF	OFF→ON	外部运行（或组合运行）
启动（变频器运行）	OFF→ON	OFF→ON	OFF→ON	ON	OFF	ON	变频器运行
工频电源运行	ON	ON→OFF	ON	ON	OFF→ON	ON→OFF	KM3 断开后，KM2 闭合，这期间电动机自由运转 3s
切换到变频运行	ON	OFF→ON	ON	ON	ON→OFF	OFF→ON	KM2 断开后，KM3 闭合，这期间电动机自由运转 9s（Pr. 136、Pr. 137、Pr. 57、Pr. 58 时间之和）
停止	ON	ON	ON→OFF	ON	OFF	ON	

复习思考题

1. 试简述前盖板的拆卸与安装的方法和步骤。
2. 试简述操作面板的拆卸与安装的方法和步骤。
3. 实现异步电动机调速有哪几种方案？
4. 变频调速时为什么要维持恒磁通？恒磁通控制的条件是什么？
5. 试分析变频器的基本组成。
6. 什么是电压型变频器和电流型变频器？各有何特点？
7. 试分析 PWM 型变频器的工作原理。
8. 试说明 PWM 控制的基本原理。
9. PWM 和 PAM 的不同点是什么？
10. 试解释 U/f 模式的概念。
11. 什么叫异步调制？什么叫同步调制？两者各有什么特点？
12. 试简述多段速度参数的设置方法。

13. 什么是电子过电流保护？设定此参数应注意什么？
14. 试说明操作模式选择参数（Pr. 79）的设置方法。
15. 试说明负载类型选择参数（Pr. 14）的设置方法。
16. 试述操作面板（FR—DU04）各按键的名称和功能，并进行相应的实际操作。
17. 如何进行频率跳变的设定？
18. 何谓瞬时停电再启动功能？
19. 试述变频器 PU 控制模式的定义。
20. 试简述变频器 PU 操作模式的调试步骤。
21. 试简述主接线端子的功能。
22. 试简述控制电路端子的功能。
23. 试述变频器外部控制模式的定义。
24. 试画出变频器外部控制模式的接线情况。
25. 试简述变频器外部操作的调试步骤。
26. 试简述变频器组合操作的概念。
27. 试画出变频器 PU 控制频率的组合操作接线情况，并简述其工作原理。
28. 试画出变频器外部控制频率的组合操作接线情况，并简述其工作原理。
29. 多段速度操作属于组合操作的哪种模式？
30. 写出 7 段速度的控制端子和对应的参数号。
31. 试简述变频器程序运行操作的概念。
32. 试画出变频器程序运行模式接线图并说明其参数设置方法及操作步骤。
33. 试简述多级加减速运行操作的概念。
34. 试简述 PID 闭环控制的概念。
35. 试简述 PID 控制反馈信号的接入方法。
36. 试简述变频器按 P、I、D 调节规律运行时的特点以及变频器 PID 控制的调试方法。

第二章　通用变频器的选用、安装和维护

本章应知

1. 掌握变频器的选择方法。
2. 了解变频器的安装条件和安装方法。

本章应会

1. 能够进行变频器的选用和安装。
2. 能够进行变频器的日常维护与检查。

第一节　变频器的选用

一、变频器的选择

1. 变频器类型的选择

根据控制功能将通用变频器分为3种类型：普通功能型 U/f 控制变频器、具有转矩控制功能的高功能型 U/f 控制变频器和矢量控制高性能型变频器。

变频器类型的选择，要根据负载的要求来进行。

（1）风机、泵类负载　由于负载转矩正比于转速的二次方，低速下负载转矩较小，通常选择普通功能型变频器。

（2）恒转矩类负载　例如，挤压机、搅拌机、传送带、厂内运输电车、起重机的平移机构、起重机的提升机构和提升机等。可以分为以下两种情况：

1）采用普通功能型变频器时，为了实现恒转矩调速，常采用加大电动机和变频器的容量的办法，以提高低速转矩。

2）采用具有转矩控制功能的高功能型变频器。是比较理想的。因为这种变频器低速时转矩大，静态机械特性硬度大，不怕冲击负载，具有挖土机的特性。从目前应用来看，这种变频器的性能价格比还是相当令人满意的。

恒转矩负载下的传动电动机，如果采用通用标准电动机，则应考虑低速下的强迫通风冷却。对于新投产的设备，可以考虑专为变频调速设计的加强绝缘等级并考虑使用低速强迫通风的变频专用电动机。

（3）轧钢、造纸、塑料薄膜加工线这一类负载　这类负载是一类对动态性能要求较高的机械，原来多采用直流传动方式。目前，矢量控制型变频器已经通用化，且笼型异步电动机具有坚固耐用、不用维护、价格便宜等一些优点。对于要求高精度、快响应的生产机械，采用矢量控制高性能型通用变频器是一种很好的方案。

2. 变频器容量的计算

（1）连续恒载运转时所需的变频器容量（kV·A）的计算

$$P_{CN} \geqslant \frac{kP_M}{\eta\cos\varphi} \tag{2-1}$$

$$P_{CN} \geqslant k \times \sqrt{3}U_M I_M \times 10^{-3} \tag{2-2}$$

$$I_{CN} \geqslant kI_M \tag{2-3}$$

式中 P_M——负载所要求的电动机的轴输出功率；

η——电动机的效率（通常约0.85）；

$\cos\varphi$——电动机的功率因数（通常约0.75）；

U_M——电动机的电压（V）；

I_M——电动机工频电源时的电流（A）；

k——电流波形的修正系数（PWM方式时取1.05～1.10）；

P_{CN}——变频器的额定容量（kV·A）；

I_{CN}——变频器的额定电流（A）。

此类变频器容量的计算公式适用于单台变频器为单台电动机连续运行的情况，以上3式是统一的，选择变频器时应同时满足3个算式的关系，尤其变频器电流是一个较关键的量。

（2）一台变频器传动多台电动机并联运行，即成组传动时，变频器容量的计算　当变频器短时过载能力为150%、1min时，如果电动机加速时间在1min以内，则有

$$1.5P_{CN} \geqslant \frac{kP_M}{\eta\cos\varphi}[n_T + n_s(K_s - 1)] = P_{CN1}\left[1 + \frac{n_s}{n_T}(K_s - 1)\right]$$

即

$$P_{CN} \geqslant \frac{2}{3}\frac{kP_M}{\eta\cos\varphi}[n_T + n_s(K_s - 1)]$$

$$= \frac{2}{3}P_{CN1}\left[1 + \frac{n_s}{n_T}(K_s - 1)\right]$$

$$I_{CN} \geqslant \frac{2}{3}n_T I_M\left[1 + \frac{n_s}{n_T}(K_s - 1)\right]$$

当电动机加速时间在1min以上时，则有

$$P_{CN} \geqslant \frac{kP_M}{\eta\cos\varphi}[n_T + n_s(K_s - 1)] = P_{CN1}\left[1 + \frac{n_s}{n_T}(K_s - 1)\right]$$

$$I_{CN} \geqslant n_T I_M\left[1 + \frac{n_s}{n_T}(K_s - 1)\right]$$

式中 P_M——负载所要求的电动机的轴输出功率；

n_T——并联电动机的台数；

n_s——同时起动的台数；

η——电动机的效率（通常约0.85）；

$\cos\varphi$——电动机的功率因数（通常约0.75）；

P_{CN1}——连续容量（kV·A），$P_{CN1} = kP_M n_T/\eta\cos\varphi$；

K_s——（电动机起动电流）/（电动机额定电流）；

I_M——电动机工频电源时的额定电流（A）；

k——电流波形的修正系数（PWM方式时取1.05～1.10）；

P_{CN}——变频器的额定容量（kV·A）；

I_{CN}——变频器的额定电流（A）。

此类变频器容量的计算公式适用于一台变频器为多台并联电动机供电，且各电动机不同

时起动的情况。选择变频器容量时，无论电动机加速时间是否在1min以内，都应同时满足容量计算公式和电流计算公式。

（3）大惯性负载起动时变频器容量的计算

$$P_{CN} \geqslant \frac{kn_M}{9550\eta\cos\varphi}\left(T_L + \frac{GD^2 n_M}{375t_A}\right)$$

式中 GD^2——换算到电动机轴上的总的 GD^2（$N \cdot m^2$）；

T_L——负载转矩（N·m）；

η——电动机的效率（通常约0.85）；

$\cos\varphi$——电动机的功率因数（通常约0.75）；

t_A——电动机加速时间（s），据负载要求确定；

k——电流波形的修正系数（PWM方式时取1.05～1.10）；

P_{CN}——变频器的额定容量（kV·A）；

n_M——电动机额定转速（r/min）。

此类变频器容量的计算公式适用于大惯性负载的情况，例如，起重机的平移机构、离心式分离机、离心式铸造机等。负载折算到电动机上的等效 GD^2 比电动机转子的 GD^2 大很多。

二、变频器的外围设备及其选择

在选定了变频器之后，下一步的工作就是根据需要选择与变频器配合工作的各种外围设备。正确选择变频器外围设备主要是为了达到以下几个目的：

1）保证变频器驱动系统能够正常工作。

2）提供对变频器和电动机的保护。

3）减少对其他设备的影响。

外围设备通常是选购配件，分为常规配件和专用配件，如图2-1所示。图中，1、2、3、4、9和10是常规配件，5、6、7、8和L是专用配件。

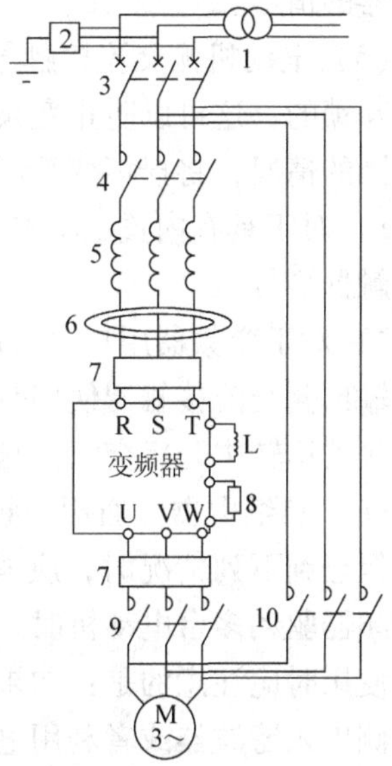

图2-1 变频器的外围设备

1—电源变压器 2—避雷器 3—电源侧断路器 4—电源侧交流接触器 5—电源侧交流电抗器 6—无线电噪声滤波器 7—电源滤波器 8—制动电阻 9—电动机侧交流接触器 10—工频电网切换用接触器 L—用于改善功率因数的直流电抗器

1. 常规配件的选择

（1）电源变压器

1）作用：将供电电网的高压电源转换为变频器所需要的电压（200V或400V）。

2）选择方法：一般说来，变压器的容量可以为变频器容量的1.5倍左右。在进行变频器容量的具体计算时可以参考下式：

$$变压器容量 = \frac{变频器的输出功率}{变频器输入功率因数 \times 变频器的效率}$$

其中，变频器输出功率即为被驱动电动机的总容量，单位为kW；变频器的输入功率因数在有交流电抗器时取0.8～0.85，没有输入交流电抗器时取0.6～0.8；变频器的效率一般取0.9～0.95。

（2）避雷器 其作用是吸收由电源侵入的感应雷击浪涌电压，以及保护与电源相连接的全部机器（20kW以上使用）。

（3）电源侧断路器

1）作用：它用于变频器、电动机与电源回路的通断，并且在出现过电流或短路事故时能自动切断变频器与电源的联系，以防事故扩大。

2）选择方法：如果没有工频电源切换电路，由于在变频调速系统中，电动机的起动电流可以控制在较小的范围内，因此，电源侧断路器的额定电流可按变频器的额定电流来选用；如果有工频电源切换电路，当变频器停止工作时，电源直接连接电动机，所以电源侧断路器应按电动机的起动电流进行选择。

（4）电源侧交流接触器

1）作用：电源一旦断电，自动将变频器与电源脱开，以免在外部端子控制状态下重新供电使变频器自行工作，以保护设备的安全及人身安全；在变频器内部保护功能起作用时，通过接触器使变频器与电源脱开。当然，变频器即使无电源侧的交流接触器也可以使用。

使用时请注意如下事项：

① 不要用交流接触器进行频繁地启动或停止（变频器输入回路的开闭寿命大约为10万次）。

② 不能用电源侧的交流接触器停止变频器。

2）选择方法：接触器选用方法与低压断路器相同。但接触器一般不会有同时控制多台变频器的情形。

（5）电动机侧交流接触器和工频电网切换用接触器　变频器和工频电网之间的切换运行是互锁的，这可以防止变频器的输出端接到工频电网上。一旦出现变频器输出端误接到工频电网的情况，将损坏变频器。具体的选择方法如下：

1）对于具有内置工频电源切换功能的通用变频器，要选择变频器生产厂家提供或推荐的接触器型号。

2）对于变频器用户自己设计的工频电源切换电路，按照接触器常规选择原则选择。

输出侧交流接触器使用时请注意：在变频器运转中请勿将输出侧交流接触器OFF→ON。在变频器运转中开启交流接触器，将有很大的冲击电流流过，有时会因过电流而停机。

（6）热继电器　通用变频器都具有内部电子热敏保护功能，不需要热继电器保护电动机，但遇到下列情况时，应考虑使用热继电器：在10Hz以下或60Hz以上连续运行时；一台变频器驱动多台电动机时。

使用时应注意的是：如果导线过长（10m或更长），继电器会过早跳开，此情况下应在输出侧串入滤波器或者利用电流传感器。50Hz时热继电器的设定值为电动机额定电流的1.0倍，60Hz时热继电器的设定值为电动机额定电流的1.1倍。

2. 专用配件的选择

（1）电抗器

1）电抗器的分类和作用见表2-1。

2）电抗器的选用条件。在选择交流电抗器的容量时，一般按下式进行：

$$L=\frac{(2\% \sim 5\%)U}{2\pi fI}$$

式中　U——额定电压（V）；

I——额定电流（A）；

f——最大频率（Hz）。

表 2-1　电抗器的分类和作用

名称	安装位置	作　用
输入交流电抗器	电网电源和变频器输入端之间	实现变频器和电源的匹配 改善功率因数 减少高次谐波的不良影响
输出交流电抗器	变频器输出端和电动机之间	降低电动机噪声，通常电动机的噪声为 70～80dB，接入电抗器可以将噪声降低 5dB 左右 降低输出高次谐波的不良影响
直流电抗器	对于大容量变频器，有时也采用在变频器的整流电路和平滑电容之间接入直流电抗器代替输入电抗器	改善功率因数

3）常用交流电抗器和直流电抗器的规格。常用交流电抗器的规格见表 2-2，常用直流电抗器的规格见表 2-3。

表 2-2　常用交流电抗器的规格

电动机功率/kW	20	27	45	55	75	90	110	122	160	200	220
允许电流/A	60	75	90	110	150	170	210	250	200	280	415
电感量/mH	0.22	0.26	0.21	0.18	0.12	0.11	0.09	0.08	0.06	0.05	0.05

表 2-3　常用直流电抗器的规格

电动机功率/kW	20	27～55	75～90	110～122	160～200	220	280
允许电流/A	75	150	220	280	270	560	740
电感量/μH	600	200	200	140	110	70	55

注意：小功率变频器（小于 95kW）安装交流电抗器，对于提高功率因数的效果比较明显。大功率变频器安装交流电抗器，尽管对提高功率因数的效果不明显，但对改善变频器运行质量和滤波都有好处。

（2）滤波器

1）作用：一般采用无源滤波器，使用滤波器的目的在于允许特定频率的信号通过，阻止干扰信号沿电源线传输并进行阻抗变换，使干扰信号不能通过地线传播而被反射回干扰源。在变频器输入、输出端都应安装滤波器。在输入端，几个电容与一个轭流线圈结合起来便构成一个简单且效果不错的滤波器。为使滤波器能够有效地发挥功效，在安装输入端滤波器时，尽量靠近变频器安装，并与变频器共基板。若两者距离超过变频器使用说明书规定的标准，应用扁平导线进行连接。

在变频器输出端串联安装滤波器，能解决电动机过热和噪声问题，采用了输出滤波器就没有必要在变频器和电动机之间使用屏蔽电缆线来防止电磁辐射，这样做不仅降低了系统成本，减少了安装费用，而且能很好地抑制变频器对外产生的干扰。这是使用滤波器的主要优点。滤波器是否选用，应视变频器使用情况而定，也就是说，电源滤波器和无线电噪声滤波器可以在交流调速控制系统投入使用后再选购。

2）选购和使用滤波器时的注意事项：滤波器在工作期间要耗电发热，所以除了要满足额定容量要求外，还要求适合在一定环境温度下工作；额定电压必须满足接入线路的额定电压的要求；变频器输出侧滤波器的输入端接变频器，输出端接电动机，不能接错，否则会烧毁变频器。

虽然无源滤波器成本低，但无源滤波器也存在着如下缺点：性能受电网阻抗的影响很大；电网和无源滤波器之间有可能产生谐振，不能对谐波实现动态补偿。因而，有的国家采用电力有源滤波器或混合式滤波器（无源滤波器和有源滤波器结合组成的滤波器），抑制电网谐波。电力有源滤波器和混合式滤波器作为一类新型的滤波器，已开始受到各国电力电子界的广泛重视。

三、变频器的抗干扰

由于变频器中的逆变部分是通过高速半导体开关来产生一定宽度和极性的 SPWM 控制信号，这种具有陡变沿的脉冲信号会产生很强的电磁干扰，尤其是输出电流，它们将以各种方式把自己的能量传播出去，形成对其他设备的干扰信号，严重地超出电磁兼容性标准的极限值要求。因此，变频器的生产厂家为变频器用户制造了一些专用设备，来抑制变频器产生的电磁干扰，以达到质量检测标准，并确保设备安全运行。

1. 外界对变频器的干扰

外界对变频器的干扰主要来自于电源进线。

1）当电源侧的补偿电容投入网络时，在暂态过程中，电源电压将出现很高的峰值，如图 2-2 所示，其结果是，可能使整流二极管因承受过高的反向电压而损坏。

2）当网络内有容量较大的晶闸管换相设备时，由于晶闸管总是在每半个周期的部分时间内导通，在其导通时，容易使网络电压出现凹口。它非但“污染”了电网，并使整流二极管有可能因出现较大的反向恢复电压而受到损坏。

在变频器的输入电路中接入交流电抗器，可以有效的抑制上述两种干扰。

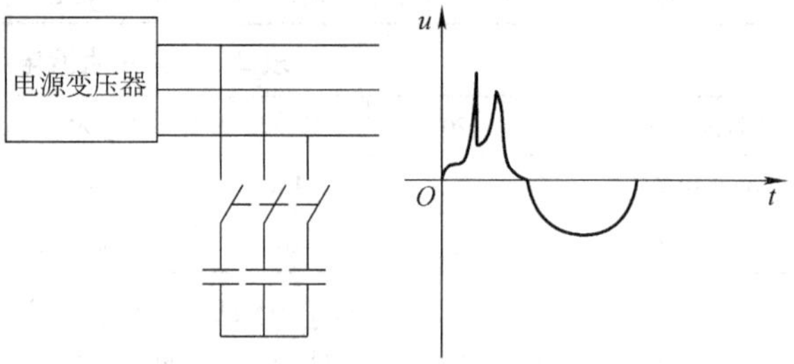

图 2-2　补偿电容投入时电压的畸变

2. 变频器对外产生的干扰

变频器对外产生的干扰危害，主要有以下几种。

1）一般是通过电磁波的方式向空中辐射。

2）通过线间电感向周围线路产生电磁感应。

3）通过线间电容向周围线路及器件产生静电感应。

4）通过电源网络向电网传播。

当变频调速系统的容量足够大时，所产生的高频信号将足以对周围各种电子设备的工作形成干扰，其主要后果有：

1）影响无线电设备的正常接收。

2）影响周围机器设备的正常工作。

此外，变频器输出的具有陡变沿的驱动脉冲包含多次高频谐波，而变频器与电动机之间的连接电缆存在杂散电容和电感并受某次谐波的激励而产生衰减振荡，造成传送到电动机输入端的驱动电压产生过冲现象。同时，电动机绕组也存在杂散电容，过冲电压在绕组中产生尖峰电流，使其在绕组绝缘层不均匀处引起过热，甚至烧坏绝缘层而导致损坏，还会增加电源的功率损耗。如果变频器的开关频率位于听觉范围内，电动机还会产生噪声污染。

3. 抑制变频器对外产生干扰的主要方法

为了减少变频器对外产生的干扰，一般有3种方法：尽量使变频器本身少发出干扰信号；提高被干扰对象的抗干扰能力；采用隔离措施，使变频器传送到被干扰对象的干扰信号减弱。

在上述3种方法中，对于变频器用户来说，唯一可行的是第3种方法。因为尽量使变频器本身少发射出干扰信号，这样往往会影响到变频器本身性能的正常发挥，所以第一种方法变频器用户不能使用。用提高被干扰对象的抗干扰能力的方法抑制干扰，对于变频器用户来说更加困难，实际上也常常是做不到的。

通常，对低频干扰可通过串接滤波器之类的器件来阻止其沿电缆传输，防止电动机过热和噪声；对高频干扰可采用屏蔽、良好接地和搭接等手段来防止电磁波向外辐射。抑制措施如下。

（1）接地　因接地不正确而带来的干扰问题时有发生。首先在概念上必须分清“安全接地”和“电磁干扰接地”是有差别的，特别是在高频区域，由于集肤效应，在接头处将呈高阻状态，造成接地不良，使系统对外的辐射干扰增强，对外界的影响也变得敏感。因此在电磁干扰接地时，需要很低的高频阻抗。具体操作时应当注意如下两点：在使用机壳作为公共地时，需要除去连接点处的油漆或其他涂料，以确保低阻连接；不同接地点之间，使用尽可能短的扁平导线把它们连接在一起（因为扁平导线的高频低阻特性较好），并经常检查所有的接地点，以防止脱落或松动现象发生。

（2）变频器安装于机壳内　变频器安装于机壳内，既能屏蔽交流调速系统向外辐射能量，又能防止外界电磁波进入本系统。具体施工时应注意：机壳、电缆屏蔽层及电动机机壳三者应连接在一起。

（3）使用滤波器。

（4）其他措施

1）用屏蔽线的方法来削弱电磁感应和静电感应。

2）在变频器DC侧的正、负端到地线之间跨接100nF以下的Y型电容器，特别适用于较小功率（小于7.5kW）的变频器电路。

3）控制线和信号线应与电源线分开，通常距离在20cm以上即可。如果控制线必须与电源线交叉，应尽量使交叉角接近90°。

第二节　变频器的安装

一、变频器对安装环境的要求

变频器属于电子器件装置，为了确保变频器安全、可靠地稳定运行，变频器的安装环境应满足如下要求。

1. 环境温度

温度是影响变频器寿命及可靠性的重要因素，一般要求为-10～+40℃。如散热条件好（如除去外壳），则上限温度可提高到+50℃。如果变频器长期不用，存放温度最好为-10

~+20℃。如果无法满足这些要求，应安装空调降温。

2. 环境湿度

相对湿度不超过90%（无结露现象）。对于新建厂房和在阴雨季节，每次开机前，应检查变频器是否有结露现象，以避免变频器发生短路故障。

3. 安装场所

在海拔1000m以下使用。如果海拔超过1000m，则变频器的散热能力下降，变频器最大允许输出电流和电压都要降低使用，降低的百分率与变频器的具体型号有关。例如，某变频器在海拔1000m以下，最大允许输出电流和电压分别为500A和400V，如果将此变频器安装在海拔为2000m的场所，此变频器的生产厂家规定最大允许输出电流和电压分别为465A和260V。

在室内使用，安装位置应无直射阳光、无腐蚀性气体及易燃气体、尘埃少的环境。潮湿、腐蚀性气体及尘埃是造成变频器内部电子元器件生锈、接触不良、绝缘性能降低的重要因素。对于有导电性尘埃的场所（如碳纤维生产厂），要采用封闭式结构。对有可能产生腐蚀性气体的场所，应对控制板进行防腐处理。

4. 其他条件

如果变频器长期不用，变频器内的电解电容会发生劣化现象，当实际运行时会出现由于电解电容的耐压降低和漏电流增加而引发故障。因此，最好每隔半年通电一次，通电时间保持20~60min，使电解电容自我修复，以改善劣化特性。在振动场所应用变频器时，应采用防振措施，并进行定期的检查、维护和加固工作。

二、变频器的发热与散热

1. 变频器的发热

和任何其他设备一样，发热总是由内部的损耗功率产生的。在变频器中，各部分损耗的比例大致为：逆变电路约占50%；整流及直流电路约占40%；控制及保护电路占5%~15%。粗略地说，每1kV·A的变频器容量，其损耗功率为40~50W。

2. 变频器的散热

变频器散热很重要。温度过高对任何设备都具有破坏作用，但就多数设备而言，其破坏作用常常是比较缓慢的，受破坏时的温度通常是不很准确的，而唯独在SPWM逆变电路中，温度一超过某一限值，会立即导致逆变管的损坏，并且该温度限值往往十分准确。

在SPWM逆变桥中，每一桥臂的上、下两管总是处于不断交替导通的状态，或由上管导通、下管截止转换为上管截止、下管导通。在交替过程中，一旦有某一逆变管尚未完全截止，而另一管已经开始导通的状况，将立即引起直流高压经上管和下管“直通”，相当于短路，于是上下两管必将立即被损坏。

为了避免上述现象的出现，在交替的控制电路中，必须留出一个“等待时间”。等待时间的长短：一方面必须足够长，以保证工作的可靠性；另一方面，必须尽量短，否则将引起调制过程的非线性，从而影响逆变后输出电压的波形和数值，所以，其裕量是很小的。

温度升高时，由于半导体器件对温度的敏感性，上、下两管的开通时间和关断时间，以及由延迟电路产生的等待时间，都将发生变化，并且具有比较准确的变化规律。当温度一旦超出某一限值时，将导致“等待时间”的不足，使逆变电路的输出波形出现“毛刺”，最终逆变管因直通而损坏。因此，变频器在安装时的散热问题是至关重要的。

为了阻止变频器内部的温度升高，变频器必须把所产生的热量充分地散发出去。通常采用的方法是通过冷却风扇把热量带走。大体上说，每带走 1kW 热量所需要的风量约为 $0.1m^3/s$。在安装变频器时，首要的问题便是如何保证散热的途径畅通，不易被阻塞。

三、安装变频器的具体方法和要求

1. 墙挂式安装

由于变频器本身具有较好的外壳，故一般情况下，允许直接靠墙安装，称为墙挂式，如图 2-3a 所示。

为了保持良好的通风，变频器与周围阻挡物之间的距离应符合如下要求。

1）两侧：不小于 100mm。

2）上下方：不小于 150mm。

为了改善冷却效果，所有变频器都应垂直安装，如图 2-3b 所示。此外，为了防止异物掉在变频器的出风口而阻塞风道，最好在变频器出风口的上方加装保护网罩。

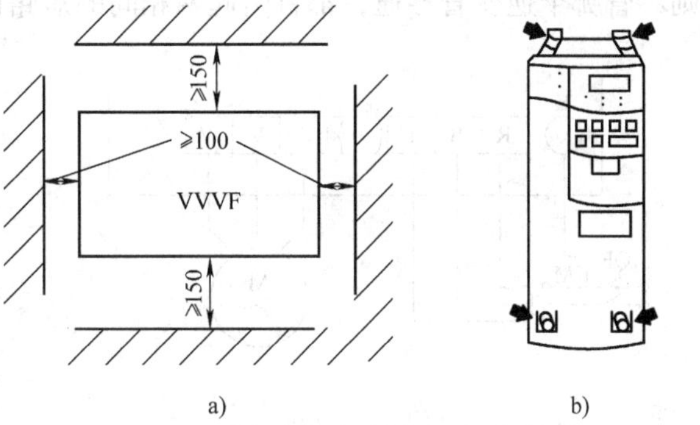

图 2-3　墙挂式安装及要求

a）具体要求　b）安装方法

2. 柜式安装

当周围的尘埃较多时，或和变频器配用的其他控制电器较多而需要和变频器安装在一起时，采用柜式安装。具体的安装方法如下：

在比较洁净、尘埃很少时，尽量采用柜外冷却方式。

如果采用柜内冷却时，应在柜顶加装抽风式冷却风扇。冷却风扇的位置应尽量在变频器的正上方，如图 2-4a 所示。

当一个柜内有两台或两台以上变频器时，应尽量并排安装（横向排列），如图 2-5a 所示，如必须采用纵向排列时，则应在两台变频器间加一隔板，以避免下面变频器出来的热风直接进入到上面的变频器内，如图 2-5b 所示。

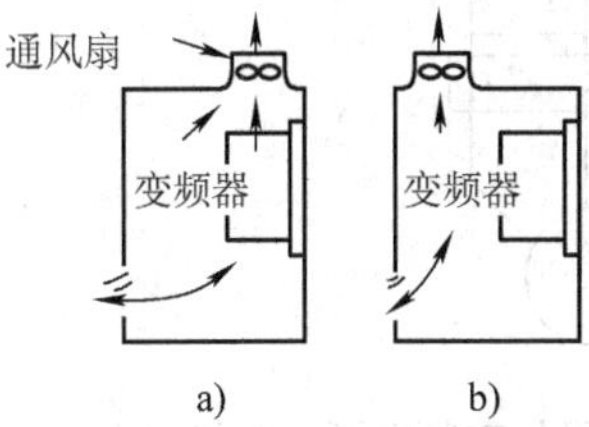

图 2-4　单台变频器的柜内安装

a）正确　b）不正确

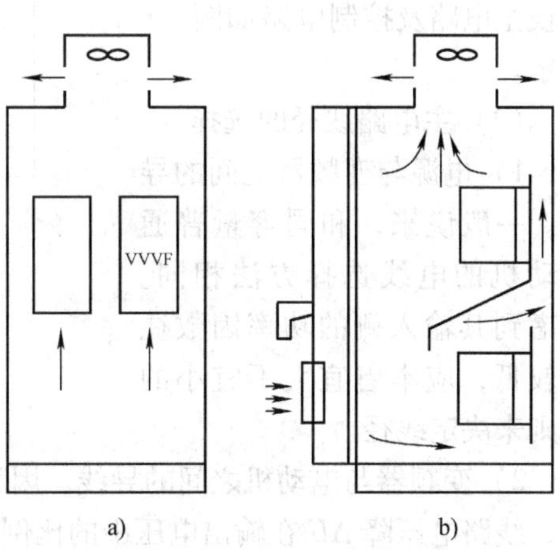

图 2-5　两台变频器在电气柜中的安装方法

a）横向排列　b）纵向排列

变频器在控制柜内请勿上下颠倒或平放安装，变频控制柜在室内的空间位置，要便于变频器的定期维护。

四、变频器的接线

1. 主电路的接线

（1）主电路的基本接线　如图 2-6 所示。图中，QF—空气断路器；KM—接触器触头；R、S、T—变频器的输入端，接电源进线；U、V、W—变频器的输出端，与电动机相接。

变频器的输入端和输出端是绝对不允许接错的。万一将电源进线接到了 U、V、W 端，则不管哪个逆变管导通，都将引起两相间的短路而将逆变管迅速烧坏，如图 2-7 所示。

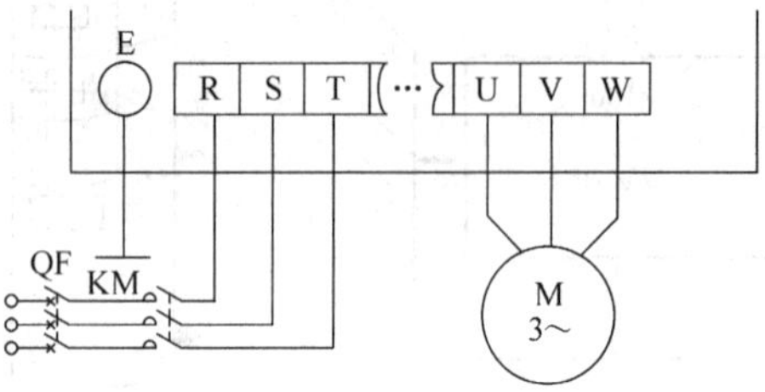

图 2-6　主电路的基本接线

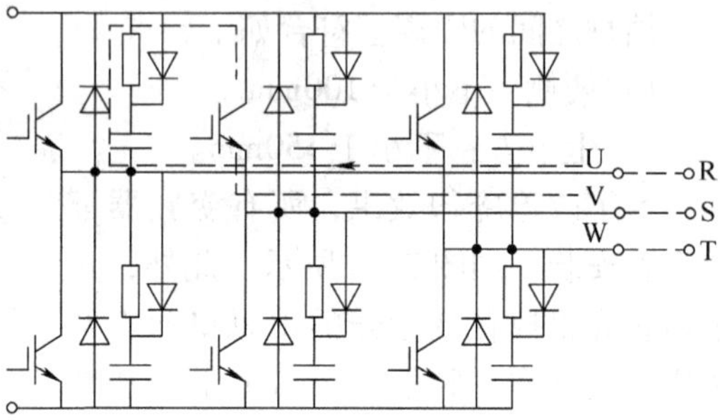

图 2-7　电源接错的后果

注意：不能用接触器 KM 的触头来控制变频器的运行和停止，应该使用控制面板上的操作键或接线端子上的控制信号；变频器的输出端不能接电力电容器或浪涌吸收器；电动机的旋转方向如果和生产工艺要求不一致，最好用调换变频器输出相序的方法，不要用调换控制端子 FWD 或 REV 的控制信号，来改变电动机的旋转方向。

设计与工频电源的切换电路。某些负载是不允许停机的，当变频器万一发生故障时，必须迅速将电动机切换到工频电源上，使电动机不停止工作。切换主电路及控制电路如图 2-8 所示。

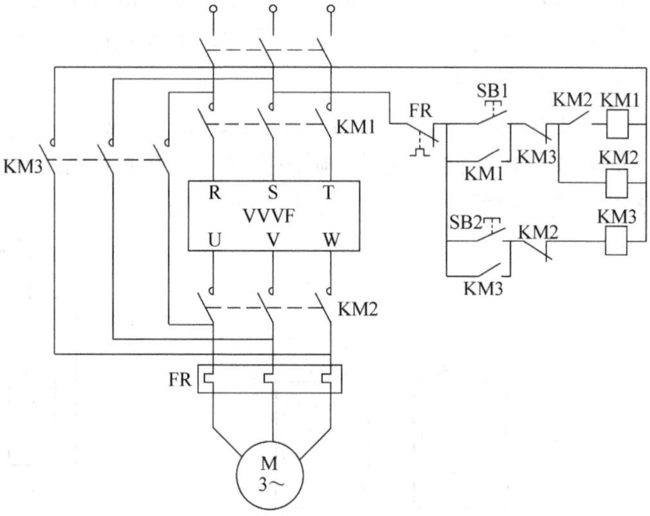

图 2-8　变频器与工频电源的切换电路

（2）主电路线径的选择

1）电源与变频器之间的导线。一般说来，和同容量普通电动机的电线选择方法相同。考虑到其输入侧的功率因数往往较低，应本着宜大不宜小的原则来决定线径。

2）变频器与电动机之间的导线。因为频率下降时，电压也要下降，在电流相等的条件下，线路电压降 ΔU 在输出电压中的比例将上升，而电动机得到电压的比例则下降，有可能导致电动机的发热。所以，在决定变频器与电动机之间导线的线径时，最关键的因素便是线路电压降 ΔU 的影响。一般要求

$$\Delta U \leqslant (2 \sim 3)\% U_N \tag{2-4}$$

ΔU 的计算公式为

$$\Delta U \geqslant \frac{\sqrt{3} I_{MN} R_0 l}{1000} \tag{2-5}$$

式中　I_{MN}——电动机的额定电流（A）；

R_0——单位长度导线的电阻（mΩ/m，即毫欧/米）；

l——导线的长度（m）。

常用电动机引出线的单位长度电阻值列于表2-4中。

表2-4　电动机引出线的单位长度电阻值

标称截面积/mm²	1.0	1.5	2.5	4.0	6.0	10.0	16.0	25.0	25.0
R_0/（mΩ/m）	17.8	11.9	6.92	4.40	2.92	1.72	1.10	0.69	0.49

3）实例。某电动机的主要额定数据如下：$P_{MN}=30\text{kW}$，$U_{MN}=380\text{V}$，$I_{MN}=57.6\text{A}$，$n_{MN}=1460\text{r/min}$。变频器与电动机之间的距离为40m，要求在工作频率为40Hz时，线路电压降不超过2%。选择线径的方法如下：

由式（2-4）可知，允许的电压降为

$$\Delta U \leqslant 0.02 \times 380 \times (40 \div 50)\text{V} = 6.08\text{V}$$

又由式（2-5），得

$$\Delta U \geqslant \frac{\sqrt{3} \times 57.6 R_0 \times 40}{1000} = 6.08\text{V}$$

求得 $R_0 \leqslant 1.52\text{m}\Omega/\text{m}$。

由表2-4可知，应选用截面积为16mm² 的导线。

2. 控制电路的接线

（1）模拟量控制线　模拟量控制线主要包括：

1）输入侧的给定信号线和反馈信号线。

2）输出侧的频率信号线和电流信号线。

模拟量信号的抗干扰能力较低，因此必须使用屏蔽线。屏蔽线靠近变频器的一端，应接控制电路的公共端（COM），而不要接到变频器的地端（E）或大地，如图2-9所示。屏蔽线的另一端应该悬空。布线时还应该遵守以下原则：

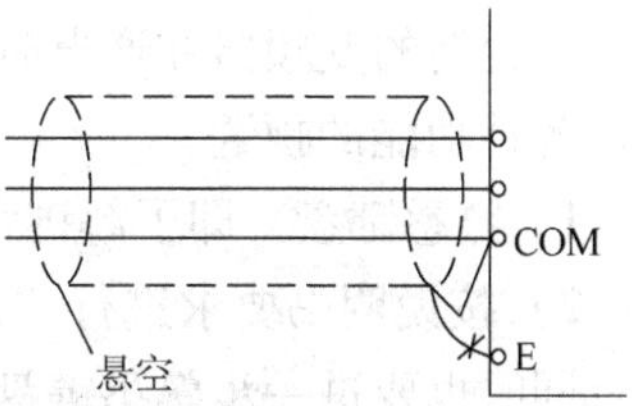

图2-9　屏蔽线的接法

1）尽量远离主电路100mm以上。

2）尽量不和主电路交叉。必须交叉时，应采取垂直交叉的方式。

（2）开关量控制线　如起动、点动、多挡转速控制等的控制线，都是开关量控制线。一般说来，模拟量控制线的接线原则也都适用于开关量控制线。但开关量的抗干扰能力较强，故在距离不很远时，允许不使用屏蔽线，但同一信号的两根线必须互相绞在一起。如果操作台离变频器较远，应该先将控制信号转变成能远距离传送的信号，再将能远距离传送的信号转变成变频器所要求的信号。

（3）变频器的接地　所有变频器都专门有一个接地端子“E”，用户应将此端子与大地相接。当变频器和其他设备，或有多台变频器一起接地时，每台设备都必须分别和地线相接，如图 2-10a 所示；不允许将一台设备的接地端和另一台的接地端相接后再接地，如图 2-10b 所示。

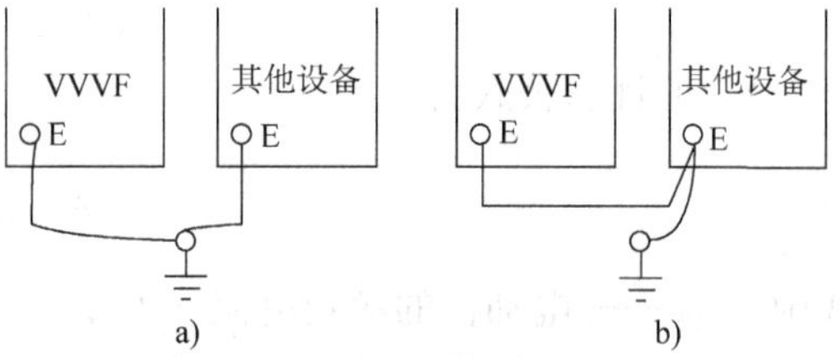

图 2-10 变频器和其他设备的接地
a）正确接法 b）错误接法

（4）大电感线圈的浪涌电压吸收电路 接触器、电磁继电器的线圈及其他各类电磁铁的线圈，都具有很大的电感。在接通和断开的瞬间，由于电流的突变，它们会产生很高的感应电动势，因而在电路内会形成峰值很高的浪涌电压，导致内部控制电路的误动作。所以，在所有电感线圈的两端，必须接入浪涌电压吸收电路。在大多数情况下，可采用阻容吸收电路，如图 2-11a 所示；在直流电路的电感线圈中，也可以只用一个二极管，如图 2-11b 所示。

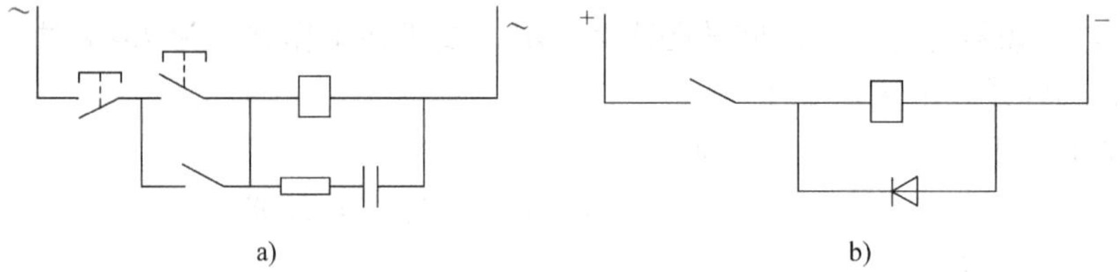

图 2-11 浪涌电压吸收电路
a）阻容吸收电路 b）直流吸收电路

第三节 变频器调速系统的调试

对变频调速系统的调试工作，并没有严格规定的步骤，只是大体上应遵循“先空载、继轻载、后重载”的一般规律。下面介绍通常采用的方法，以供参考。

一、变频器的通电和预置

一台新的变频器在通电时，输出端可先不接电动机，而首先要熟悉它，在熟悉的基础上进行各种功能的预置。

1）熟悉键盘，即了解键盘上各键的功能，进行试操作，并观察显示的变化情况等。

2）按说明书要求进行“启动”和“停止”等基本操作，观察变频器的工作情况是否正常，同时也要进一步熟悉键盘的操作。

3）进行功能预置。关于功能预置的方法和步骤已在前面第一章介绍过。预置完毕后，先就几个较易观察的项目，如升速和降速时间、点动频率、多挡变速时的各挡频率等，检查变频器的执行情况是否与预置的内容相符合。

4）将外接输入控制线接好，逐项检查各外接控制功能的执行情况。

5）检查三相输出电压是否平衡。

二、电动机的空载试验

变频器的输出端接上电动机，但电动机尽可能与负载脱开，进行通电试验。其目的是观察变频器配上电动机后的工作情况，顺便校准电动机的旋转方向。试验步骤如下：

1）先将频率设置于 0 位，合上电源后，微微提升工作频率，观察电动机的起转情况及旋转方向是否正确。如方向相反，则予以纠正。

2）将频率上升至额定频率，让电动机运行一段时间。如一切正常，再选若干个常用的工作频率，也使电动机运行一段时间。

3）将给定频率信号突降至 0（或按停止按钮），观察电动机的制动情况。

三、拖动系统的起动和停机

将电动机的输出轴与机械传动装置连接起来，进行试验。

1. 起转试验

使工作频率从 0Hz 开始微微增加，观察拖动系统能否起转，在多大频率下起转。如起转比较困难，应设法加大起动转矩。具体方法有：加大起动频率；加大 U/f 比；以及采用矢量控制等。

2. 起动试验

将给定信号调至最大，按起动键，观察一下现象。

1）起动电流的变化。

2）整个拖动系统在升速过程中运行是否平稳。

如因起动电流过大而跳闸，则应适当延长升速时间。如在某一速度段起动电流偏大，则设法通过改变起动方式（S 形、半 S 形）来解决。

3. 停机试验

将运行频率调至最高工作频率，按停止键，观察现象。

1）拖动系统的停机过程中是否出现因过电压或过电流而跳闸，如有则应适当延长降速时间。

2）当输出频率为 0Hz 时，观察拖动系统是否有爬行现象，如有则应适当加强直流制动。

四、拖动系统的负载试验

负载试验的主要内容有：

1）如 $F_{max} > F_N$，则应进行最高频率时的带载能力试验，也就是考察在正常负载下能不能带得动。

2）在负载的最低工作频率下，应考察电动机的发热情况。使拖动系统工作在负载所要求的最低转速下，施加该转速下的最大负载，按负载所要求的连续运行时间进行低速连续运行，观察电动机的发热情况。

3）过载试验，按负载可能出现的过载情况及持续时间进行试验，观察拖动系统能否继续工作。当电动机在工频以上运行时，不能超过电动机容许的最高频率范围。

第四节　变频器控制系统的故障排除

一、通用变频器的维护

尽管新一代变频器的可靠性已经很高，但是如果使用、维护不当，仍可能发生故障或运行状况不佳，缩短设备的使用寿命。即使是最新一代的变频器，由于长期使用，以及温度、湿度、振动、尘土等环境的影响，其性能都会有一些变化。如果使用合理、维护得当，则能延长机器的使用寿命，并减少因突然故障造成的生产损失。因此，日常维护与检查是不可缺少的。

1. 变频器检查注意事项

操作者必须熟悉变频器的基本原理、功能特点、指标等，具有操作变频器运行的经验；维护前必须切断电源，还要注意主电路电容器充电部分，确认电容放电结束后再行作业。

测量仪表的选择应符合厂家的规定，选择仪表及进行测量时，应按厂方规定进行，必要时可以询问厂家。

2. 日常检查项目

检查变频器在运行时是否有异常现象；安装地点的环境是否异常；冷却系统是否正常；变频器、电动机、变压器、电抗器等是否过热、变色或有异味；变频器和电动机是否有异常振动、异常声音；主电路电压和控制电路电压是否正常；滤波电容器是否有异味，小凸肩（安全阀）是否胀出；各种显示是否正常。

3. 定期检查的主要项目及维护方法

需作定期检查时，待停止运行后，切断电源，打开前盖板即可进行。但必须注意：即使切断了电源，主电路直流部分滤波电容器放电也需要时间，须待充电指示灯熄灭后，用万用表等确认直流电压已降到安全电压（直流 25V 以下），然后进行检查。

一般的定期检查应一年进行一次，绝缘电阻检查可以 3 年进行一次。定期检查的重点是变频器运行时无法检查的部位，重点检查项目及维护方法见表 2-5。

表 2-5 定期检查的主要项目及维护方法

检查项目		维 护 方 法
冷却系统	冷却风机	冷却风机是全密封的，维护工作不需对其进行清洁和润滑。但应注意，先将扇叶固定，然后使用压缩空气清洁散热器，以保护轴承。冷却风机损坏的前兆是轴承的噪声升高，或者清洁的散热器温升高于正常水平。当变频器用于重要的场合时，请在上述前兆出现时及时更换冷却风机 变频器频繁出现过温警告或故障，则说明冷却风机工作状态异常
	散热器	在正常的使用条件下，散热器应每年清洁一次。运行在污染较严重的场合，散热器的清洁工作应频繁一些。当变频器不可拆卸时，请使用柔软的毛刷清洁散热器。如果变频器可以移动或在户外进行清洁，应使用压缩空气清洁散热器
电解电容器		目视电解电容器是否有漏液和变形。一般情况下，电解电容的使用寿命为 5 年，静电容值应大于标称值的 85%。实际使用寿命由变频器的使用方法和环境温度决定。降低环境温度可以延长其使用寿命，电容的损坏不可预测
接触器、充电电阻		检查接触器触头是否粗糙，检查充电电阻是否有过热的痕迹。检查绝缘电阻是否在正常范围内
接线端子、控制电源		检查螺钉、螺栓等紧固件是否松动，进行必要的紧固；导体、绝缘物和变压器是否有腐蚀、过热的痕迹，是否变色或破损；确认控制电源电压是否正确，确认保护、显示回路无异常

4. 零部件的更换

变频器由多种部件组装而成，某些部件经长期使用后性能降低、劣化，这是故障发生的主要原因。为了长期安全生产，某些部件必须及时更换。

更换冷却风扇。变频器主电路中的半导体器件靠冷却风扇强制散热，以保证其工作在温度允许的范围内。冷却风扇的寿命受限于轴承，为 10000 ~ 25000h。当变频器连续运行时，需要 2 ~ 3 年更换一次风扇或轴承。

更换滤波电容器。在中间直流回路中使用的是大容量电解电容器，由于脉冲电流等因素的影响，其性能劣化受周围温度及使用条件的影响很大。在一般情况下，使用周期大约为 5 年。由于电容器劣化经过一定时间后发展迅速，所以检查周期最长为 1 年，接近寿命时，检查周期最好在半年以内。

定时器在使用半年以后，动作时间会有很大变化，所以要检查动作时间变化情况，确认损坏后要进行更换。

熔断器的额定电流大于负载电流，在正常使用条件下寿命约为 10 年，可按此时间更换。

二、通用变频器故障原因的分析

1. 过电流跳闸的原因分析

（1）重新起动时，一旦升速就跳闸　这是过电流十分严重的表现，主要原因有：

1）负载侧短路。

2）工作机械卡住。

3）逆变管损坏。

4）电动机的起动转矩过小，拖动系统转不起来。

（2）重新起动时，并不立即跳闸，而是在运行（包括升速和降速运行）过程中跳闸　这种现象的可能原因有：

1）升速时间设定太短。

2）降速时间设定太短。

3）转矩补偿设定较大，引起低频时空载电流过大。

4）电子热继电器整定值设置不当，动作电流设定得太小，引起误动作。

2. 过电压、欠电压跳闸的原因分析

（1）过电压跳闸　主要原因有：

1）电源电压过高。

2）降速时间设定太短。

3）降速过程中，再生制动的放电单元工作不理想。

①　如果属于来不及放电所造成的，应增加外接制动电阻和制动单元。

②　如果有制动电阻和制动单元，那么放电支路实际不放电。

（2）欠电压跳闸　可能的原因有：

1）电源电压过低。

2）电源断相。

3）整流桥故障。

3. 电动机不转的原因分析

（1）功能预置不当

1）上限频率与最高频率或基本频率与最高频率设定矛盾，最高频率的预置值必须大于上限频率和基本频率的预置值。

2）使用外接给定时，未对“键盘给定/外接给定”的选择进行预置。

3）其他的不合理预置。

（2）在使用外接给定方式时，无“起动”信号　当使用外接给定信号时，必须由起动按钮或其他触点来控制其起动。如不需要由起动按钮或其他触点控制时，应将 RUN 端（或 FWD 端）与 COM 端之间短接起来。

（3）其他可能的原因

1）机械有卡住现象。

2）电动机的起动转矩不够。

3）变频器发生电路故障。

三、通用变频器的故障处理及维修方法

1. 变频器有故障诊断显示数据

当变频器发生故障后，如果变频器有故障诊断显示数据，其处理方法是：查找变频器使用说明书中有关指示故障原因的内容，找出故障部位。用户可根据变频器使用说明书指示部位重点进行检查，排除故障元器件。

2. 变频器无故障诊断显示数据

当变频器发生故障，而又无故障显示时，不能再贸然通电，以免引起更大的损坏。这时应在断电后，进行电阻特性参数测试，初步查找问题所在。

（1）主电路的检查　以 SANKEN VVVF 变频器为例，打开变频器端盖，去掉所有端子的外部引线。检查 N、P、R1、T1、R、S、T、U、V、W 等端子之间的导通情况及电阻特性，这些端子与主电路之间的联系如图 2-12 所示。将指针式万用表置于 1Ω 或 10Ω 挡测试状态是否正常。

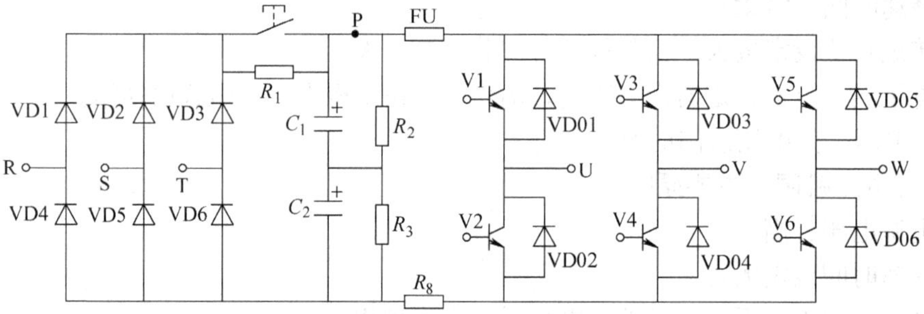

图 2-12　主电路原理

注：端子 R1、T1 在图中未画出。

表 2-6 中，所谓通，即电阻为几欧至几十欧；不通，则电阻很大，在十几千欧以上。

对相同的元器件做测量时，如果发现测试结果不一致或差别很大，说明某元器件有了问题。例如，测量 V3 时，在 P、V 之间用黑红表笔不管怎么测量都导通，则说明这支 GTR 已坏，应再细查。

以下情况必须注意：检测中发现 VD1、VD2、VD3 的 R—P、S—P、T—P 之间用红、黑笔调换测量都不通，可以判断可能是整流桥损坏，也可能是充电电阻 R_1 烧坏；在 V1、V3、V5 的检测中，若 P—U、P—V、P—W 之间用黑、红表笔调换测量均不导通，可判断可能是 GTR 损坏或 FU 烧断；在对 V2、V4、V6 检测时，发生上述情况，除 GTR 可能损坏外，电阻 R_8 也可能烧坏。

表 2-6　测试状态

被测元器件	表笔连接端		测试结果	被测元器件	表笔连接端		测试结果
	红（-）	黑（+）			红（-）	黑（+）	
电容	P	N	几百欧	线圈	R1	T1	十几欧至几十欧
	N	P	呈容性，最终为几十千欧		T1	R1	十几欧至几十欧
VD1	P	R	导通	V1	P	U	通
	R	P	不导通		U	P	不通
VD2	P	S	导通	V3	P	V	通
	S	P	不导通		V	P	不通
VD3	P	T	导通	V5	P	W	通
	T	P	不导通		W	P	不通
VD4	N	R	不导通	V2	N	U	不通
	R	N	导通		U	N	通
VD5	N	S	不导通	V4	N	V	不通
	S	N	导通		V	N	通
VD6	N	T	不导通	V6	N	W	不通
	T	N	导通		W	N	通

上述检查后，若进一步判断，则应将控制板拆下，对主电路中 R_1 进行测量，其电阻值为几十欧至 150Ω，如果直通则说明 R_1 短路损坏或继电器粘连。

初判损坏的元器件应拆下来，单独检查，如果损坏则需更换。75kV · A 以上的变频器的 GTR 一般并联使用，更应逐个检查。

（2）驱动电路的检查　在主电路检修后，接上控制板，拔下 GTR 基极的插座，将外部连线接上，通电，观察数显是否正常，CHARGE 灯是否亮。

无数字显示时，检查 R1、T1 之间是否加上了 280V 电压。如果 R1、T1 之间有电压，检查 2052 稳压块是否有 5V 电压，没有电压可能是变压器损坏，也可能是稳压块损坏。

CHARGE 灯不亮时，可能是主电路无电，检查 N—P 之间电压是否是 540V。如果是 540V，那么可能是 CHARGE 灯损坏或 CHARGE 灯电路有问题。

数显正常后，把 U/f 设定在“0”挡，将频率升至 50Hz，校测 B_{u1}、B_{v1}、B_{w1} 和 B_{u2}、B_{v2}、B_{w2} 波形。示波器探头的接法见表 2-7。GTR 驱动波形如图 2-13 所示，其电压幅值为参考数值，变频器不同电压幅值也不同。

表 2-7　示波器探头的测试点

正端	B_{u1}	B_{v1}	B_{w1}	B_{u2}	B_{v2}	B_{w2}
地端	E_u	E_v	E_w	E		

如果波形异常，说明被检测驱动电路有问题，应细查驱动管，驱动电路中的元器件及电源部分的电压。

（3）大功率晶体管（GTR）的简易测量　如果怀疑大功率晶体管（GTR）有问题，在没有 GTR 的测试设备条件下，可用万用表简易判断。检查步骤如下：

1）关断输入电源，确保 CHARGE 灯不亮后，拆除端子 R、S、T、V、U、W 上的接线。

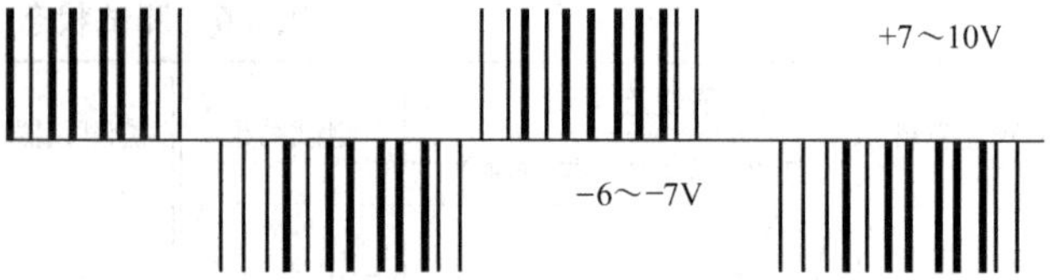

图 2-13　GTR 驱动波形

2）拆除控制电路板上的连接件，将电路板连同附件板一起从设备上拆下。

3）如果模块是并联使用的情况，拔出模块 B2、E2 和 B2X、E2X 中的并联端子（捏拔电线的端子插头；不要拔电线本身），然后测试每个模块。模块的原理和端子平面图如图 2-14 所示。

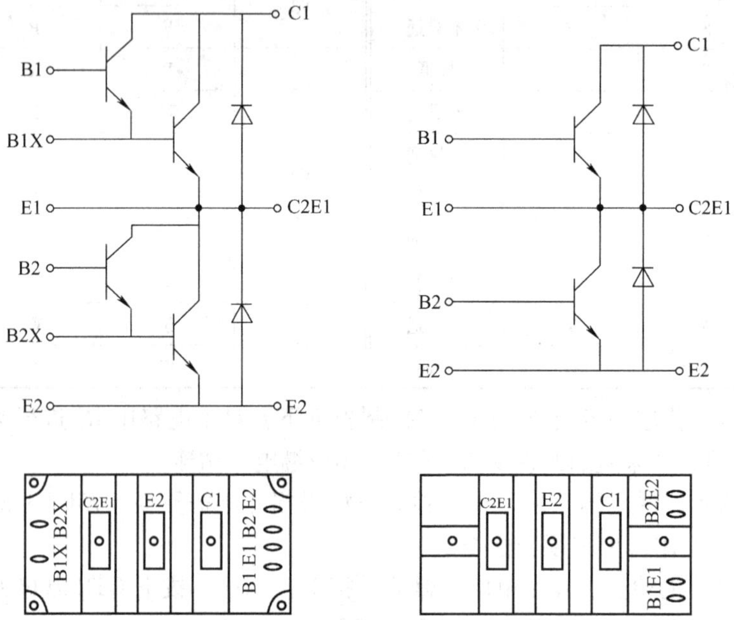

图 2-14　GTR 模块的原理与端子平面图

4）把万用表置到 1Ω 或 10Ω 挡，如图 2-15 所示。

注意：不通时电阻值为无穷大，导通时电阻值为几欧至几十欧。用这种方法可初步判断选用的 GTR 是否可用。

（4）大功率晶体管（GTR）的更换　如果检查出有损坏的 GTR，可按下列步骤更换坏了的 GTR 模块。

1）拆除损坏模块上的主电路接线。

2）拔出损坏模块上的基极控制信号线（拔时手拿端子插头，不要拔导线）。

3）把固定模块的螺钉拧下，取出损坏模块。

4）首先，选择与被换模块的 GTR 参数相同的器件。其次，测量合格后，在该 GTR 的底部涂少量导热硅胶，涂抹均匀，将底部覆盖住即可。

5）再将变频器底板座清干净，把已涂过硅胶的 GTR 放在更换的位置上，拧紧固定螺钉，拧 4 个螺钉用力要均衡。

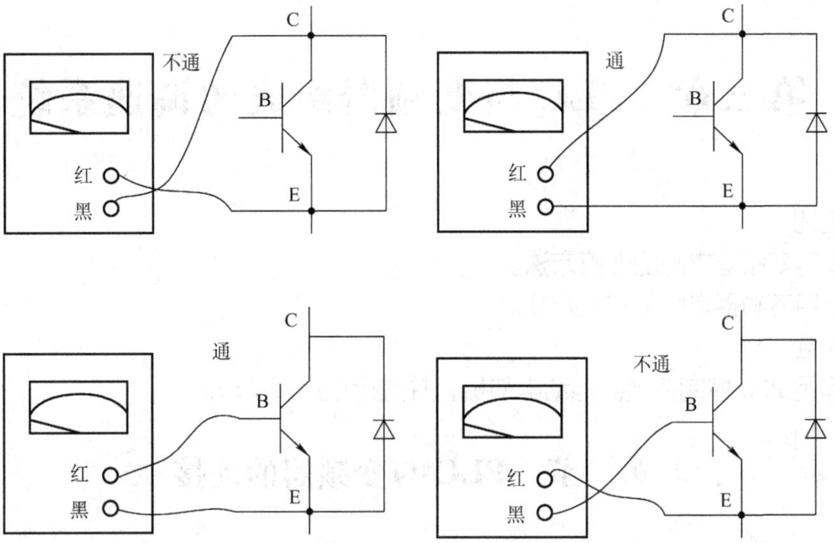

图 2-15　使用万用表检查 GTR 模块

6）将基极信号引线脚插在 GTR 的基极上即可。整个更换器件时，对标有不能用手触摸的部件，不要去触摸，手应先与大地接通的金属接触后，再去处理那些器件。

7）恢复控制电路和主电路接线。

8）连完线后，用万用表测 P—N 端子及每个输出线之间的电阻，确定无短路的现象发生。

复习思考题

1. 试简述安装变频器的注意事项。
2. 试简述变频器的日常维护项目。
3. 试简述变频器的定期维护项目。
4. 试简述变频器维护时的注意事项。

第三章　PLC与变频器组成的调速系统

本章应知

1. PLC与变频器之间的连接方法。

2. PLC与变频器之间的控制方式。

本章应会

能够利用PLC控制变频器拖动电动机，并进行正反转操作。

第一节　PLC与变频器的连接

一、PLC与变频器的3种连接方法

通常PLC可以通过下面3种途径来控制变频器：

1）利用PLC的模拟量输出模块控制变频器。

2）PLC通过通信接口控制变频器。

3）利用PLC的开关量输入、输出模块控制变频器。

下面我们具体分析3种连接方法的优缺点：

1. 利用PLC的模拟量输出模块控制变频器

PLC的模拟量输出模块输出0～5V电压或4～20mA电流，将其送给变频器的模拟电压或电流输入端，控制变频器的输出频率。这种控制方式的硬件接线简单，但是可编程序控制器的模拟量输出模块价格相当高，有的用户难以接受。

2. PLC通过RS—485通信接口控制变频器

这种控制方式的硬件接线简单，但是需要增加通信用的接口模块，这种模块的价格可能较高，熟悉通信模块的使用方法和设计通信程序可能要花较多的时间。

3. 利用PLC的开关量输入、输出模块控制变频器

PLC的开关量输出、输入端一般可以与变频器的开关量输入、输出端直接相连。这种控制方式的接线很简单，抗干扰能力强，用PLC的开关量输出模块可以控制变频器的正反转、转速和加减速时间，能实现较复杂的控制要求。虽然只能有级调速，但对于大多数系统，这已足够了。

现在主要介绍PLC通过RS—485通信接口控制变频器的方法。

二、PLC通过RS—485通信接口控制变频器系统

该系统硬件组成如图3-1所示，主要由下列组件构成：

1）FX2N—64MR为系统的核心。

2）FX2N—485—BD为FX2N系统PLC的通信适配器，主要用于PLC和变频器之间的数据发送和接收。

3）SC09电缆用于PLC和计算机之间的数据传送。

4）通信电缆可利用五芯电缆自行制作。

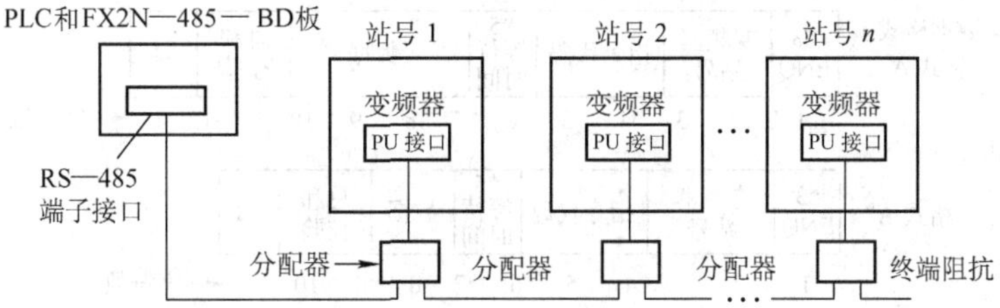

图 3-1　系统硬件组成

三、PLC 与 RS—485 通信接口的连接方式

变频器端的 PU 接口用于 RS—485 通信时的接口端子排如图 3-2 所示。其中 1～8 号端依次自上而下排列，即 1—SG、2—P5S、3—RDA、4—SDB、5—SDA、6—RDB、7—SG、8—P5S。

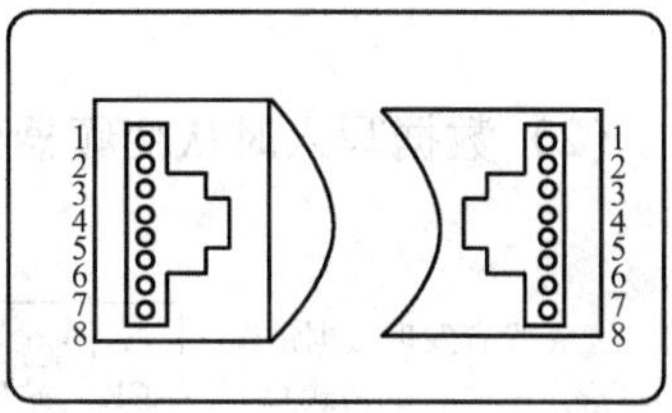

图 3-2　变频器接口端子排

如图 3-3 所示，五芯电缆线的一端接 FX2N—485—BD，而另一端（如图 3-2 所示）用专用接口压接五芯电缆接变频器的 PU 口（将 FR—DU04 面板取下即可）。

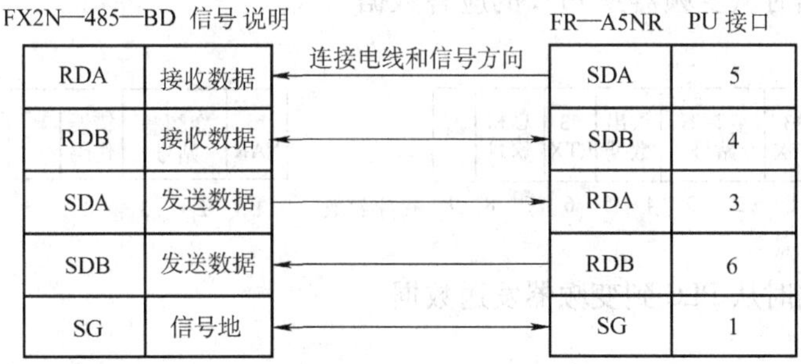

图 3-3　PLC 和变频器的通信连接示意图

四、PLC 和变频器之间的 RS—485 通信协议和数据定义

1. PLC 和变频器之间的 RS—485 通信协议

PLC 和变频器之间进行通信，通信规格必须在变频器的初始化中设定，如果没有进行设定或有一个错误的设定，数据将不能进行通信。且每次参数设定后，需复位变频器，确保参数的设定生效。设定好参数后将按如下协议进行数据通信，如图 3-4 所示。

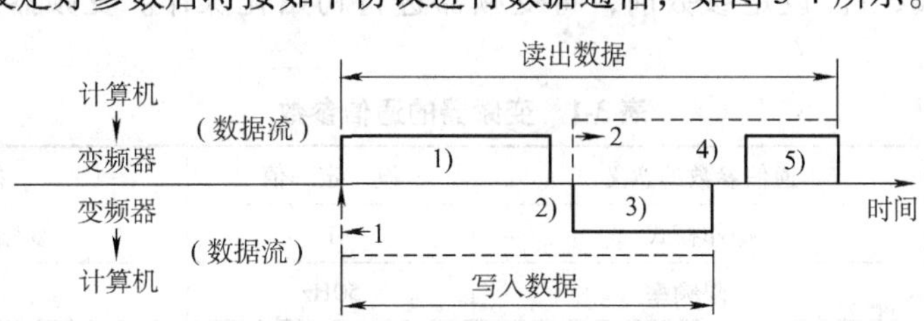

图 3-4　RS—485 通信协议

2. 数据传送形式

（1）从 PLC 到变频器的通信请求数据

（数据格式）格式 A

*3 ENQ	变频器站号	指令代码	*5 等待时间	数据	总和校验	*4

1 2 3 4 5 6 7 8 9 10 11 12 13 ← 字符数

格式 A*

*3 ENQ	变频器站号	指令代码	*5 等待时间	数据	总和校验	*4

1 2 3 4 5 6 7 8 9 10 11 ← 字符数

（数据读出）格式 B

*3 ENQ	变频器站号	指令代码	*5 等待时间	总和校验	*4

1 2 3 4 5 6 7 8 9 ← 字符数

（2）数据写入时从变频器到 PLC 的应答数据

（没有发现数据错误）格式 C

*3 ACK	变频器站号	*4

1 2 3 4 ← 字符数

（没有发现数据错误）格式 D

*3 NAK	变频器站号	错误代码	*4

1 2 3 4 5 ← 字符数

（3）读出数据时从变频器到 PLC 的应答数据

格式 E

*3 STX	变频器站号	读出数据	*3 ETX	总和校验	*4

1 2 3 4 5 6 7 8 9 ← 字符数

*3 NAK	变频器站号	错误代码	*4

1 2 3 4 5 ← 字符数

（4）读出数据时从 PLC 到变频器发送数据

（没有发现数据错误）格式 G

*3 ACK	变频器站号	*4

1 2 3 4 ← 字符数

（没有发现数据错误）格式 H

*3 NAK	变频器站号	*4

1 2 3 4 ← 字符数

3. 通信数据定义

（1）初始化操作　PLC 通过 RS—485 总线与 FR—A540 变频器进行通信时，必须设定变频器的参数，见表 3-1。设定参数前，将变频器进行初始化操作。变频器参数设定完成后，请将变频器断电。

表 3-1　变频器的通信参数

变频器参数号	通信参数的意义	设定值	备注
Pr. 79	操作模式	1	变频器运行模式
Pr. 1	上限频率	50Hz	
Pr. 3	基底频率	50Hz	
Pr. 19	基底频率电压	380V	
Pr. 77	参数写入禁止	2	即使运行时也可写入参数
Pr. 117	变频器站号	0	0 站变频器

（续）

变频器参数号	通信参数的意义	设　定　值	备　　注
Pr. 118	通信速率	19200	设定波特率为 19200bit/s
Pr. 119	停止位长/数据位长	11	设定停止位 2 位，数据位 7 位
Pr. 120	奇偶校验是/否	2	设定为偶校验
Pr. 121	通信重试次数	9999	即使发生通信错误，变频器也不停止
Pr. 122	通信校验时间间隔	9999	无通信等待
Pr. 123	等待时间设定	20	变频器设定
Pr. 124	CR、LF 有/无选择	0	无 CR、无 LF

（2）变频器与通信有关的参数设定　控制代码见表 3-2。

表 3-2　控制指令

操作指令	指令代码	数据内容
正转	HFA	H02
反转	HFA	H04
停止	HFA	H00
频率写入	HED	H0000 ~ H2EE0
频率输出	H6F	H0000 ~ H2EE0
电流输出	H71	H0000 ~ HFFFF
电压输出	H72	H0000 ~ HFFFF

（3）变频器站号　规定与计算机（PLC）通信的站号，在 H00 ~ H1F（00 ~ 31）之间设定。

（4）指令代码　由计算机（PLC）发给变频器，指明程序工作（例如，运行、监示）状态。因此，通过响应的指令代码，变频器可工作在运行和监视等状态。

（5）数据　表示与变频器传输的数据，例如，频率和参数等。依照指令代码，确认数据的定义和设定范围。

（6）等待时间　规定为变频器从收到 PLC 来的数据到传输应答数据之间的等待时间。根据计算机的响应时间在 0 ~ 150ms 之间来设定等待时间，最小设定单位为 10ms。若设定值为 1，则等待时间为 10ms；若设定值为 2，则等待时间为 20ms。

注意：Pr. 123［等待时间设定］设定为 9999 的场合下，数据格式中无“响应时间”，而是作为通信请求数据，其字符数减少一个。

（7）总和校验　总和校验代码是指被校验的 ASCII 码数据的总和，即为二进制数的位数。一个字节最低为 8 位，表示两个 ASCII 码，以十六进制形式表示。

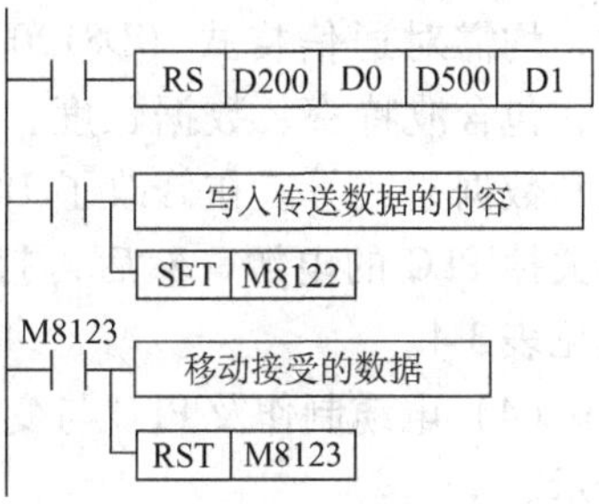

图 3-5　PLC 通信运行程序设计流程

五、程序设计

要实现 PLC 对变频器的通信控制，必须对 PLC 进行编程；通过程序实现 PLC 对变频器的各种运行控制和数据的采集。PLC 程序首先应完成 FX2N—485—BD 通信适配器的初始化、控制命令字的组合、代码转换和变频器应答数据的处理工作。PLC 通信运行程序设计流程如图 3-5 所示。

六、基本技能训练

1. 控制要求

1）使用 PLC，通过 RS—485 总线，控制变频器实现电动机正转、反转、停止。

2）使用 PLC，通过 RS—485 总线，在运行中直接修改变频器的运行频率，例如：10Hz、25Hz、38Hz、43Hz、50Hz，或根据考评员要求修改。

2. 所需设备及材料

变频器与 PLC 连接的基本操作所需设备及材料见表 3-3。

表 3-3 所需设备及材料

序号	名称	数量	备注
1	FX2N—64MR 可编程序控制器	24	每组一台
2	FR—A540—0.4～7kW 三菱变频器	24	每组一台
3	FX2N—485—BD 适配器	24	每组一台
4	0.5～1kW 三相异步电动机	24	和变频器配套使用
5	SC09 电缆	24	每组一条
6	五芯通信电缆	24	每组一条
7	连接导线	若干	电源连线和电动机连线及控制电路连线的用线
8	1kΩ、1W 的电位器	24	每台变频器配一个
9	接触器、空气断路器、接线端子	24	每组一套

3. 训练步骤

（1）对三菱变频器进行参数设置　PLC 和变频器之间进行通信，通信规格必须在变频器的初始化中设定，如果没有进行初始设定或有一个错误的设定，数据将不能进行传输。需要设定的通信参数见表 3-1。

Pr. 122 号参数一定要设成 9999。否则，当通信结束后且通信校验互锁时间到时，变频器会产生报警并且停止（E. PUE）。Pr. 79 号参数一定要设成 1，即 PU 操作模式。

（2）复位变频器　确保参数的设定生效。

（3）对三菱 PLC 进行设置，PLC 通信格式 D8120＝H009F　三菱 FX 系列 PLC 在进行计算机链接（专用协议）和无协议通信（RS 指令）时，均需对通信格式（D8120）进行设定，其中，包含波特率、数据长度、奇偶校验、停止位和数据格式等。在修改了 D8120 设置后，确保关掉 PLC 的电源，然后再打开。D8120 的设置见表 3-4。

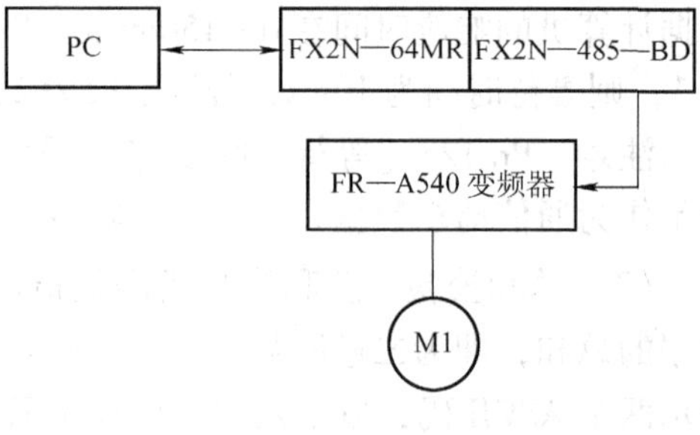

图 3-6　PLC 与变频器的 RS—485 通信控制连接

（4）电缆制作及 PLC 与变频器连接　PLC 与变频器的 RS—485 通信控制连接如图 3-6 所示。

（5）编写通信程序，并实现通信　参考程序梯形图如图 3-7 所示。

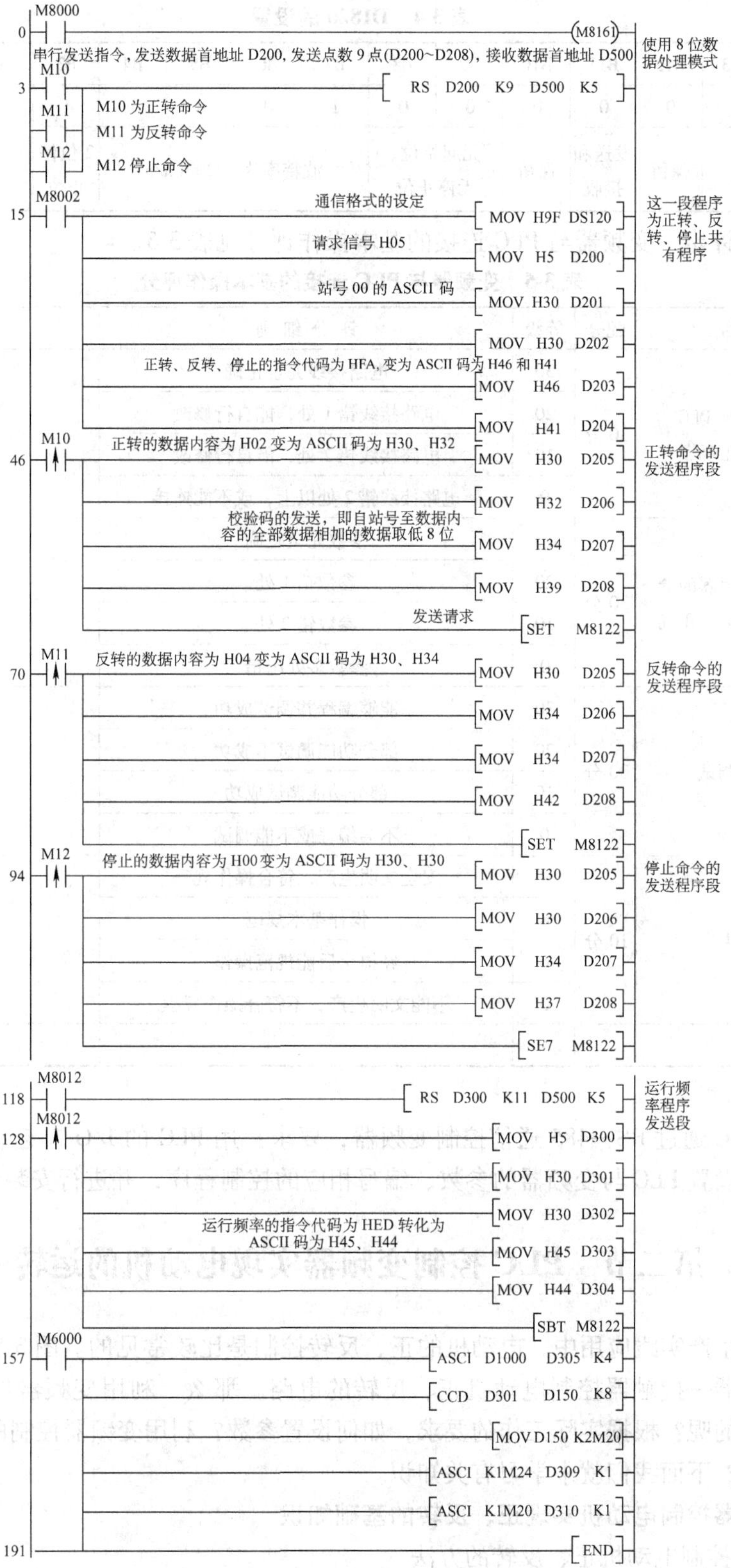
M8000
0
M8161
使用 8 位数据处理模式
串行发送指令，发送数据首地址 D200，发送点数 9 点(D200~D208)，接收数据首地址 D500
M10
3
RS D200 K9 D500 K5
M11
M10 为正转命令
M11 为反转命令
M12
M12 停止命令
M8002
15
通信格式的设定
MOV H9F DS120
这一段程序为正转、反转、停止共有程序
请求信号 H05
MOV H5 D200
站号 00 的 ASCII 码
MOV H30 D201
MOV H30 D202
正转、反转、停止的指令代码为 HFA，变为 ASCII 码为 H46 和 H41
MOV H46 D203
MOV H41 D204
M10
46
正转的数据内容为 H02 变为 ASCII 码为 H30、H32
MOV H30 D205
正转命令的发送程序段
MOV H32 D206
校验码的发送，即自站号至数据内容的全部数据相加的数据取低 8 位
MOV H34 D207
MOV H39 D208
发送请求
SET M8122
M11
70
反转的数据内容为 H04 变为 ASCII 码为 H30、H34
MOV H30 D205
反转命令的发送程序段
MOV H34 D206
MOV H34 D207
MOV H42 D208
SET M8122
M12
94
停止的数据内容为 H00 变为 ASCII 码为 H30、H30
MOV H30 D205
停止命令的发送程序段
MOV H30 D206
MOV H34 D207
MOV H37 D208
SE7 M8122
M8012
118
RS D300 K11 D500 K5
运行频率程序发送段
M8012
128
MOV H5 D300
MOV H30 D301
MOV H30 D302
运行频率的指令代码为 HED 转化为 ASCII 码为 H45、H44
MOV H45 D303
MOV H44 D304
SBT M8122
M6000
157
ASCI D1000 D305 K4
CCD D301 D150 K8
MOV D150 K2M20
ASCI K1M24 D309 K1
ASCI K1M20 D310 K1
191
END

图 3-7　参考程序梯形图

表 3-4 D1820 的设置

B15	B14	B13	B12	B11	B10	B9	B8	B7	B6	B5	B4	B3	B2	B1	B0
0	0	0	0	0	0	0	0	1	0	0	1	1	1	1	1
使用 RS 指令			保留	发送和接收	保留	无起始位、无停止位		波特率为 19200bit/s				2 位停止位	偶数		8 位数据

(6) 成绩评定 变频器与 PLC 连接的基本操作评分见表 3-5。

表 3-5 变频器与 PLC 连接的基本操作评分

序号	项目	配分	等级	评分细则	得分
1	变频器与 PLC 连接正确	30 分	30	电路接线完全正确	
			20	电路接线错 1 处，能自行修改	
			10	电路接线错 2 处，能自行修改	
			0	电路接线错 2 处以上，或不能连接	
2	PLC 与变频器的参数设置完整、正确	30 分	30	参数完全正确	
			20	参数错 1 处	
			10	参数错 2 处	
			0	参数多处出错	
3	编程调试	30 分	30	能够编程并调试成功	
			20	部分功能调试不成功	
			10	部分功能调试成功	
			0	不会编程或不能调试	
4	安全生产	10 分	10	安全文明生产，符合操作规程	
			8	操作基本规范	
			6	经提示后能规范操作	
			0	不能文明生产，不符合操作规程	
总分合计					

4. 能力测试

有一台 PLC 通过 RS—485 通信控制变频器，要求：用 PLC 的 I/O 口起动电动机，如何修改程序？请设置 PLC 与变频器的参数、编写相应的控制程序，并进行安装调试。

第二节 PLC 控制变频器实现电动机的运转

在实际的生产实践应用中，电动机的正、反转控制是比较常见的。图 3-8 所示为大家熟悉的利用继电器—接触器控制电动机正、反转的电路。那么，利用变频器如何实现电动机正、反转控制的呢？根据实际工作的要求，如何设置参数？利用变频器控制的正、反转电路有什么优点呢？下面我们就来学习有关知识。

一、变频器控制电动机实现正、反转的基础知识

1. 变频器控制电动机正、反转的方法

利用普通的电网电源运行的交流拖动系统，为了实现电动机的正、反转切换，必须利用

接触器等装置对电源进行换相切换。利用变频器进行调速控制时，只需改变变频器内部逆变电路换流器件的开关顺序，即可以达到对输出进行换相的目的，很容易实现电动机的正、反转切换，而不需要专门设置正、反转切换装置。

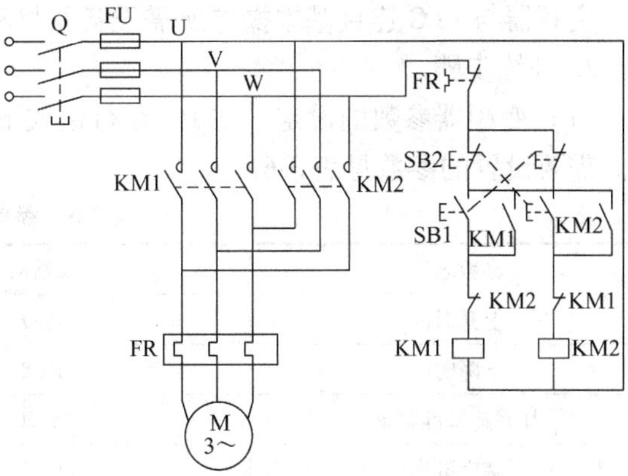

图3-8　继电器—接触器控制电动机正、反转的电路

2. 控制电路

PLC与变频器控制电动机正、反转的电路如图3-9所示，按下SB1，输入继电器X0得到信号并动作，输出继电器Y0动作并保持。Y0动作后，Y1动作，上电指示灯HL1亮。按下SB3，X2得到信号并动作，输出继电器Y10动作，变频器的STF接通，电动机正转起动并运行。同时，Y2也动作，正转指示灯HL2亮。按下SB4，X3得到信号并动作，输出继电器Y11动作。变频器的STR接通，电动机反转起动并运行。同时，Y3也动作，反转指示灯HL3亮。

当电动机正转或反转时，X2或X3的常闭触点断开，使SB2（即X1）不起作用，从而防止变频器在电动机运行的情况下切断电源。

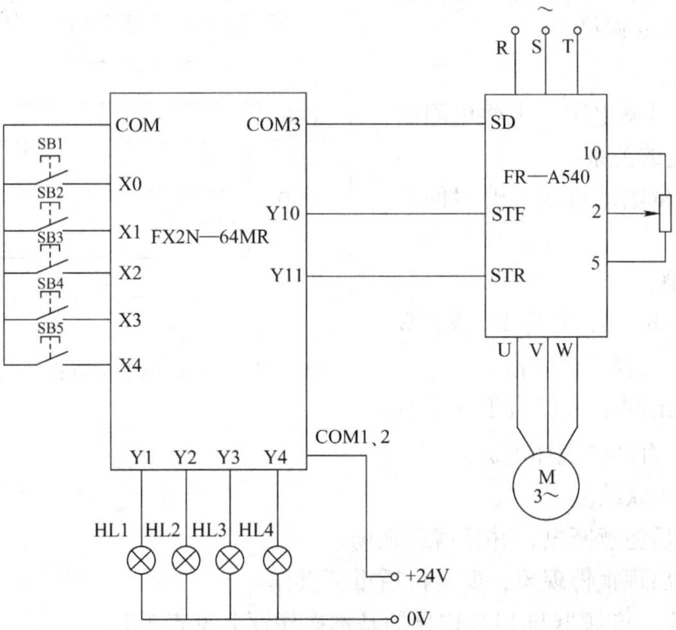

图3-9　PLC与变频器控制电动机正、反转的电路

如果再按下SB2，则X1得到信号，使Y0复位，指示灯HL1灭，变频器不能运行。电动机运行时，如果按下SB5，则X4得到信号，一方面使Y0复位，同时Y4动作，指示灯HL4亮。

二、基本技能训练

1. 所需设备及材料

变频器与 PLC 连接基本操作所需设备及材料见表 3-3。

2. 训练步骤

（1）变频器参数的设定　在 PU 运行模式下，先进行全部清除操作，然后设定变频器参数。需要设置的参数见表 3-6。

表 3-6　参数的设置

参数名称	参数号	参考值
上升时间	Pr. 7	4s
下降时间	Pr. 8	3s
加减速基准频率	Pr. 20	50Hz
基底频率	Pr. 3	50Hz
上限频率	Pr. 1	50Hz
下限频率	Pr. 2	0Hz
运行模式	Pr. 79	1

（2）模式转换　将变频器运行模式改为外部操作（Pr. 79 = 2）。

（3）编制 PLC 程序，调试运行　参考程序梯形图如图 3-10 所示。

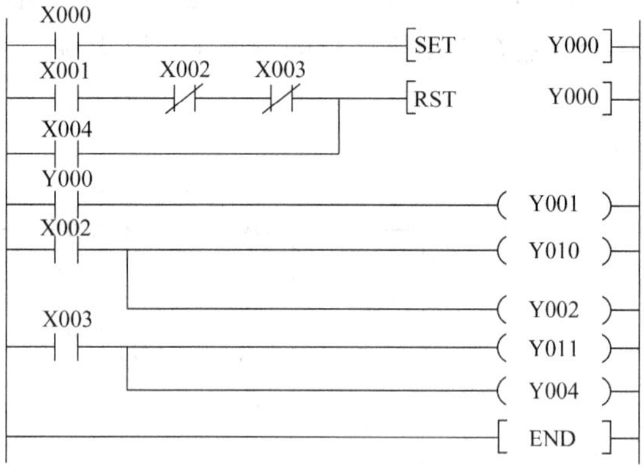

图 3-10　PLC 控制电动机正、反转程序梯形图

（4）接线　将 PLC 和变频器之间的连接线按图 3-9 连接。将变频器和电动机的连线按照图 1-115a 连接。

（5）通电试验

1）通过改变可调电阻，观察电阻的变化和电动机转速的关系。

2）用秒表测量电动机的上升时间和下降时间。

（6）注意事项

1）切不可将 R、S、T 与 U、V、W 端子接错，否则，会烧坏变频器。

2）PLC 的输出端子只相当于一个触点，不能接电源，否则会烧坏电源。

3）电动机为Y联结。

4）操作完成后注意断电，并且清理现场。

5）运行中若出现报警现象，要复位后重新操作。

（7）成绩评定　变频器与 PLC 连接的基本操作评分见表 3-7。

表 3-7　变频器与 PLC 连接的基本操作评分

序号	项目	配分	等级	评 分 细 则	得分
1	根据考核图进行电路接线	30 分	30	电路接线完全正确	
			20	电路接线错 1 处，能自行修改	
			10	电路接线错 2 处，能自行修改	
			0	电路接线错 2 处以上，或不能连接	

（续）

序号	项目	配分	等级	评 分 细 则	得分
2	参数设定	30 分	30	参数完全正确	
			20	参数错 1 处	
			10	参数错 2 处	
			0	参数多处出错	
3	通电调试并记录测量	30 分	30	通电调试结果完全正确，测量完全正确	
			20	测试及测量错 1 次	
			10	测试及测量错 2 次	
			0	通电调试失败，无法实测	
4	安全生产	10 分	10	安全文明生产，符合操作规程	
			8	操作基本规范	
			6	经提示后能规范操作	
			0	不能文明生产，不符合操作规程	
合计					

3. 能力测试

有一个升降机，用变频器控制，要求有正、反转指示，正转运行频率 45Hz，反转运行频率 25Hz，试用 PLC 与变频器联合控制，进行接线、设置有关参数、编写程序，并进行调试。

复习思考题

1. 试简述 PLC 与变频器连接的几种方式。
2. 为什么变频器的运行方式要选择外部运行？

第四章　变频器在货梯改造中的应用

本章应知

1. 熟悉变频器在电梯控制中的应用。
2. 理解变频器相关参数意义及设置方法。

本章应会

1. 掌握应用变频器对电梯运行系统改造的方法。
2. 掌握 PLC 编程以及系统的接线方法。

第一节　变频器控制货梯系统的构成及设备选择

某福利院的三层货梯原是继电器控制系统，由于运行多年，所以故障率高，电气线路陈旧，维护费用大。为了解决这个问题，利用 PLC、变频器将原控制系统进行改造，花钱不多，取得显著效果，该系统的构成如图 4-1 所示。

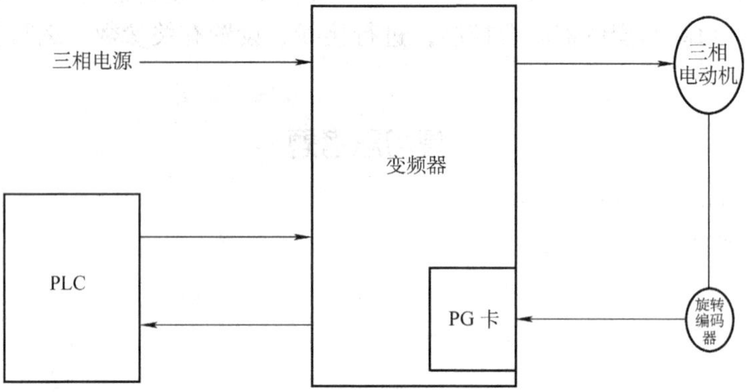

图 4-1　变频器调速系统构成

从系统构成可知，用 PLC 完成逻辑控制，变频器完成调速功能，编码器完成各楼层的准确定位，三者构成一个闭环控制系统，制动电阻选择原有的大功率绕线电阻。

一、变频器的选择

变频器的选择一般从两个方面考虑：一个是根据负载性质选择变频器类型；另一个是根据电动机功率选择变频器功率，确定功率时主要在电流满足的条件下确定功率的值（选择变频器主要是变频器的输出电流要满足负载电流的要求）。由于电梯是位能型负载，所以选择具有转矩控制功能的变频器，考虑到电动机功率是 10kW，所以选 13 ~ 15kW 的变频器。综合考虑各种因素最后选择 FR—A540 型三菱变频器，完成调速功能。

二、旋转编码器

电动机采用 Y2 系列，功率为 10kW。选择与变频器相一致的 600P 三菱电梯用的编码器。

三、可编程序控制器的选用

所改造的是三层货梯，用数码管显示楼层，没有轿厢内的呼叫，只有楼层上下呼叫，所以选择三菱 FX2N—48MR 可编程序控制器，这种 PLC 带负载能力强，点数上也能满足使用要求。

第二节 货梯系统的改造过程

一、控制要求

1）电梯停在一层或二层，三层呼叫时，则电梯上行至三层停止。

2）电梯停在三层或二层，一层呼叫时，则电梯下行至一层停止。

3）电梯停在一层，二层呼叫时，则电梯上行至二层停止。

4）电梯停在三层，二层呼叫时，则电梯下行至二层停止。

5）电梯停在一层，二层和三层同时呼叫时，则电梯上行至二层停止时间为 T，然后继续自动上行至三层停止（T 根据实际需要现场设定）。

6）电梯停在三层，二层和一层同时呼叫时，则电梯下行至二层停止时间为 T，然后继续自动下行至一层停止。

7）电梯上行途中，下行呼叫无效；电梯下行途中，上行呼叫无效。

8）轿厢所停位置层呼叫时，电梯不响应呼叫。

9）电梯楼层定位采用旋转编码器脉冲定位，不设磁感应位置开关。

10）具有上行、下行定向指示；上行或下行延时起动。

11）电梯到达目的层站时，先减速后平层，减速脉冲数根据现场确定。

12）电梯具有快车速度 50Hz、爬行速度 6Hz，当平层信号到来时，电梯从 6Hz 减速到 0Hz。

13）电梯起动加速时间、减速时间现场调整。

14）具有轿厢所停位置楼层的数码管显示。

二、旋转编码器脉冲个数的确定

根据现场反复测试、调整，最后确定各楼层相距的脉冲个数为 75000 个（脉冲个数的确定是根据旋转编码器的参数、电动机转速以及各楼层间的逆行时间确定），三层梯各层的脉冲个数计算如图 4-2 所示。各层运行 5s（现场中根据实际情况调整），提前 1s 减速。

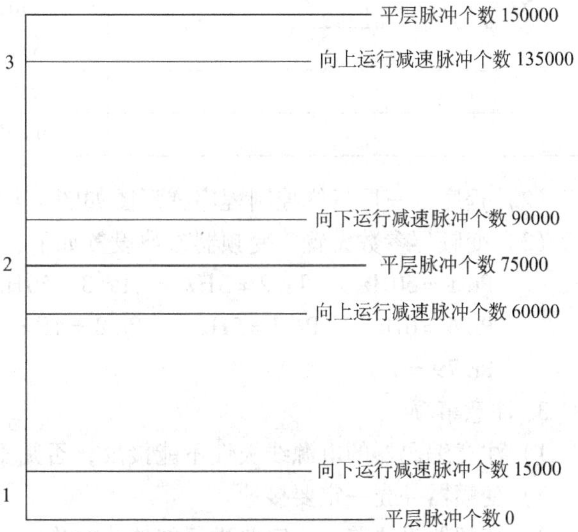

图 4-2 各层间运行脉冲个数

三、接线及程序编制

1. PLC、变频器、编码器系统接线

PLC、变频器、编码器系统接线如图 4-3 所示。

2. PLC 运行程序

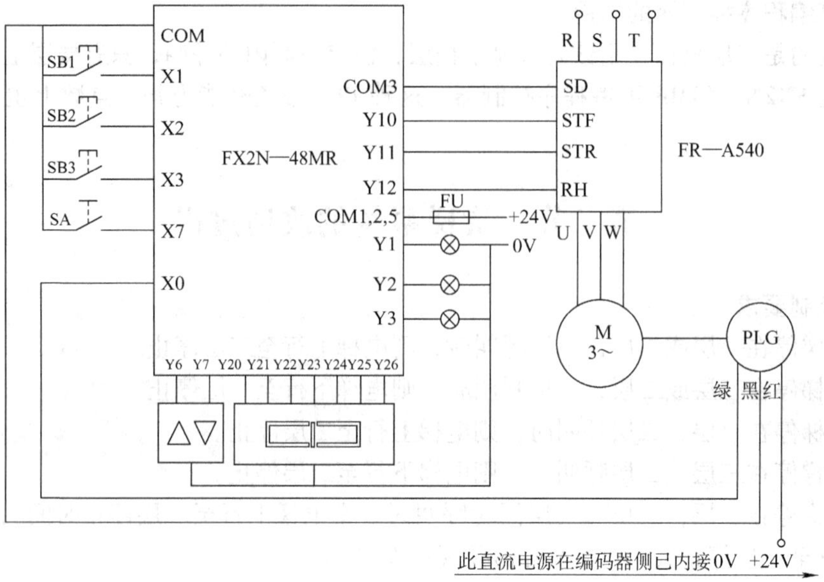

图 4-3 PLC、变频器、编码器系统接线

（1）I/O 接口分配 I/O 接口分配见表 4-1。

表 4-1 I/O 接口分配

输 入	功 能	输 出	功 能
X0	C235 计数	Y1	一层呼叫指示
X7	计数在一层强迫复位	Y2	二层呼叫指示
		Y3	三层呼叫指示
X1		Y6	电梯上升箭头
X2		Y7	电梯下降箭头
X3		Y10	电梯上升 STF 信号
		Y11	电梯下降 STR 信号
		Y12	RH 减速运行至 6Hz
		Y20 ~ Y26	电梯轿厢位置数码显示

（2）程序 三层货梯控制程序梯形图如图 4-4 所示。

（3）变频器参数设置 变频器参数设置如下：

Pr. 1 = 50Hz　　Pr. 2 = 3Hz　　Pr. 3 = 50Hz

Pr. 4 = 6Hz　　Pr. 7 = 5Hz　　Pr. 8 = 4Hz

Pr. 79 = 3

3. 注意事项

1）注意编码器的电源线极性不能接反，否则不能工作。

2）变频器外壳一定要接地。

3）变频器设置前，一定要进行初始化操作。

4）先单机调试完成后再联机调试。

5）各层运行的脉冲数以及变频器的加减速时间现场确定。

6）按图 4-3 接线时，编码器 PLG 上的 DC 24V 电源不用再外接。

7）编码器的 0V 一定要和 PLC 输入端的 COM 相连。

8）编码器上的脉冲 A 或 B 只接其中的一个。

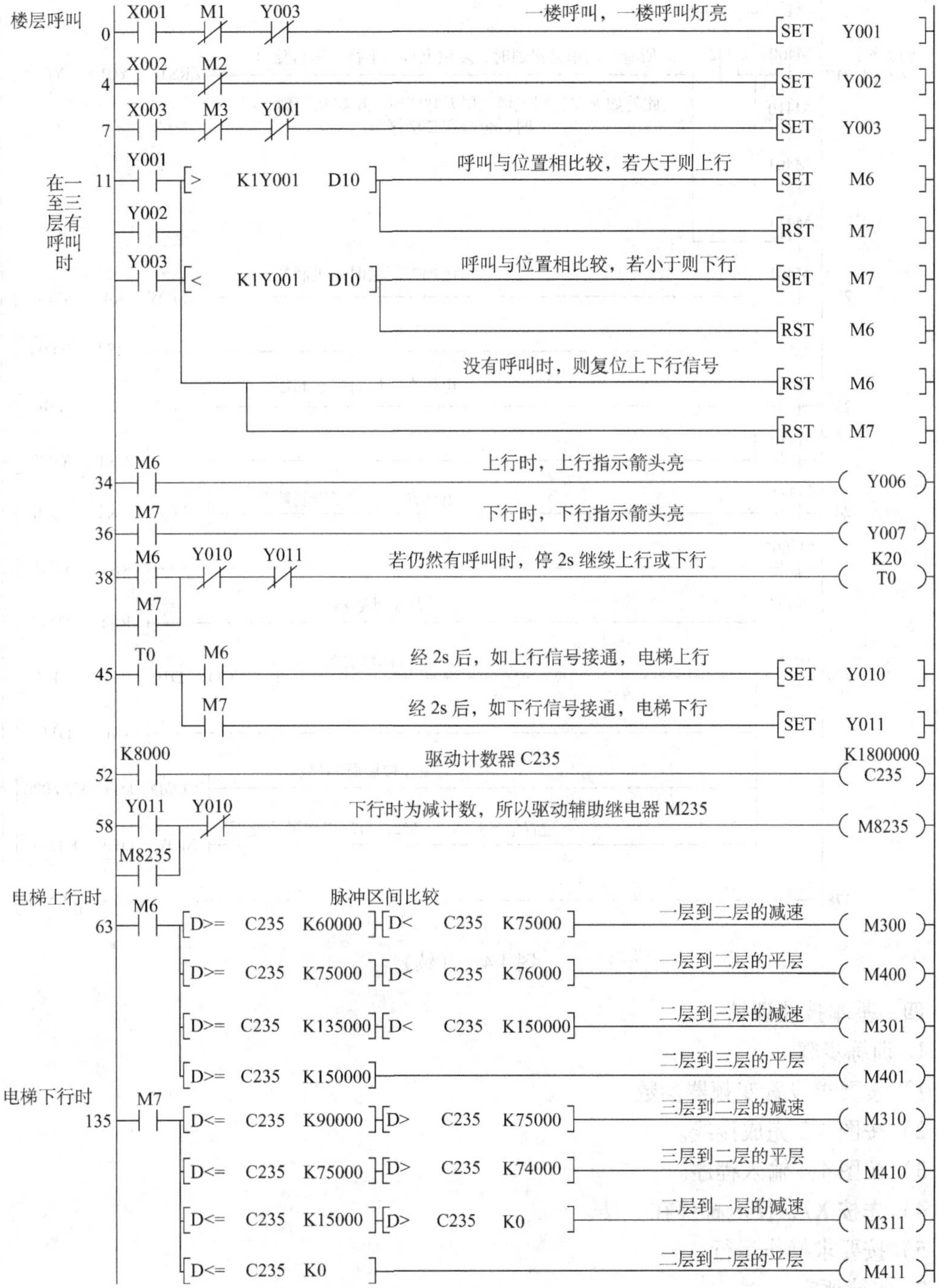

图 4-4　三层货梯控制程序梯形图

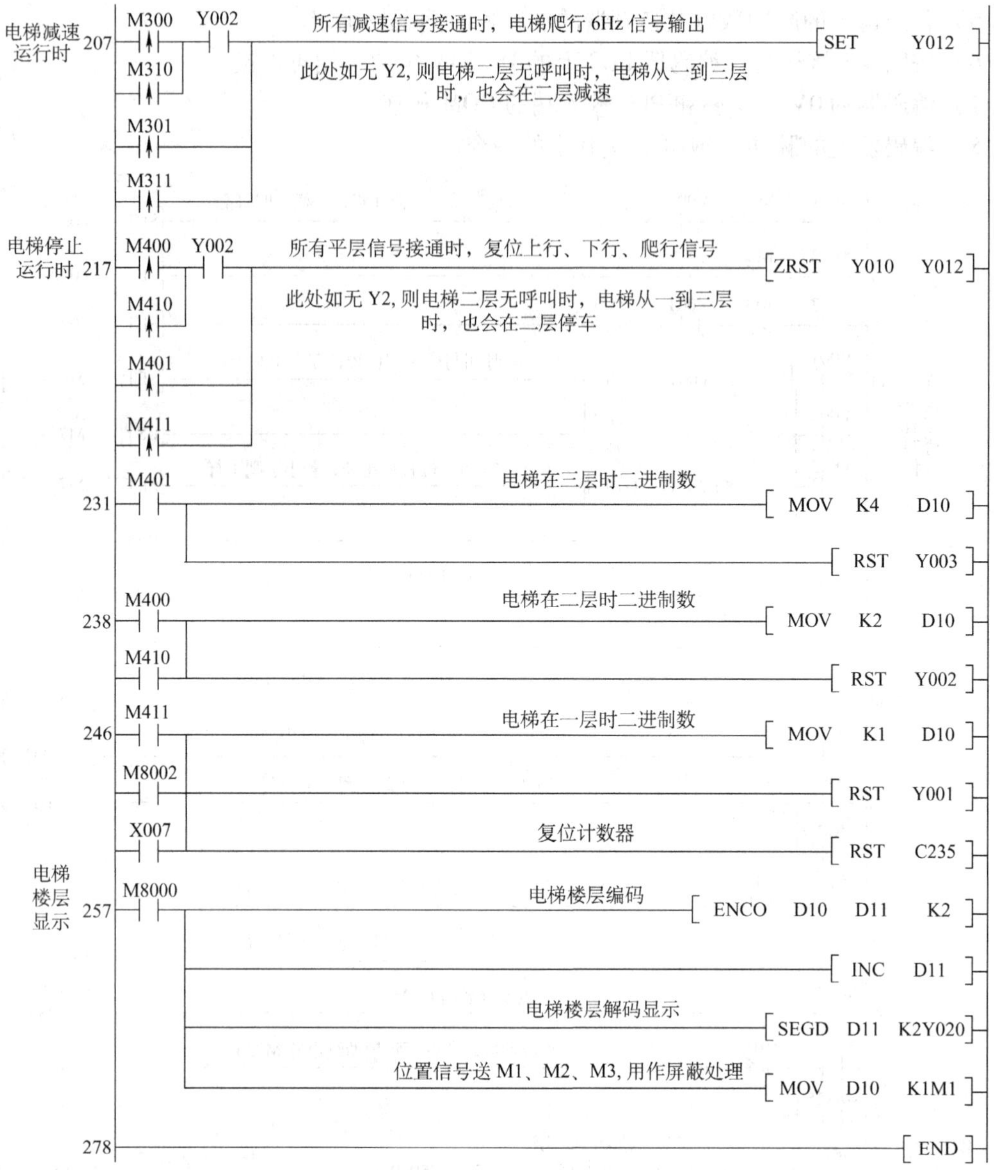

图 4-4 （续）

四、基本技能训练

1. 训练步骤

1）按要求设置变频器参数。

2）按图 4-3 完成接线。

3）按图 4-4 输入程序。

4）先按 X7，使电梯停在一楼。

5）按要求操作运行。

2. 成绩评定

三层货梯实训操作的成绩评定见表 4-2。

表 4-2 三层货梯实训操作的成绩评定

项目	操作内容	配分	扣分	得分
三层货梯实训	正确画出接线	10分	画错不得分	
	设定变频器参数	10分	错一处扣2分	
	PLC与变频器控制的接线	20分	错一处扣2分	
	PLC的程序运行	50分	错一处扣5分	
	输入程序	5分	错误不得分	
	操作运行	5分	不会操作不得分	

复习思考题

试设计一个4层货梯控制程序，其控制要求如下：

1）每一楼层均设有召唤按钮SB1～SB4与楼层磁感应位置开关SQ1～SQ4；不论轿厢停在何处，均能根据召唤信号自动判断电梯运行方向，然后延时3s后开始运行。

2）响应召唤信号后，召唤指示灯HL1～HL4亮，直至电梯到达该层时熄灭。

3）当有多个召唤信号，能自动根据召唤楼层停靠层站，经过3s后，继续上升或下降运行，直到所有的信号响应完毕。

4）电梯运行途中，任何反方向召唤均无效，且召唤指示灯不亮。

5）轿厢位置要求用7段数码管显示，上行、下行用上下箭头指示灯显示。

6）使用变频器拖动拽引电动机，电梯起动加速时间、减速时间自行确定。

第五章　变频器在金属切削机床中的应用

本章应知

1. 熟悉金属切削机床的系统构成及调速要求。
2. 掌握变频器对金属切削机床调速改造的设置方法，理解相关参数意义。

本章应会

1. 掌握应用变频器对刨床拖动系统进行改造的方法。
2. 掌握变频器对车床主轴调速系统的改造的方法。

第一节　变频器在车床主运动拖动系统中的应用

车床是金属切削机床中应用最为广泛的一种，主要用于切削具有旋转表面的工件，如车削工件的外圆、内圆、端面、螺纹等。卧式车床的拖动系统主要包括主运动和进给运动，其主运动拖动系统通常采用电磁离合器配合齿轮箱进行调速，此调速系统存在体积大、结构复杂、噪声大、电磁离合器损坏率较高、调速性能差等缺点。

而采用变频器对其进行调速控制，可以克服以上不足，提高车床的综合性能。为充分利用现有车床，采用变频器对其主运动拖动系统进行改造，不失为一种既经济实用、又能提高其调速性能的好方法。那么，如何对车床主运动拖动系统进行改造？其控制电路怎样？如何选择变频器和进行功能预置呢？下面我们学习其有关知识。

一、卧式车床构造与拖动系统

1. 卧式车床构造

卧式车床的外形如图 5-1 所示，主要部件有：

（1）头架　用于固定工件。内藏齿轮箱，是主要的传动机构之一。

（2）尾架　用于顶住工件，是固定工件用的辅助部件。

（3）刀架　用于固定车刀。

（4）主轴变速箱　用于调节主轴的转速（即工件的转速）。

（5）进给箱　在自动进给时，用于和齿轮箱配合，控制刀具的进给运动。

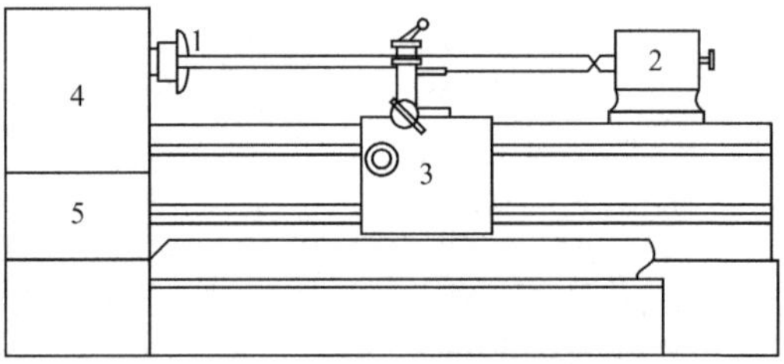

图 5-1　卧式车床的外形
1—头架　2—尾架　3—刀架
4—主轴变速箱　5—进给箱

2. 车床的拖动系统

卧式车床的拖动系统主要包括以下两种运动：

（1）主运动　车床的主轴带动工件的旋转运动是卧式车床的主运动，带动主轴旋转的拖动系统为主拖动系统。

（2）进给运动　车床的进给运动是刀架作横向或纵向的直线运动。由于在车削螺纹时，刀架的移动速度必须和工件的旋转速度严格配合，故大多数中小型车床的进给运动通常是由主电动机经进给传动链而拖动的，并无独立的进给拖动系统。有的车床为了提高工作效率，配置了单独的进给电动机，用于刀架的快速移动。

3. 对主拖动系统的要求

1）由于有车削螺纹的需要，要求主拖动系统能够正、反转。

2）为了便于在安装工件时的调整，要求具有点动功能。

二、变频调速拖动系统的分析

1. 基本数据

某型号精密车床，原拖动系统采用电磁离合器配合齿轮箱进行调速。具体情况如下：

（1）基本数据

1）主轴转速共分 75r/min、120r/min、200r/min、300r/min、500r/min、800r/min、1200r/min、2000r/min 8 挡。

2）电动机额定功率 2.2kW。

3）电动机额定转速 1440r/min。

（2）主要计算数据

1）调速范围：

$$D=\frac{n_{max}}{n_{min}}=\frac{2000}{75}=26.67$$

2）计算转速：

$$n_L=300r/min$$

即 $n_L \leqslant 300r/min$ 为恒转矩区；$n_L \geqslant 500r/min$ 为恒功率区。

3）各挡转速下的负载转矩：负载的实际功率按 2kW 计算，则各挡转速下负载转矩的计算结果见表 5-1。

表 5-1　各挡转速下的负载转矩

转速挡	1	2	3	4	5	6	7	8
转速/（r/min）	75	120	200	300	500	800	1200	2000
转矩/N・m	63.7	63.7	63.7	63.7	38.2	23.9	15.9	9.55

4）电动机额定转矩：

$$T_{MN}=\frac{9550P_{MN}}{n_{MN}}=\frac{9550\times 2.2}{1440}N\cdot m=14.6N\cdot m$$

2. 调速方案的选择

（1）频率调节范围限制在额定频率以下　如图 5-2 所示，车床的机械特性如曲线 1 所示，电动机的有效转矩线如曲线 2 所示。这时，电动机必须满足：

$$T_{MN}>T_L=63.7N\cdot m$$

$$n_{MN}\geqslant n_L=2000r/min$$

所以　$$P_{MN}>P_L=\frac{63.7\times 2000}{9550}kW=13.34kW$$

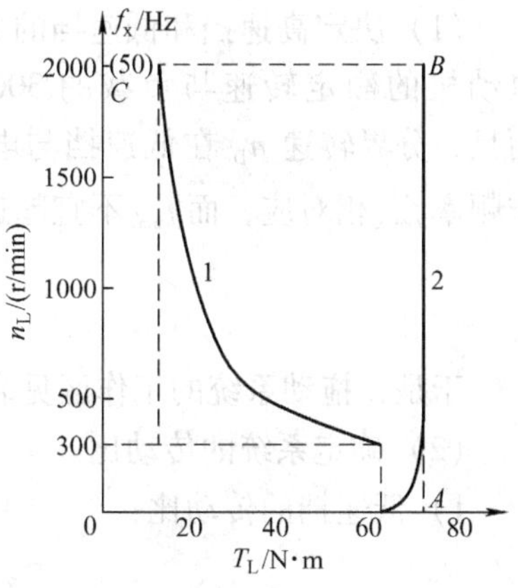

图 5-2　额定频率以下的机床机械特性

取 $P_{MN}=15\text{kW}$

可见，所需电动机的容量比原来增大了近7倍。

（2）频率调节范围达100Hz，一挡传动比　因为车床的大部分机械特性属于恒功率性质，而电动机在额定频率以上的有效转矩线也具有恒功率性质，因此，从充分利用电动机的潜能出发，将电动机的最高工作频率增大为100Hz。这时，电动机的有效转矩线如图5-3中的曲线3所示。

在这种情况下，电动机的额定转速只需和负载最高转速的1/2相等就可以了，即

$$n_{MN}\geqslant n_L/2=1000\text{r/min}$$

所以 $P_{MN}>P_L=\dfrac{63.7\times1000}{9550}\text{kW}=6.67\text{kW}$

取 $P_{MN}=7.5\text{kW}$

所需电动机功率虽然减小了1/2，但仍比原来的大3倍多。

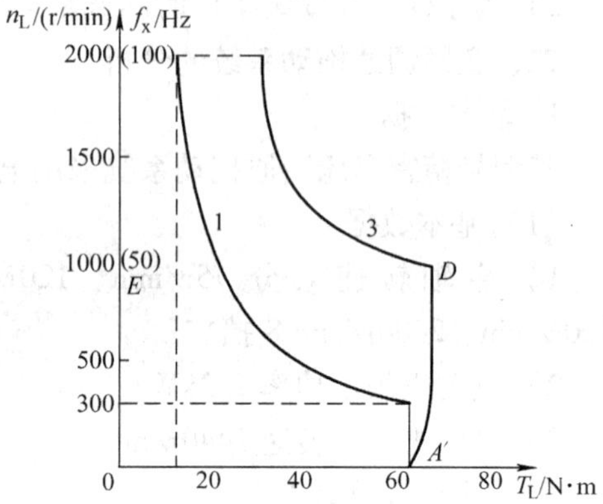

图5-3　二倍频以下的机床机械特性

（3）频率调节范围达100Hz，两挡传动比　这时，电动机折算到负载轴上的机械特性如图5-4中的曲线4和曲线4′所示。曲线4是低速挡（传动比较大）时的有效转矩线；曲线4′是高速挡（传动比较小）时的有效转矩线。

由图5-4可知，在这种情况下，电动机的有效转矩线与负载的机械特性曲线十分贴近，其额定转速只需与负载的计算转速相当，即

$$n_{MN}\geqslant300\text{r/min}$$

所以 $P_{MN}>P_L=\dfrac{63.7\times300}{9550}\text{kW}=2.0\text{kW}$

取 $P_{MN}=2.2\text{kW}$

可见，如采用两挡传动比，原来的电动机可以留用，而不必增大其功率了。

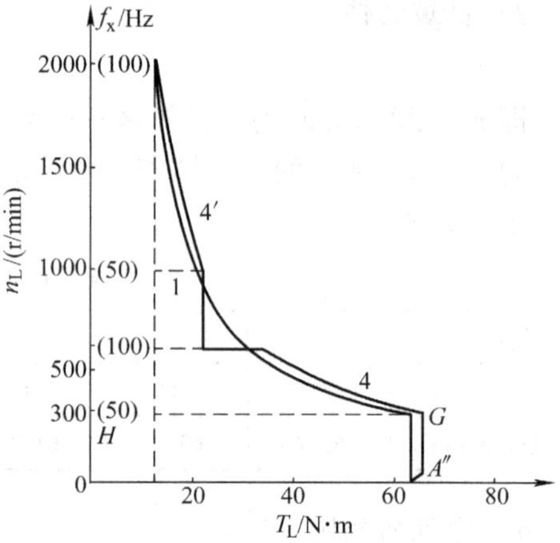

图5-4　两挡传动比的机床机械特性

3. 两挡传动比调速系统的计算

（1）决定高速挡和低速挡的分界转速　由于电动机的额定转速与负载的300r/min相对应；而且，分界转速 n_D 在低速挡与电动机的最高工作频率 f_{max} 相对应，而 f_{max} 不宜超过额定频率 f_N 的两倍，故取

$$n_D=300\times2\text{r/min}=600\text{r/min}$$

于是，拖动系统的工作区见表5-2。

（2）确定系统的传动比

1）低速挡的传动比：

$$\lambda_L=1440/300=4.8$$

表 5-2　拖动系统的工作区

工作区	低速挡		高速挡	
	恒转矩区	恒功率区	恒转矩区	恒功率区
负载转速范围/（r/min）	75～300	300～600	600～1000	1000～2000
工作频率范围/Hz	12.5～50	50～100	30～50	50～100
电动机转速范围/（r/min）	360～1440	1440～2880	864～1440	1440～2880

取

$$\lambda_L = 5$$

2）高速挡的传动比：

$$\lambda_H = 1440/1000 = 1.44$$

取

$$\lambda_H = 1.5$$

由于所取的 λ_L 和 λ_H 值均与计算值不同，故表 5-2 中的数据将有所调整。

（3）核算　核算时所用的公式如下：

1）低速挡负载的折算转矩（即折算到电动机轴上的转矩）：

$$T'_{LX} = T_{LX}/\lambda_L \tag{5-1}$$

式中　T'_{LX}——第 X 挡转速时负载转矩的折算值（N·m）；

T_{LX}——第 X 挡转速时负载轴上的转矩（N·m）。

2）高速挡负载的折算转矩：

$$T'_{LX} = T_{LX}/\lambda_H \tag{5-2}$$

3）电动机的过载能力：

$$\beta_X = \beta_{MN} T_{MX}/T'_{LX} \tag{5-3}$$

式中　β_X——电动机在第 X 挡转速时的过载能力；

β_{MN}——电动机的额定过载能力；

T_{MX}——第 X 挡转速时的电动机转矩（N·m）。

根据上述公式，将计算结果列于表 5-3 中。

表 5-3　各挡转速的转矩核算结果

转速挡	1	2	3	4	5	6	7	8
负载转速/（r/min）	75	120	200	300	500	800	1200	2000
传动比	5					1.5		
电动机转速/（r/min）	375	600	1000	1500	2500	1200	1800	3000
电动机工作频率/Hz	13	21	35	52	87	42	62.5	104
电动机的调频比	0.26	0.42	0.7	1.04	1.74	0.84	1.25	2.08
电动机有效转矩/N·m	14.6	14.6	14.6	14.0	8.4	14.6	11.7	7.0
负载转矩/N·m	63.7	63.7	63.7	63.7	38.2	23.9	15.9	9.55
负载转矩折算值/N·m	12.7	12.7	12.7	12.7	7.64	15.9	10.6	6.37
带负载的过载能力	2.87	2.87	2.87	2.87	2.75	2.3	2.76	2.75

将表 5-3 中的各挡负载转矩进行相比，可以看出：除第 6 挡（$n_L = 800$r/min）电动机的

有效转矩与负载转矩相比，略显逊色外，其余各转速挡电动机的有效转矩与过载能力都能满足要求；在第6挡，电动机的有效转矩为负载转矩的14.6/15.9 = 0.92倍，在实际工作中，已能满足要求。

三、利用变频器对车床主运动拖动系统进行改造

1. 变频器的容量选择

考虑到车床在低速车削毛坯时，常常出现较大的过载现象，且过载时间有可能超过1min。因此，变频器的容量应比正常的配用电动机功率加大一挡。

上述车床中的电动机功率是2.2kW，故选择：

变频器容量　　$S_N = 6.9\text{kV}\cdot\text{A}$（配用 $P_{MN} = 3.7\text{kW}$ 电动机）

额定电流　　$I_N = 9\text{A}$

2. 变频器控制方式的选择

（1）*U/f* 控制方式　车床除了在车削毛坯时，负荷大小有较大变化外，以后的车削过程中，负荷的变化通常是很小的。因此，就切削精度而言，选择 *U/f* 控制方式是能够满足要求的。但在低速切削时，需要预置较大的 *U/f*。在负载较轻的情况下，电动机的磁路常处于饱和状态，励磁电流较大。因此，从节能的角度看，是并不理想的。

（2）无反馈矢量控制方式　新系列变频器在无反馈矢量控制方式下，已经能够做到在0.5Hz时稳定运行，所以，完全可以满足卧式车床主拖动系统的要求。由于无反馈矢量控制方式能够克服 *U/f* 控制方式的缺点，故可以说，是一种最佳选择。

（3）有反馈矢量控制方式　有反馈矢量控制方式虽然是运行性能最为完善的一种控制方式，但由于需要增加编码器等转速反馈环节，不但增加了费用，而且编码器的安装也比较麻烦。所以，除非该车床对加工精度有特殊需要，一般没有必要选择此种控制方式。

目前，国产变频器大多只有 *U/f* 控制功能，但在价格和售后服务等方面有一定优势，可以作为首选对象；大部分进口变频器的矢量控制功能都是既可以无反馈、也可以有反馈的；但也有的变频器只配置了无反馈控制方式，如日本日立公司生产的SJ300系列变频器。如采用无反馈矢量控制方式，则进行选择时需要注意其能够稳定运行的最低频率（部分变频器在无反馈矢量控制方式下的实际稳定运行的最低频率为5～6Hz）。

通过上述几种控制方式的比较，结合本例，可选择 *U/f* 控制方式的变频器，型号为FR－A540－3.7k－CH。

3. 变频器的频率给定

变频器的频率给定方式可以有多种，可根据具体情况进行选择。

（1）无级调速频率给定　从调速的角度看，采用无级调速方案不但增加了转速的选择性，且电路也比较简单，是一种理想的方案。它既可以直接通过变频器的面板进行调速，也可以通过外接电位器调速，如图5-5所示。

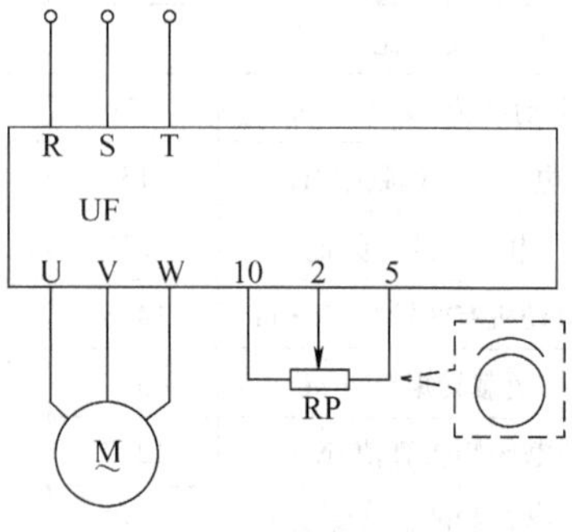

图5-5　无级调速频率给定

但在进行无级调速时，必须注意：当采用两挡传动比时，存在着一个电动机的有效转矩线小于负载机械特性的区域，如图5-4所示。在这个区域（600～800r/min）

内，当负载较重时，有可能出现电动机带不动的情况。操作人员应根据负载的具体情况，决定是否需要避开该转速段。

（2）分段调速频率给定　由于该车床原有的调速装置是由一个手柄旋转 9 个位置（包括 0 位）控制 4 个电磁离合器来进行调速的。为了防止在改造后操作人员一时难以掌握，要求调节转速的操作方法不变。故采用电阻分压式给定方法，如图 5-6 所示。图中，各挡电阻值的大小应计算得使各挡的转速与改造前相同。

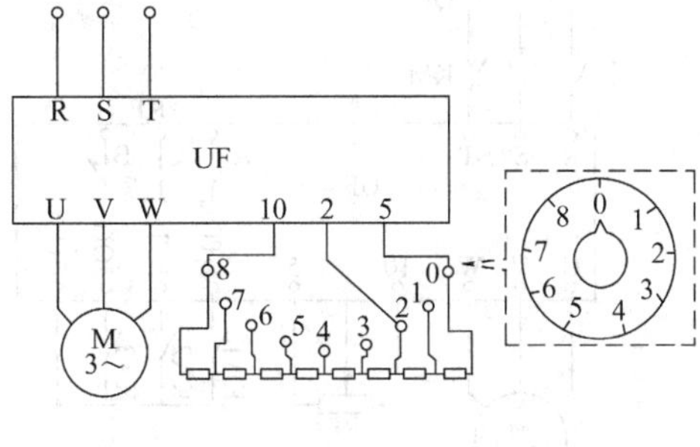

图 5-6　分段调速频率给定

（3）利用 PLC 进行分段调速频率给定

如果车床由于还需要进行较为复杂的程序控制而应用了可编程序控制器（PLC），则分段调速频率给定可通过 PLC 结合变频器的多挡转速功能来实现，如图 5-7 所示。

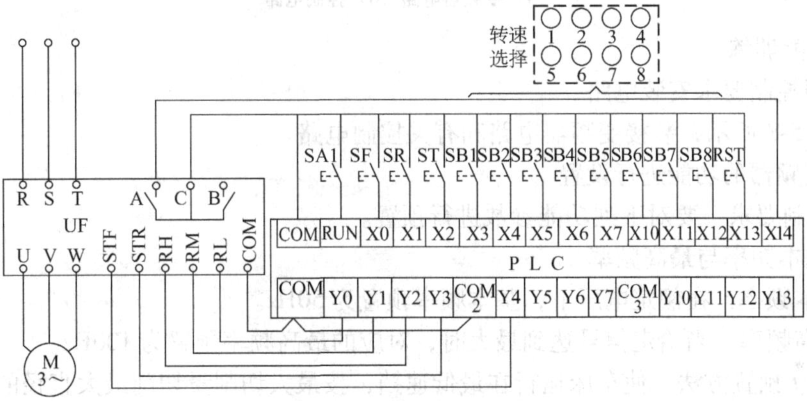

图 5-7　利用 PLC 进行分段调速频率给定

图 5-7 中，转速挡由按钮（或触摸开关）来选择，通过 PLC 控制变频器的多段速度选择端子 RH、RM、RL 的不同组合，得到 8 挡转速。电动机的正转、反转和停止分别由按钮 SF、SR、ST 来进行控制。

4. 变频调速系统的控制电路

（1）控制电路　通过前面的分析，本车床主拖动系统采用外接电位器调速的控制电路如图 5-8 所示。图中，接触器 KM 用于接通变频器的电源，由 SB1 和 SB2 控制。继电器 KA1 用于正转，由 SF 和 ST 控制；KA2 用于反转，由 SR 和 ST 控制。

正转和反转只有在变频器接通电源后才能进行；变频器只有在正、反转都不工作时才能切断电源。由于车床需要有点动功能，故在电路中增加了点动控制按钮 SJ 和继电器 KA3。

（2）主要器件的选择

1）断路器 QF：因 $I_{QN} \geqslant (1.3 \sim 1.4) I_N = (1.3 \sim 1.4) \times 9A = 11.7 \sim 12.6A$，故选 $I_{QN} = 20A$。

2）接触器 KM：因 $I_{KN} \geqslant I_N = 9A$，故选 $I_{KN} = 10A$。

3）调速电位器：选 2kΩ/2W 电位器或 10kΩ/1W 的多圈电位器。

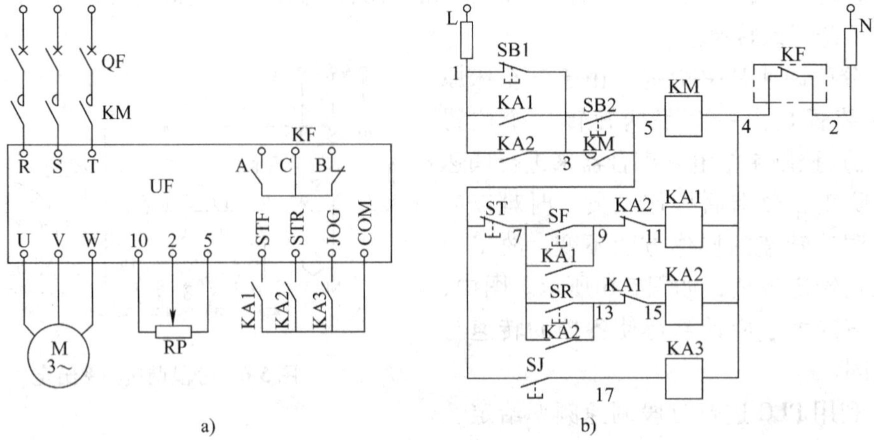

图 5-8　车床变频调速的控制电路

a）变频器电路　b）控制电路

四、技能训练

1. 按照控制要求安装电路

按照图 5-8 所示，装接变频器电路和有关控制电路。

2. 对变频器的功能进行设置

按照控制要求，要对下列功能参数进行预置。

（1）基本频率与最高频率

1）基本频率：在额定电压下，基本频率预置为 50Hz。

2）最高频率：当给定信号达到最大时，对应的最高频率预置为 100Hz。

（2）U/f 预置方法　使车床运行在最低速挡，按最大切削量切削最大直径的工件，逐渐加大 U/f，直至能够正常切削，然后退刀，观察空载时是否因过电流而跳闸。如不跳闸，则预置完毕。

（3）升、降速时间　考虑到车削螺纹的需要，将升、降速时间预置为 1s。由于变频器容量已经加大了一挡，升速时不会跳闸。为了避免降速过程中跳闸，将降速时的直流电压限值预置为 680V（过电压跳闸值通常大于 700V）。经过试验，能够满足工作需要。

（4）电动机的过载保护　由于所选变频器容量加大了一挡，故必须准确预置电子式热保护装置的参数。在正常情况下，变频器的电流取用比为

$$I\% = \frac{I_{MN}}{I_N} \times 100\% = \frac{4.8}{9.0} \times 100\% = 53\%$$

因此，将保护电流的百分数预置为 55% 是适宜的。

（5）点动频率　根据用户要求，将点动频率预置为 5Hz。

3. 系统调试

结合实际情况进行现场调试，根据控制要求进行适当修改，以满足车床主拖动系统的控制要求。

4. 成绩评定

成绩评定见表 5-4。

表 5-4　评分表

项目名称	车床主拖动系统变频调速控制		考核时限		
序号	要求	配分	等级	评分细则	得分
1	根据控制电路图进行接线	30 分	30	电路接线完全正确	
			20	电路接线错 1 处，能自行修改	
			10	电路接线错 2 处，能自行修改	
			0	电路接线错 2 处以上，或不能正确连接	
2	变频器功能参数设置	30 分	30	参数设置完全正确	
			20	参数设置错 1 处，能自行修改	
			10	参数设置错 2 处，能自行修改	
			0	参数设置多处出错	
3	通电调试	30 分	30	通电调试、能实现功能	
			20	有一项功能不能实现	
			10	有两项功能不能实现	
			0	多项功能不能实现	
4	安全生产	10 分	10	安全文明生产，符合操作规程	
			8	操作基本规范	
			6	经提示后能规范操作	
			0	不能文明生产，不符合操作规程	
合　计					

第二节　变频器在龙门刨床拖动系统中的应用

一、原拖动系统存在的问题

以 A 系列龙门刨床为例，其刨台拖动系统采用 G-M（发电机-电动机组）调速系统，如图 5-9 所示。该调速系统结构比较复杂，尽管直流电动机在额定转速以上，可以进行具有恒

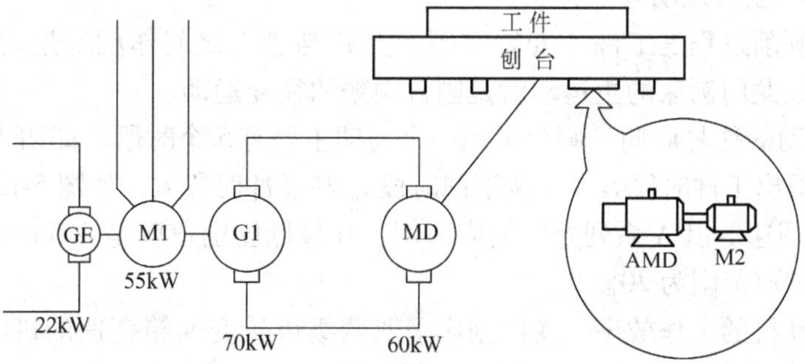

图 5-9　龙门刨床刨台 G-M 拖动系统

MD—直流电动机　G1—直流发电机　M1—交流电动机　GE—励磁发电机　AMD—交磁放大机

功率性质的弱磁调速，但由于在弱磁调速时无法利用电流反馈和速度反馈环节来改善机械特性，故不能用于切削过程中。同时，该系统中的电动机功率比负载实际所需功率要大很多。

若采用变频器对其进行速度控制，系统框图如图5-10所示，可以克服以上不足。那么，如何运用变频器对其进行速度控制呢？下面我们就来学习有关知识。

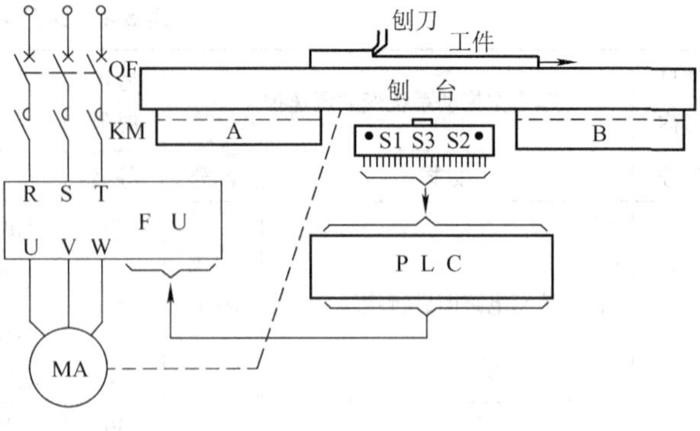

图5-10　刨台变频调速系统框图

二、龙门刨床的工作台运动

1. 龙门刨床的基本结构

龙门刨床主要用来加工机床床身、箱体、横梁、立柱、导轨等大型机件的水平面、垂直面、倾斜面以及导轨面等，是重要的工作母机之一。主要由以下7个部分组成，如图5-11所示。

（1）床身　是一个箱形体，上有V形和U形导轨，用于安置工作台。

（2）刨台　也叫工作台，用于安置工件。下有传动机构，可顺着床身的导轨作往复运动。

（3）横梁　用于安置垂直刀架。在切削过程中严禁动作，仅在更换工件时移动，用以调整刀架的高度。

（4）左右垂直刀架　安装在横梁上，可沿水平方向移动，刨刀也可沿刀架本身的导轨垂直移动。

（5）左右侧刀架　安装在立柱上，可上、下移动。

（6）立柱　用于安装横梁及刀架。

（7）龙门顶　用于紧固立柱。

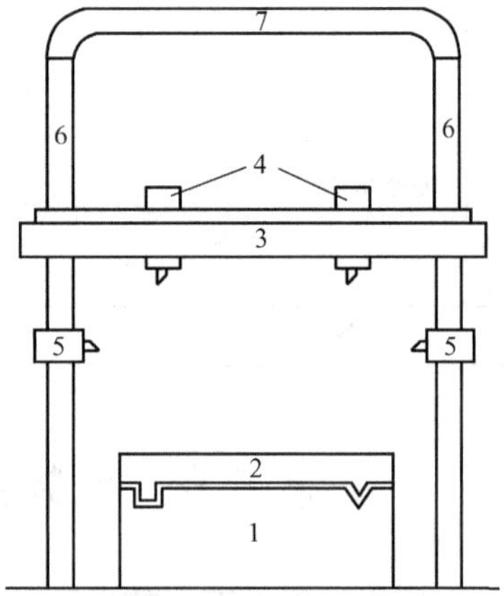

图5-11　龙门刨床结构

1—床身　2—刨台　3—横梁　4—左右垂直刀架　5—左右侧刀架　6—立柱　7—龙门顶

2. 龙门刨床的刨台运动

龙门刨床的刨削过程是工件（安置在刨台上）与刨刀之间作相对运动的过程。因为刨刀是不动的，所以龙门刨床的主运动就是刨台频繁的往复运动。

（1）刨台运动的往复周期　刨台运动一个周期主要有5个时段，即切入工件时段t_1、正常切削时段t_2、退出工件时段t_3、高速返回时段t_4和缓冲时段t_5，如图5-12所示。

（2）刨台的调速　以A系列龙门刨床为例，其最低刨削速度是4.5m/min，最高刨削速度是90m/min，调速范围为20。

为了提高电动机的工作效率，龙门刨床采取两级齿轮变速箱变速的机电联合调速方法。即45m/min以下为低速挡，45m/min以上为高速挡。

（3）刨台运动的负荷性质　刨台的计算速度是25m/min。

1）切削速度v_Q<25m/min。在这一速度段，由于受刨刀允许切削力的限制，在调速过

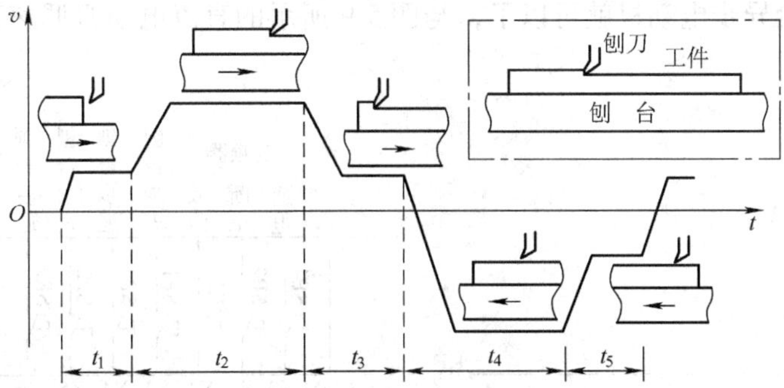

图 5-12　刨台的往复运动

程中负载具有恒转矩性质。

2）切削速度 $v_Q>25\text{m/min}$。在这一速度段，由于受横梁与立柱等机械结构强度的限制，在调速过程中负载具有恒功率性质。其机械特性如图 5-13 所示。

（4）刨台对电动机机械特性的要求　龙门刨床在刨削过程中，由于工件表面不平、工件材质不均匀，以及工件内部存在砂眼等原因，负载转矩可能发生变化。当负载转矩发生变化时，要求电动机的转速变化越小越好，即要求电动机有较硬的机械特性。

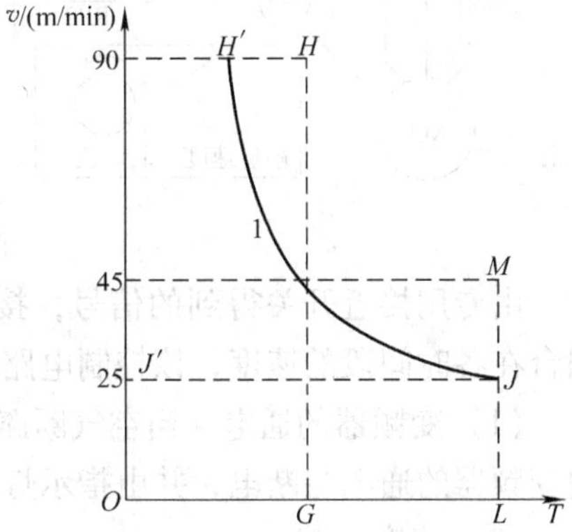

图 5-13　刨台运动的机械特性

将负载变化引起的转速变化 Δn_M 与最低速时的理想空载转速 n_{OL}之比称为静差率 s，即

$$s=\frac{\Delta n_M}{n_{OL}}\times 100\%$$

龙门刨床对静差率的要求是 $s\leqslant 0.05\sim 0.1$。对静差率的要求实际上也就是对电动机机械特性硬度的要求，即要求电动机的机械特性越硬越好。

（5）对刨台控制的要求

1）控制程序：刨台的往复运动必须能够满足每个往复周期的速度变化和控制程序。

2）速度的调节：刨台的刨削速度和高速返回的速度都必须能够十分方便地进行调节。

3）点动功能：刨台必须能够点动，常称为“刨台步进”和“刨台步退”，以利于切削前的调整。

4）联锁功能：

① 与横梁、刀架的联锁。刨台的往复运动与横梁的移动、刀架的运动之间，必须有可靠的联锁。

② 与油泵电动机的联锁。一方面，只有在油泵正常供油的情况下，才允许进行刨台的往复运动；另一方面，如果在刨台往复运动过程中，油泵电动机因发生故障而停机，刨台将不允许在刨削中间停止运行，而必须等刨台返回至起始位置时再停止。

三、刨台变频调速

1. 变频调速系统的组成及控制原理

刨台变频调速系统的控制电路如图 5-14 所示。刨台的拖动系统采用变频调速后，主拖动系统只需要一台异步电动机就可以了，与图 5-9 所示的直流电动机调速系统相比，系统结构变得简单多了。

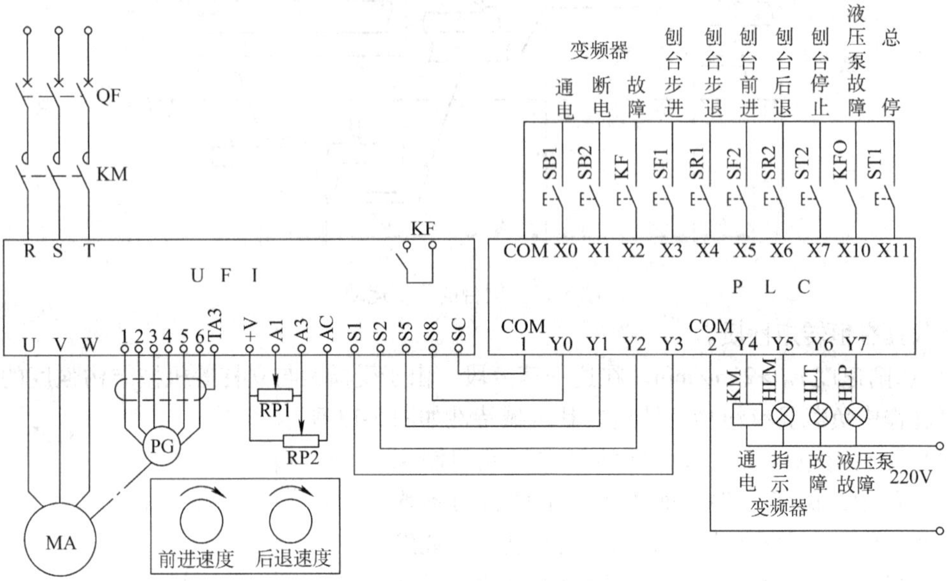

图 5-14 刨台变频调速

由专用接近开关得到的信号，接至 PLC 的输入端；PLC 的输出端控制变频器，以调整刨台在各时间段的速度，该控制电路比较简单明了。

（1）变频器的通电　当空气断路器合闸后，由按钮 SB1 和 SB2 控制接触器 KM，进而控制变频器的通电与断电，并由指示灯 HLM 进行指示。

（2）速度调节

1）刨台的刨削速度和返回速度分别通过电位器 RP1 和 RP2 来调节。

2）刨台步进和步退的速度由变频器预置的点动频率决定。

（3）往返运动的起动　通过按钮 SF2 和 SR2 来控制，具体按哪个按钮，需根据刨台的初始位置来决定。

（4）故障处理　一旦变频器发生故障，触点 KF 闭合，切断变频器的电源，同时，指示灯 HLT 亮，进行报警。

（5）液压泵故障处理　一旦液压泵发生故障，继电器 KP 闭合，PLC 将使刨台在该往复周期结束之后，停止刨台的继续运行。同时，指示灯 HLP 亮，进行报警。

（6）停机处理　正常情况下，按 ST2，则刨台应在一个往复周期结束之后才切断变频器的电源。如遇紧急情况，则按 ST1，使整台刨床停止运行。

2. 电动机的选择

（1）原刨台电动机的数据

$$P_{MN}=60\text{kW}\qquad n_{MN}=1880\text{r/min}$$

（2）异步电动机功率的确定　由于负载的高速段具有恒功率特性，而电动机在额定频率以上也具有恒功率特性，因此，为了充分发挥电动机的潜力，电动机的工作频率应适当提高至额定频率以上，使其有效转矩曲线如图 5-15 中的曲线 2 所示。图中，曲线 1 是负载的机械特性。由图 5-15 可以看出，所需电动机的功率与面积 *OLKK′* 成正比，和负载实际所需功率十分接近。上述 A 系列龙门刨床的主运动在采用变频调速后，电动机的功率可减小为原来直流电动机的 3/4，即 45kW 就已经足够了。但考虑到异步电动机在额定频率以上时，尽管从发热的角度看，其有效转矩具有恒功率的特点，但在高频时其过载能力有所下降，为留有余地，选择 55kW 的电动机，其最高工作频率定为 75Hz。

（3）异步电动机的选型　一般来说，以选用变频调速专用电动机为宜。今选用 YVP250M—4 型异步电动机，主要额定数据为 $P_{MN}=55kW$，$I_{MN}=105A$，$T_{MN}=350N\cdot m$。

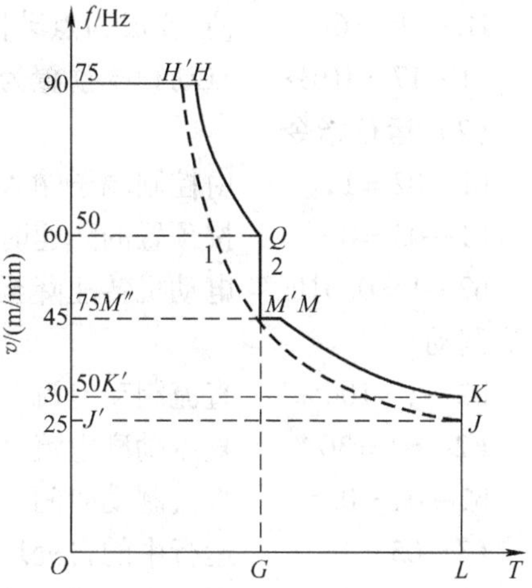

图 5-15　变频后的有效转矩曲线

3. 变频器的选择

（1）变频器的型号　考虑到龙门刨床本身对机械特性的硬度和动态响应能力的要求较高。近年来，龙门刨床常常与铣削或磨削兼用，而铣削和磨削时的进刀速度约只有刨削时的百分之一，故要求拖动系统具有良好的低速运行性能。

综合各方面因素，本系统选用日本安川公司生产的 CIMR—G7A 系列变频器。该变频器即使工作在无反馈矢量控制的情况下，也能在 0.3Hz 时，输出转矩达到额定转矩的 150%，能够满足拖动的要求。

（2）变频器的容量　变频器的容量只需和配用电动机的功率相符即可。因电动机为 55kW，则变频器应选容量为 98kV·A，额定电流为 128A。

4. 主电路其他电器的选择

（1）断路器 QF

$$I_{QN}\geqslant(1.3\sim1.4)I_N=(1.3\sim1.4)\times128A=166.4\sim179.2A$$

选

$$I_{QN}=170A$$

（2）接触器 KM

$$I_{KN}\geqslant I_N=128A$$

选

$$I_{KN}=160A$$

（3）制动电阻与制动单元　如前所述，刨台在工作过程中，处于频繁地往复运行状态。为了提高工作效率、缩短辅助时间，刨台的升、降速时间应尽量短。因此，直流回路中的制动电阻与制动单元是必不可少的。

1）制动电阻的值：根据说明书，选取制动电阻 $R_B=10\Omega$。

2）制动电阻的容量：说明书提供的参考容量是 12kW，但考虑到刨台的往复运行十分频繁，故制动电阻的容量应比一般情况下的容量加大 1～2 挡。选制动电阻的容量 $P_B=30kW$。

四、刨台改造技能训练

1. 按照控制要求安装电路。

按照图 5-14 所示，装接变频器电路和有关控制电路。

2. 对变频器的功能进行预置

按照控制要求，要对下列功能参数进行预置。

（1）频率给定功能

b1—01 = 1　　控制输入端 A1 和 A3 均输入电压给定信号。

H3—05 = 2　　当 S5 断开时，由输入端 A1 的给定信号决定变频器的输出频率；当 S5 闭合时，由输入端 A3 的给定信号决定变频器的输出频率。

H1—03 = 3　　使 S5 成为多挡速 1 的输入端，并实现上述功能。

H1—06 = 6　　使 S8 成为点动信号输入端。

d1—17 = 10Hz　　点动频率预置为 10Hz。

（2）运行指令

b1—02 = 1　　由控制端子输入运行指令。

b1—03 = 0　　按预置的降速时间减速并停止。

b2—1 = 0.5Hz　　电动机转速降至 0.5Hz 起开始“零速控制”（无速度反馈时，则开始直流制动）。

b2—2 = 100%　　直流制动电流等于电动机的额定电流（无速度反馈时）。

E2—03 = 30A　　直流励磁电流（有速度反馈时）。

b2—04 = 0.5s　　直流制动时间为 0.5s。

L3—05 = 1　　运行中的自处理功能有效。

L3—06 = 160%　　运行中自处理的电流限值为电动机额定电流的 160%。

（3）升降速特性

1）升降速时间：

C1—01 = 5s　　升速时间预置为 5s。

C1—02 = 5s　　降速时间预置为 5s。

2）升降速方式：

C2—01 = 0.5s　　升速开始时的 S 字时间。

C2—02 = 0.5s　　升速结束时的 S 字时间。

C2—03 = 0.5s　　降速开始时的 S 字时间。

C2—04 = 0.5s　　降速结束时的 S 字时间。

3）升降速自处理：

L3—01 = 1　　升速中的自处理功能有效。

L3—04 = 1　　降速中的自处理功能有效。

（4）转矩限制功能

L7—01 = 200%　　正转时转矩限制为电动机额定转矩的 200%。

L7—02 = 200%　　反转时转矩限制为电动机额定转矩的 200%。

L7—03 = 200%　　正转再生状态时的转矩限制为电动机额定转矩的 200%。

L7—04 = 200%　　反转再生状态时的转矩限制为电动机额定转矩的 200%。

（5）过载保护功能

E2—01 = 105A　　电动机的额定电流为 105A。

L1—01 = 2　　适用于变频专用电动机。

3. 编制 PLC 控制程序

参考程序梯形图如图 5-16 所示。

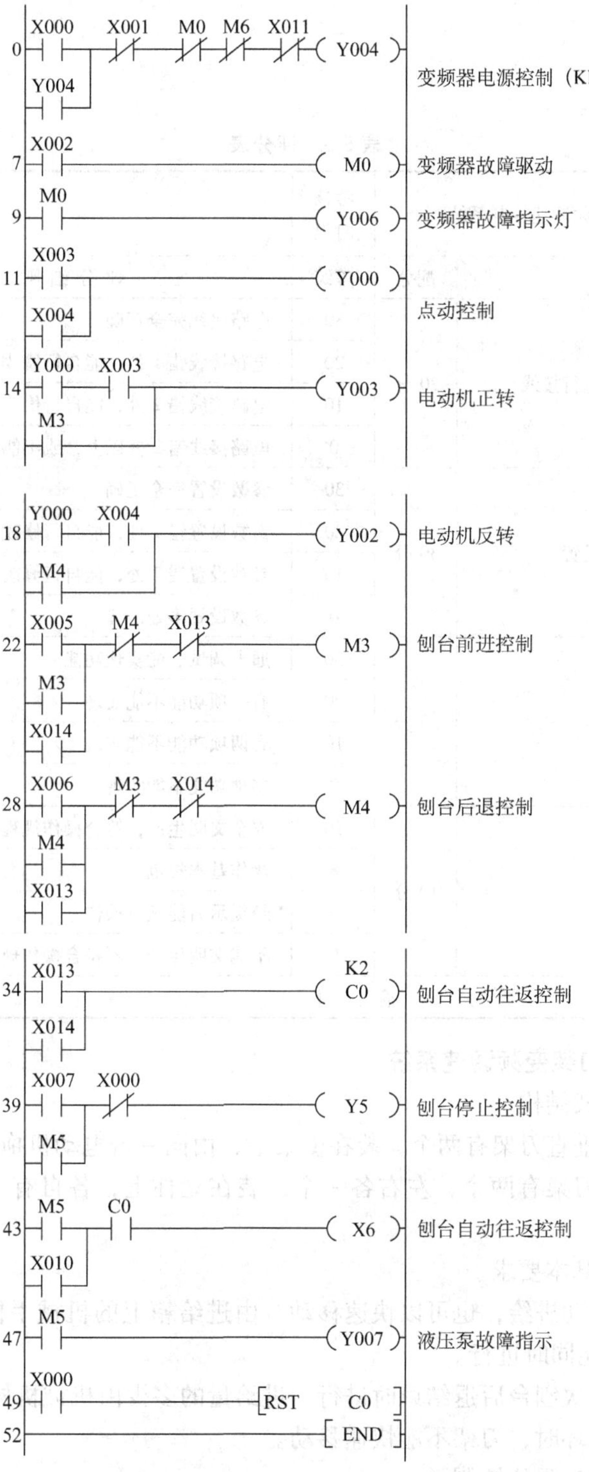

图 5-16　程序梯形图

4. 系统调试

结合实际情况进行现场调试，根据控制要求进行适当修改，以满足刨床刨台拖动系统的控制要求。

5. 成绩评定

成绩评定见表5-5。

表5-5 评分表

项目名称	刨床刨台变频调速控制系统		考核时限		
序号	要求	配分	等级	评分细则	得分
1	根据控制电路图进行接线	30分	30	电路接线完全正确	
			20	电路接线错1处，能自行修改	
			10	电路接线错2处，能自行修改	
			0	电路接线错2处以上，或不能正确连接	
2	变频器功能参数设置	30分	30	参数设置完全正确	
			20	参数设置错1处，能自行修改	
			10	参数设置错2处，能自行修改	
			0	参数设置多处出错	
3	通电调试	30分	30	通电调试、能实现功能	
			20	有一项功能不能实现	
			10	有两项功能不能实现	
			0	多项功能不能实现	
4	安全生产	10分	10	安全文明生产，符合操作规程	
			8	操作基本规范	
			6	经提示后能规范操作	
			0	不能文明生产，不符合操作规程	
合计					

五、龙门刨床的刀架变频调速系统

1. 龙门刨床的刀架结构

（1）垂直刀架　垂直刀架有两个，装在横梁上，由同一台电动机拖动，只能左右移动。

（2）侧刀架　侧刀架有两个，左右各一个，装在立柱上，各自有一台电动机拖动，只能上下移动。

2. 对刀架运动的基本要求

1）刀架既可以自动进给，也可以快速移动，由进给箱上的机械手柄的位置来决定。快速移动与自动进给不能同时进行。

2）自动进给在每次刨台后退结束时进行，进给量的多少由机械机构控制。

3）在刨台自动循环时，刀架不能快速移动。

4）刀架的移动都有限位控制。

5）刀架在切削完毕、返回之前，必须“抬刀”，以免刨刀在返回过程中在工件上留下划痕，影响光洁度。抬刀动作由抬刀电磁铁来完成。

3. 进给量的控制

刨台在往复运动过程中，每次从刨台返回转为刨台前进时，刀架应进行一次进给运动，进给量通常通过机电结合的方式进行控制。具体结构如图 5-17 所示。

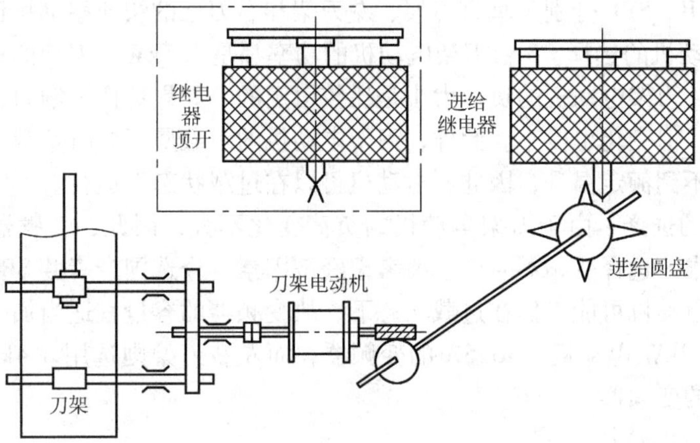

图 5-17 进给控制结构

当刨台返回完了、准备反向时，给出进给信号，刀架电动机开始旋转，刀架进给。与此同时，进给圆盘也开始转动，如图 5-17 中虚线框内所示，当圆盘上的齿顶开继电器时，电动机断电，停止进给，不同的进给量将通过不同的圆盘来控制。也有的刀架是采用较精密的电子时间继电器，通过控制进给的时间来控制进给量。

4. 刀架的变频调速

（1）刀架变频调速控制电路　由于变频器能够十分准确地控制运行频率和升、降速时间，而 PLC 又能够准确地计时。因此，采用 PLC 配合变频调速来控制进给量，不但简化了系统的机械结构，还能提高控制进给量的精度。刀架变频调速的控制电路如图 5-18 所示，有关说明如下。

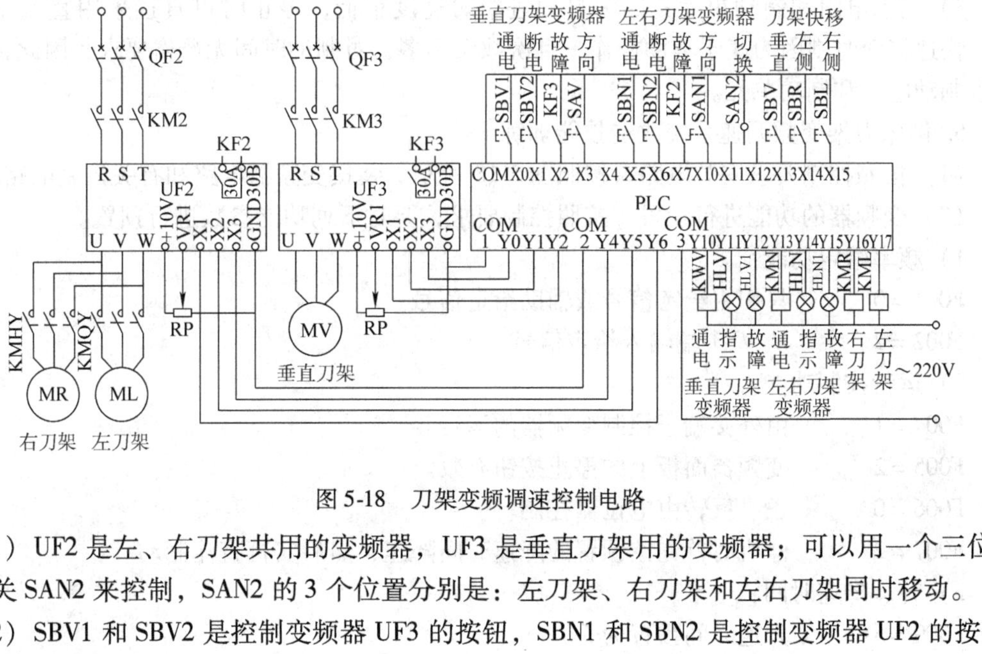

图 5-18 刀架变频调速控制电路

1）UF2 是左、右刀架共用的变频器，UF3 是垂直刀架用的变频器；可以用一个三位切换开关 SAN2 来控制，SAN2 的 3 个位置分别是：左刀架、右刀架和左右刀架同时移动。

2）SBV1 和 SBV2 是控制变频器 UF3 的按钮，SBN1 和 SBN2 是控制变频器 UF2 的按钮，

SAV 和 SAN1 是用于切换移动方向的旋转开关。

3）KF2 和 KF3 分别是变频器 UF2 和变频器 UF3 的故障信号。

4）SBV、SBR、SBL 分别是垂直刀架、左刀架和右刀架的快速移动按钮。

（2）刀架电动机的选择　3 台刀架电动机的功率都是 1.5kW。刀架的移动都是在不切削时进行的，因此，刀架电动机的负荷大小是比较恒定的。如果更换了刨刀，更换前后的负荷大小将有所变化，但变化也极小。此外，刀架电动机的负载属于短时负载，在工作期间，电动机的发热将达不到额定温升，因此，电动机可以在过载状态下运行。

（3）变频器的选择　由于刀架电动机的负荷变化不大，因此，变频器即使是 *U/f* 控制方式也能满足要求，选择变频器时应主要考虑经济因素。今选国产森兰 SB60 系列变频器。

考虑到刀架电动机可能工作在过载状态下，故变频器的容量宜适当加大。垂直刀架选用 3.6kV·A（配 2.2kW 电动机）、5.5A 的变频器，而左右刀架则选用 6.4kV·A（配 3.7kW 电动机）、9.7A 的变频器。

（4）其他器件的选择

1）断路器：

QF2　$I_{QN} \geqslant (1.3 \sim 1.4) I_N = (1.3 \sim 1.4) \times 9.7A = 12.61 \sim 13.58A$

选　$I_{QN} = 15A$

QF3　$I_{QN} \geqslant (1.3 \sim 1.4) I_N = (1.3 \sim 1.4) \times 5.5A = 7.15 \sim 7.7A$

选　$I_{QN} = 15A$

2）接触器：

KM2　$I_{KN} \geqslant I_N = 9.7A$

选　$I_{KN} = 10A$

KM3　$I_{KN} \geqslant I_N = 5.5A$

选　$I_{KN} = 10A$

3）制动电阻和制动单元：因为自动进给时速度很低，停止时可直接采用直流制动方式；快速移动时则因为属于辅助操作，且次数又不多，对制动时间无严格要求，因此，不必配置制动电阻和制动单元。

5. 刨床刀架变频调速系统改造技能训练

（1）按照控制要求安装电路　按照图 5-18 所示，装接变频器电路和有关控制电路。

（2）变频器的功能进行预置　按照控制要求，要对下列功能参数进行预置。

1）频率给定功能：

F001 = 0　只用主给定信号或辅助给定信号。

F002 = 2　从 VR1 端输入给定信号。

2）运行控制功能：

F004 = 1　由外接端子控制变频器的运行。

F005 = 2　变频器面板上的停止按钮有效。

F006 = 0　正、反转由电位器控制。

F007 = 2　停机时首先按预置的降速时间降速，然后实行直流制动。

3）升、降速时间：

F009 = 5s　升速时间预置为 5s。

F010 = 5s　　降速时间预置为 5s。

4）电动机的过载保护：

F011 = 2　　变频器的电子热保护功能有效。

F012 = 60%　　当电动机的电流超过 3.3A 时，过载保护开始起作用。

5）控制方式：

F013 = 0　　选择 U/f 开环控制方式。

F100 = 0　　U/f 线为直线。

F101 = 50Hz　　基本频率为 50Hz。

F102 = 380V　　最大输出电压为 380V。

F103 = 15　　转矩补偿选择第 15 挡。

6）输入端子功能：

F500 = 13　　端子 X1 为正转功能。

F501 = 14　　端子 X2 为反转功能。

F502 = 10　　端子 X3 为点动功能。

（3）编制 PLC 程序　PLC 程序梯形图如图 5-19 所示。

（4）系统调试　结合刀架实际运行情况进行现场调试，根据控制要求进行适当修改，以实现刨床刀架拖动系统的控制功能。

6. 能力测试

本章主要讨论了应用变频器对龙门刨床的刨台和刀架进行速度控制，在此基础上，龙门刨床的主电路可设计成如图 5-20 所示。

图 5-20 中，刨台往复电动机 MM 由变频器 UF1 控制，变频器的通电和断电由空气断路器 QF1 和接触器 KM1 控制；刨台前进和后退的速度大小分别由电位器 RP1 和 RP2 控制，正、反转及点动（刨台步进和步退）则由 PLC 控制。

垂直刀架电动机 MV 由变频器 UF3 控制，变频器的通电和断电由空气断路器 QF3 和接触器 KM3 控制；转速大小直接由电位器控制，正、反转及点动（刀架的快速移动）则由 PLC 控制。

左、右刀架电动机 ML 和 MR 由同一台变频器 UF2 控制，变频器的通电和断电由空气断路器 QF2 和接触器 KM2 控制；与垂直刀架电

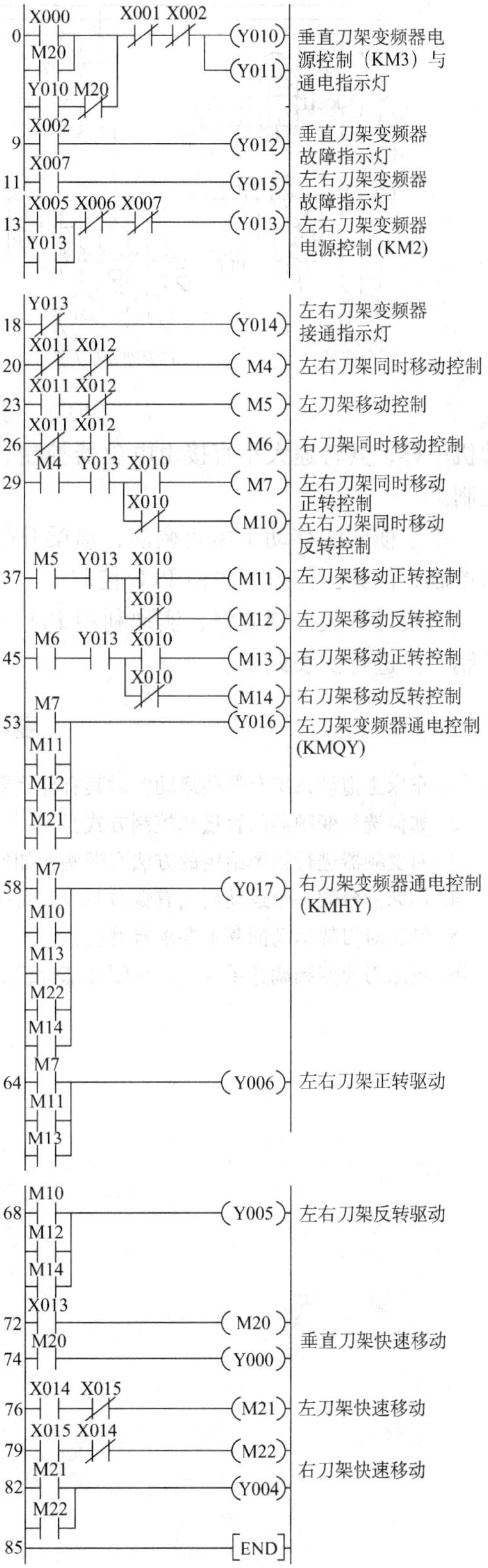

图 5-19　梯形图

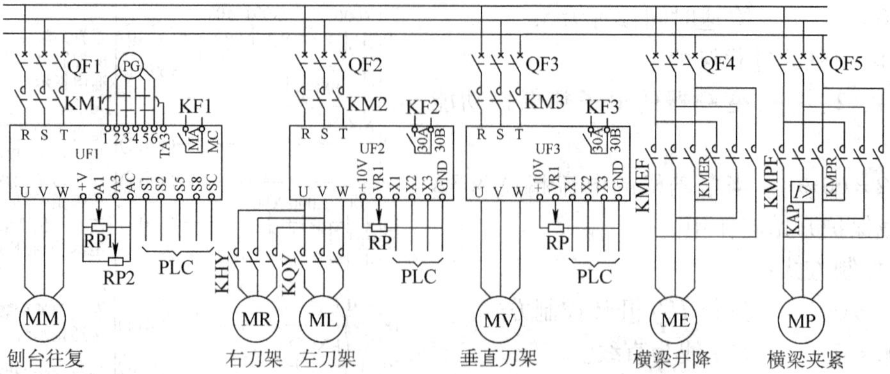

图 5-20 龙门刨床的主电路

动机一样，其转速大小直接由电位器控制，正、反转及点动（刀架的快速移动）则由 PLC 控制。

由于横梁的移动不需要调速，横梁升降电动机 ME 和横梁夹紧电动机 MP 不需要变频器来控制，但其工作过程也由 PLC 控制。

试设计有关控制电路，实现利用 PLC 对龙门刨床进行功能控制，通过变频器进行速度控制，并进行安装调试。

复习思考题

1. 车床主拖动系统有哪些运动？对其有什么要求？
2. 如何选择变频器的容量和控制方式？
3. 对变频器进行频率给定的方法有哪些？如何实现？
4. 刨床刨台的一个运动周期有哪些时段？对刨台有哪些控制要求？
5. 刨床对刀架运动的基本要求有哪些？
6. 刨床刀架变频调速系统主要由哪几部分组成？

第六章　变频器在恒压供水系统中的应用

本章应知

1. 了解水泵供水系统的主要参数及其特性，理解供水系统的节能原理。
2. 了解变频调速恒压供水系统的组成。

本章应会

1. 掌握变频调速 PID 闭环运行在恒压供水系统中的应用。
2. 熟悉变频调速恒压供水系统的改造、调试方法。

第一节　概　　述

在实际的工业生产和日常生活中，变频调速控制是很常见的，特别是在供水领域的运用已很普遍，大到自来水厂，小到一幢住宅楼。所谓恒压供水是指不管用户端用水量大小，总能保持管网中水压基本恒定。这样既可满足各部位的用户对水的需求，又不使电动机空转，造成电能的浪费。为了实现上述目标，利用变频器根据给定压力信号和反馈压力信号（或电流信号），调节水泵转速，从而达到控制管网中水压恒定的目的。

那么，实践中又是如何实现的？我们以某生活小区住宅楼宇自动恒压供水为例，说明变频器在恒压供水系统中，怎样快速及时地调节泵的转速以改变水流量，从而实现恒压供水的？怎样进行正负压力调节，其控制过程及 PID 相关参数的设定又有什么要求？下面就学习有关变频调速在恒压供水系统中的应用知识。

一、水泵供水的基本模型与主要参数

1. 基本模型

如图 6-1 所示是一个生活小区供水系统的基本模型，水泵将水池中的水抽出并上扬至所需高度，以便向生活小区供水。

2. 供水系统的主要参数

（1）流量　流量是泵在单位时间内所抽送液体的数量，常用的流量是体积流量，以字母 Q 表示，其单位是 m^3/h。

（2）扬程　是指单位质量的液体通过泵后所获得的能量，通常称为扬程。扬程主要包括 3 个方面：提高水位所需的能量；克服水在管路中流动阻力所需的能量；使水流具有一定的流速所需的能量。通常用所抽送液体的液柱高度 H 表示，其单位是 m。习惯上常将水从一个位置上扬到另一个位置时，水位的变化量（即对应的水位差）来代表扬程。

（3）全扬程　也叫总扬程，是表征水泵泵水能力的物理量，包括把水从水池的水面上扬到最高水位所需的能量，以及克服管阻所需的能量和保持流速所需的能量，符号是 H_T。在数值上等于在没有管阻、也不计流速的情况下，水泵能够上扬水的最大高度，如图 6-1a 所示。

（4）实际扬程　即通过水泵实际提高水位所需的能量，符号是 H_A。在不计损失和流速

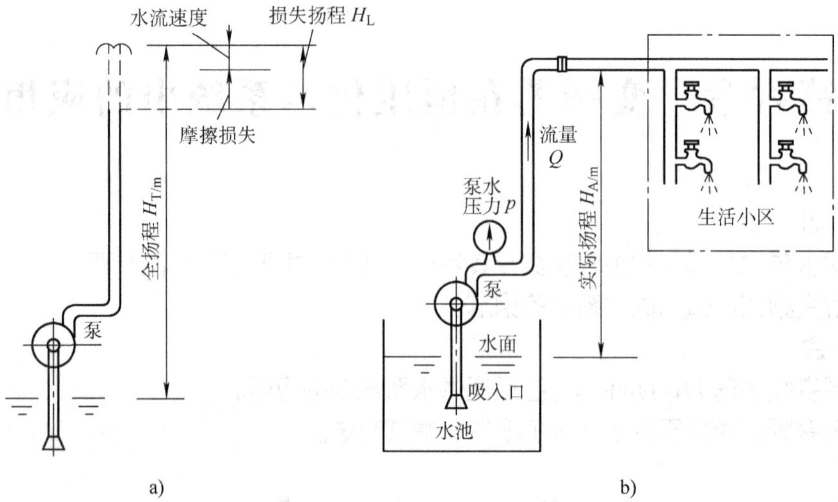

图 6-1　水泵供水的基本模型

a）全扬程的概念　b）基本模型

的情况下，其主体部分正比于实际的最高水位与水池水面之间的水位差，如图 6-1b 所示。

（5）损失扬程　全扬程与实际扬程之差，即为损失扬程，符号是 H_L。H_T、H_A、H_L 三者之间的关系是

$$H_T = H_A + H_L \tag{6-1}$$

（6）管阻　表示管道系统（包括水管、阀门等）对水流阻力的物理量，符号是 P。其大小在静态时主要取决于管路的结构和所处的位置，而在动态情况下，还与供水流量和用水流量之间的平衡情况有关。

二、供水系统的特性与工作点

1. 供水系统的特性

（1）扬程特性　即水泵的特性。在管路中阀门全打开的的情况下，表明全扬程 H_T 随流量 Q_U 变化的曲线，$H_T = f(Q_U)$ 称为扬程特性。如图 6-2 所示，图中 A_1 点是流量较小（等于 Q_1）时的情形，这时全扬程较大为 H_{T1}；A_2 点流量较大（等于 Q_2）时情形，这时全扬程较小为 H_{T2}。这表明用户用水越多（流量越大）管道中的摩擦损失以及保持一定的流速所需的能量也越大，故供水系统的全扬程就越小，流量的大小取决于用户，因此，扬程特性反映了用户的用水需求对全扬程的影响。

（2）管阻（路）特性　是反映为了维持一定的流量而必须克服管阻所需的能量。它与阀门的开度有关，实际上是表明当阀门开度一定时，为了提高一定流量的水所需要的扬程。因此，这里的流量表示供水流量用 Q_G 表示，所以管阻特性的函数关系是 $H_T = f(Q_G)$，如图 6-3 所示。显然，当全扬程不大于实际扬程（$H_T \leqslant H_A$）时，是不可能供水（$Q_G = 0$）的，因此，实际扬程也是能够供水的“基本扬程”。在实际的供水管道中流量具有连续性，并不存在“供水流量”与“用水流量”的差别，这里的 Q_G 和 Q_U 是为了便于说明供水能力和用水需求之间的关系而假设的量。

从图 6-3 中可以看出在供水流量较小（$Q_G = Q_1$）时，所需扬程也较小（$H_T = H_{T1}$）如 B_1 点；反之，在供水流量较大（$Q_G = Q_2$）时，所需扬程也较大（$H_T = H_{T2}$）如 B_2 点。

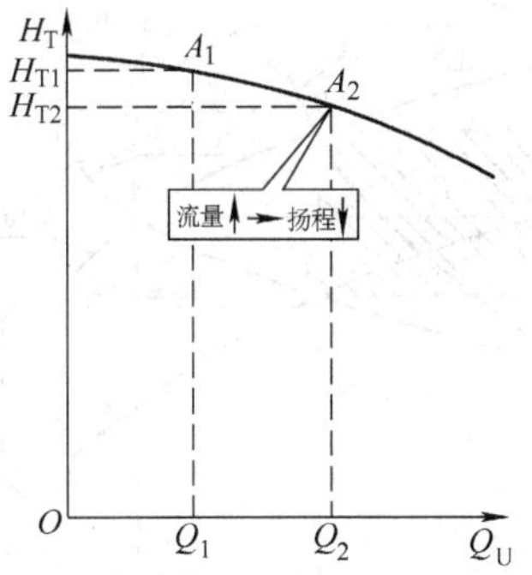

图 6-2　扬程特性

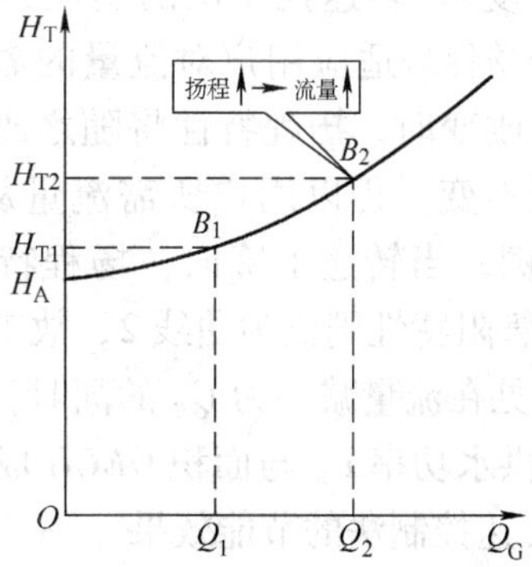

图 6-3　管阻特性

2. 供水系统的工作点

(1) 工作点　扬程特性曲线和管阻特性曲线的交点，称为供水系统的工作点，如图 6-4 中的 A 点所示。在这一点，系统既要满足扬程特性曲线 1，也要符合管阻特性曲线 2，供水系统才处于平衡状态，系统稳定运行。如阀门开度为 100%，转速也为 100%，则系统处于额定状态，这时的工作点称为额定工作点，或称自然工作点。

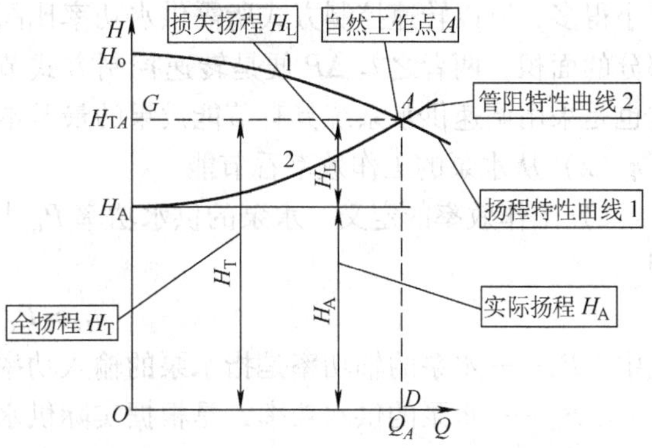

图 6-4　供水系统的工作点

(2) 供水功率　供水系统向用户供水时，电动机所消耗的功率 P_G(kW)称为供水功率，供水功率与流量 Q 和扬程 H_T 的乘积成正比

$$P_G = C_P H_T Q \tag{6-2}$$

式中　C_P——比例常数。

由图 6-4 可以看出，供水系统的额定功率与面积 $ODAG$ 成正比。

三、泵的特性分析与节能原理

1. 调节流量的方法

在供水系统中，最根本的控制对象是流量，因此要研究节能问题必须从考虑如何调节流量入手。常见的方法有阀门控制法和转速控制法两种。

(1) 阀门控制法　即通过关小、开大阀门来调节流量，而转速则保持不变，通常为额定转速。阀门控制法的实质是：水泵本身的供水能力不变，而是通过改变水路中的阻力大小来改变供水能力，以适应用户对流量的需求。这时管阻特性将随阀门开度的大小而改变，但扬程特性不变。如图 6-5 所示，设用户所需流量从 Q_A 减小为 Q_B，当通过关小阀门来实现时，管阻特性曲线 2 则改变为曲线 3，而扬程特性则仍为曲线 1，故供水系统的工作点由 A 点移至 B 点，这时流量减小，但扬程却从 H_{TA} 增大为 H_{TB}，由式 (6-2) 和图 6-5 可知，供水功率 P_G 与面积 $OEBF$ 成正比。

(2) 转速控制法　即通过改变水泵的转速来调节流量，而阀门开度则保持不变（通常为最大开度)。转速控制法的实质是通过改变水泵的全扬程来适应用户对流量的需求。当水泵的转速改变时，扬程特性将随之改变，而管阻特性则不变。仍以用户所需流量从 Q_A 减小为 Q_B 为例，当转速下降时，扬程特性下降为曲线4，管阻特性则仍为曲线2，故工作点移至 C 点，可见在流量减小为 Q_B 的同时，扬程减小为 H_{TC}，供水功率 P_G 与面积 $OECH$ 成正比。

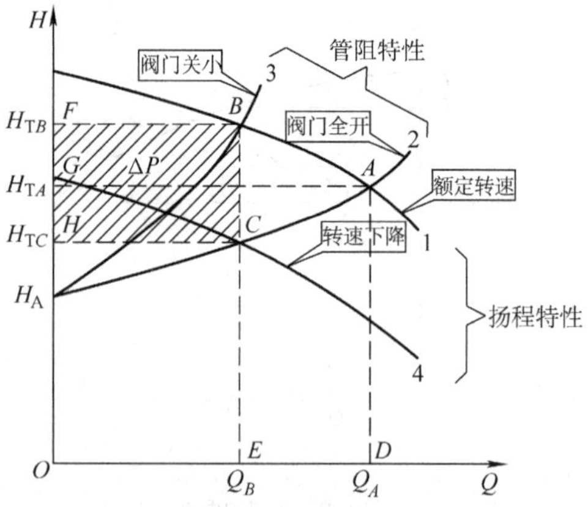

图6-5 调节流量的方法与比较

2. 转速控制法的节能效果

(1) 供水功率的比较 比较上述两种调节流量的方法，可以看出，在所需流量小于额定流量的情况下，转速控制时的扬程比阀门控制时小得多，所以转速控制方式所需供水功率比阀门控制方式小很多，即图6-5中 $CBFH$ 阴影部分的面积，两者之差 ΔP 便是转速控制方式节约供水的功率，它与 $CBFH$ 的面积成正比，这也是采用调速供水系统具有节能效果的最基本方面。

(2) 从水泵的工作效率看节能

1) 工作效率的定义。水泵的供水功率 P_G 与轴功率 P_P 之比，即为水泵的工作效率 η_P，即

$$\eta_P = P_G/P_P \tag{6-3}$$

式中 P_P——水泵的轴功率是指水泵的输入功率（电动机的输出功率）或是水泵取用功率。

P_G——水泵的供水功率，是根据实际供水的扬程和流量算得的功率，是供水系统的输出功率。

因此，这里所说的水泵工作效率，实际上包含了水泵本身的效率和供水系统的效率。

2) 水泵工作效率的近似计算公式。水泵工作效率相对值 η_P^* 的近似计算公式如下：

$$\eta_P^* = C_1\ (Q^*/N^*)\ - C_2\ (Q^*/N^*)^2 \tag{6-4}$$

式中 η_P^*、Q^*、N^*——效率、流量和转速的相对值（即实际值与额定值之比的百分数）；

C_1、C_2——常数，由制造厂提供。

C_1 与 C_2 之间，通常遵循如下规律：$C_1 - C_2 = 1$。式（6-4）表明水泵的工作效率主要取决于流量与转速之比。

3) 不同控制方式下的工作效率。由式（6-4）可知，当通过关小阀门来减小流量时，由于转速不变，$N^* = 1$，比值 $Q^*/N^* = Q^*$，其效率曲线如图6-6中的曲线1所示，当流量 $Q^* = 60\%$ 时，其效率将降至 B 点。可见，随着流量的减小，水泵工作效率的降低是十分显著的。而在转速控制方式下，由于在阀门开度不变的情况下，流量 Q^* 和转速 N^* 是成正比的，比值 Q^*/N^* 不变。其效率曲线因转速而变化，在60% n_N 时的效率曲线如图6-6中的曲线2所示，当流量 $Q^* = 60\%$ 时，效率由 C 点决定，它和 $Q^* = 100\%$ 时的效率（A 点）是相等的。就是说，采用转速控制方式时，水泵的工作效率总是处于最佳状态。所以，转速控制方式与阀门控制方式相比，水泵的工作效率要大得多，这是采用变频调速供水系统具有节能效果的第二个方面。

(3) 从电动机的效率看节能 水泵厂在生产水泵时，由于对用户的管路情况无法预测，

而且管阻特性难以准确计算；同时，还必须对用户的需求留有足够余量。因此，在决定额定扬程和额定流量时，通常裕量也较大，所以在实际的运行过程中，即使在用水量的高峰期，电动机也常常并不处于满载状态，其效率和功率因数都较低。

采用了转速控制方式后，可将排水阀完全打开而适当降低转速，由于电动机在低频运行时变频器的输出电压也将下降，从而提高电动机的工作效率，这是变频调速供水系统具有节能效果的第三个方面。

综合起来，水泵的轴功率与流量间的关系如图 6-7 所示。图中，曲线 1 是调节阀门开度时的功率曲线，当流量 $Q^*=60\%$ 时，所消耗的功率由 B 点决定；曲线 2 是调节转速时的功率曲线，当 $Q^*=60\%$，所消耗的功率由 C 点决定。由图 6-7 可知，与调节阀门开度相比，调节转速时所节约的功率 ΔP 是相当可观的。

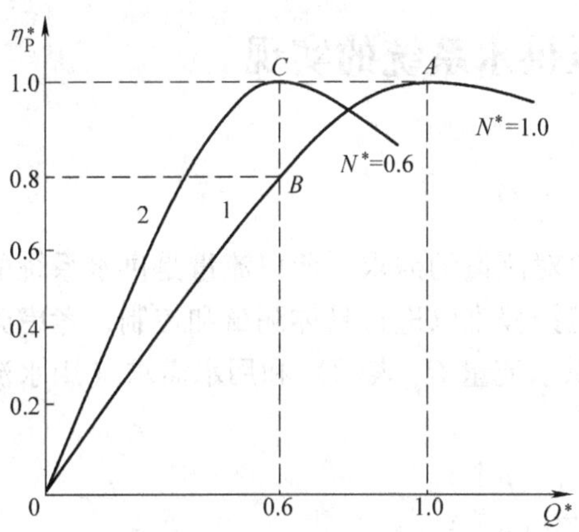

图 6-6　水泵的效率曲线

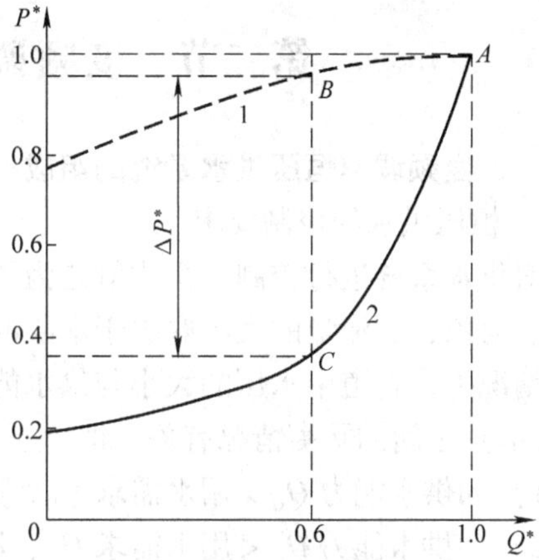

图 6-7　水泵的轴功率曲线

四、二次方律负载实现变频调速后是如何得到最佳节能效果的

如图 6-8a 所示，曲线 0 是二次方律负载的机械特性。曲线 1 是电动机在 U/f 控制方式下转矩补偿为 0（电压调节比 K_u = 频率调节比 K_f）时的有效转矩线，与图 6-8b 中的曲线 1 对应。当转速为 n_X（$n_X < n_N$）时，由曲线 0 可知，负载转矩为 T_{LX}，由曲线 1 可知，电动机的有效转矩为 T_{MX}。

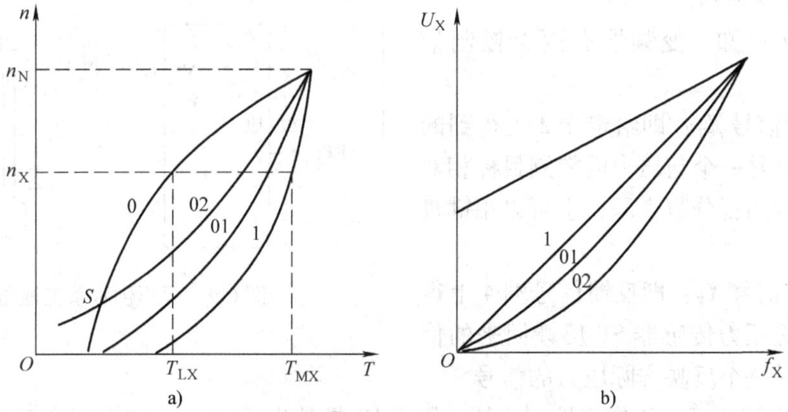

图 6-8　电动机的有效转矩与低频 U/f 曲线

a）有效转矩与二次方律负载　b）低频 U/f 曲线

很明显，即使转矩补偿为0，在低频运行时，电动机的转矩与负载转矩相比，仍有较大余量，这说明该拖动系统还有相当大的节能余量。为此，变频器设置了若干低频 U/f（$k_u < k_f$）线，如图6-8b中曲线01和02所示，与此对应的有效转矩线如图6-8a中的曲线01和02所示。但在选择低频 U/f 线时，有时也会发生难起动的问题。如图6-8a中的曲线0和曲线02相交于 S 点所示，显然在 S 点以下，拖动系统是不能起动的，所以可采取以下对策。

1）U/f 线选用曲线01。

2）适当加大起动频率，以避免死点区域。

应该注意的是，几乎所有变频器在出厂时都将 U/f 线设定在具有一定补偿量的情况下（$U/f>1$）。如果用户未经功能预置，直接接上水泵或风机运行，节能效果就不明显了。个别情况下，甚至会出现低频运行时因励磁电流过大而跳闸的现象。

第二节　变频调速恒压供水系统的实现

一、变频调速恒压供水系统的组成

1. 恒压供水的控制要求

对供水系统进行控制，实质就是为了满足用户对流量的需求，所以流量是供水系统的基本控制对象，而流量的大小取决于水泵的扬程。但扬程难以进行具体测量和控制，考虑到在动态情况下，管道中水压的大小与供水能力（用供水流量 Q_G 表示）和用水需求（用水流量 Q_U 表示）之间的平衡情况有关，即

1）如供水能力 Q_G > 用水需求 Q_U，则压力上升（$p\uparrow$）。

2）如供水能力 Q_G < 用水需求 Q_U，则压力下降（$p\downarrow$）。

3）如供水能力 Q_G = 用水需求 Q_U，则压力不变（p = 常数）。

可见，供水能力与用水需求之间的矛盾具体地反映在流体压力上的变化，从而压力就成为用来作为控制流量大小的参变量。这就是说，保持供水系统中某处压力的恒定，也就保证了该处的供水能力和用水流量处于平衡状态，这就是恒压供水所要达到的控制要求。

2. 恒压供水系统的构成和工作原理

（1）恒压供水系统框图　恒压供水系统框图如图6-9所示。

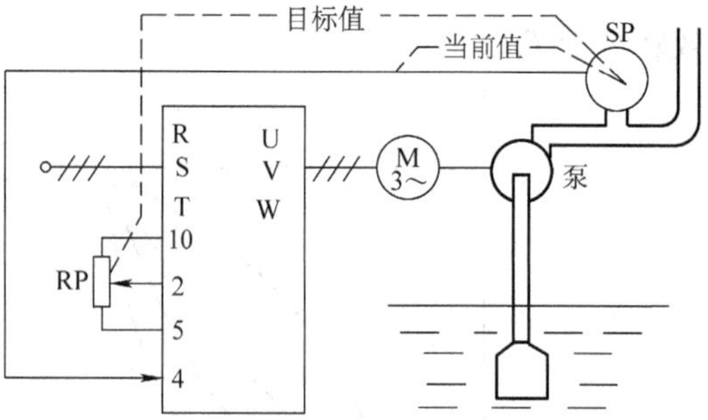

图6-9　恒压供水系统框图

由图6-9可知，变频器有两个控制信号。

1）目标信号 X_T：即给定端2上得到的信号，该信号是一个与压力的控制目标相对应的值，通常用百分数表示，也可以用键盘直接给定。

2）反馈信号 X_F：即反馈信号端4上得到的信号，是压力传感器SP反馈回来的信号，该信号是一个反映实际压力的信号。

（2）某生活小区恒压供水控制系统　图6-10是某生活小区住宅楼宇自动恒压供水泵站的控制系统电路。

1）主电路：该装置主电路采用变频常用泵和工频备用泵自动与手动双重运行模式。由于管道设计采取了易分解结构，各泵可以独立运行、检修。两台水泵中一台变频运行，当用户用水量增加、变频调速达到上限值时，自动切换到工频备用泵运行，原变频常用泵继续以较低频率运行，以满足用户用水量要求。图6-10中M2为主泵电动机；M1为备用泵电动机；QF1、QF2、QF3为低压断路器；KM1为接触器；FR1为热继电器。

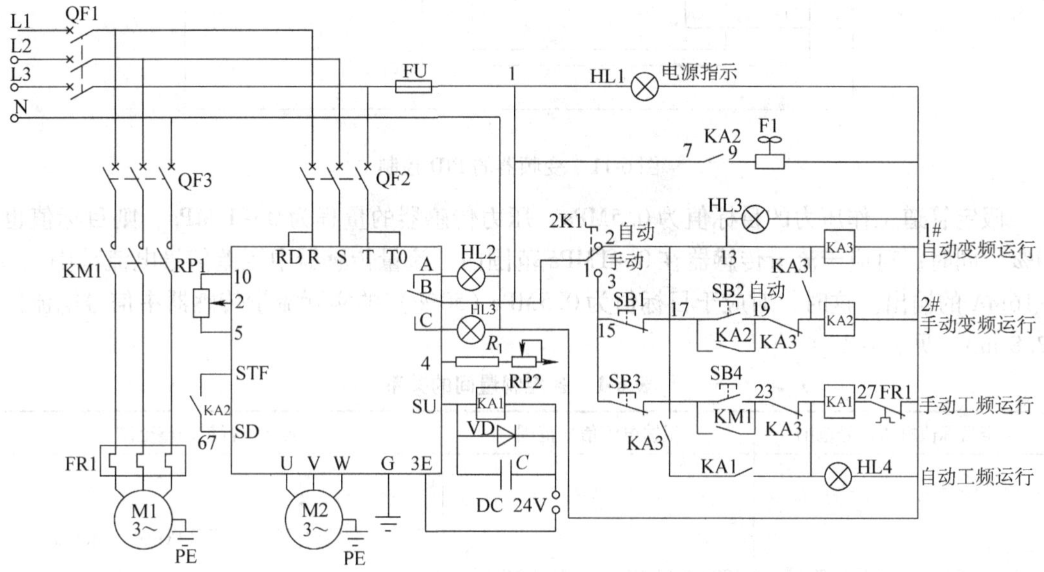

图6-10　某生活小区恒压供水控制系统电路

2）控制系统电路：该系统主要由三菱FR—A540变频器和外围控制电路组成。

①　该控制电路可以实现变频、工频、一用一备自动与手动转换控制运行，通过内置的频率信号变化范围，设定开关量输出，控制主泵电动机和备用泵电动机之间的相互切换。

②　压力给定和压力流量反馈通过电位器RP1和$R1$实现。

③　利用变频器内PID控制，比较给定压力信号和反馈信号的大小，输出相应的0～5V电压控制信号，自动控制水泵进行调速运行。

④　控制系统的各控制参数可通过变频器面板进行显示。

⑤　具有短路、过电流、过载等保护功能。

（3）PID调节功能　系统之所以能实现恒压供水，主要就是利用变频器的PID调节功能。现代变频器一般都具有PID调节功能，其内部框图如图6-11中虚线框所示，由图可知X_T与X_F两者相减的合成信号$X_D = X_T - X_F$，经过PID调节处理后得到频率给定信号，从而决定变频器的输出频率f_X。

当用水流量减小时，供水能力Q_G大于用水流量Q_U，则压力上升，$X_F \uparrow \rightarrow$合成信号$X_D \downarrow \rightarrow$变频器输出$f_X \downarrow \rightarrow$电动机转速$n_X \downarrow \rightarrow$供水能力$Q_G \downarrow \rightarrow$直至压力大小回复到目标值，供水能力与用水流量重又平衡（$Q_G = Q_U$）时为止。反之，当用水流量增加，使$Q_G < Q_U$时，则$X_F \downarrow \rightarrow X_D \uparrow \rightarrow f_X \uparrow \rightarrow n_X \uparrow \rightarrow Q_G \uparrow \rightarrow Q_G = Q_U$又达到新的平衡。

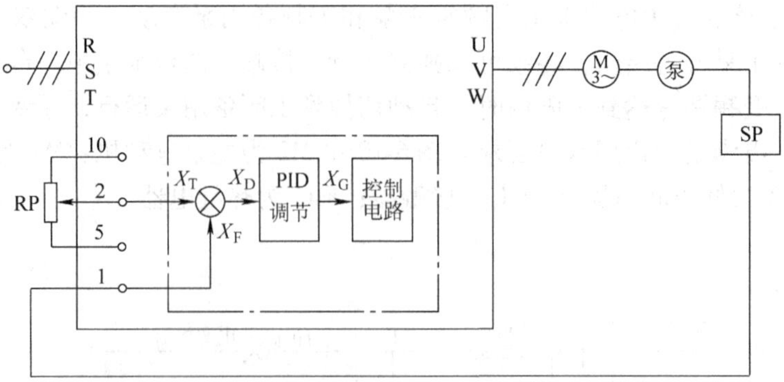

图 6-11 变频器的 PID 控制

假定管道工作压力的目标值为 0.5MPa，压力传感器的量程为 0～1 MPa，则目标值也为 50%。同时，对应于流量传感器在 0～1MPa 范围内，流量传感器中压差信号电流范围是 6.4～16mA 的输出。这时，对应于目标值为 0.5MPa（50%）的实际流量传感器中信号电流值为 12.8 mA，见表 6-1。

表 6-1 各控制量间的关系

给定目标值电压信号范围	反馈电流信号范围	实际执行量调整范围
5V（100%）～0V（0%）	20mA（100%）～4mA（0%）	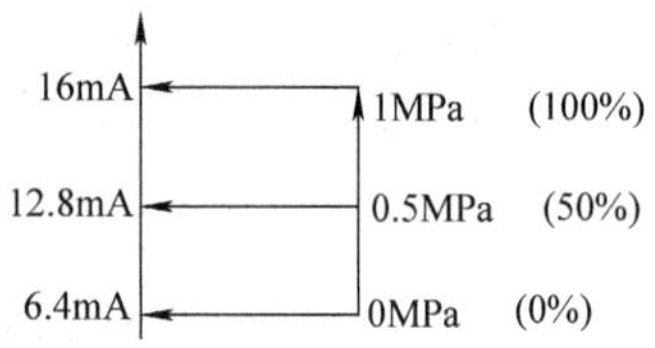

二、变频器的选型及功能预置

1. 变频器的选型与控制方式

（1）变频器的选型 现在大部分变频器制造厂都专门设计生产适用于“风机、水泵专用型”的变频器，无特殊情况下可直接选用。但对于用于特殊场合（如抽吸杂质、泥沙）的水泵，应考虑其过载能力，建议选用通用型变频器。

1）过载能力较低。这是因为风机、水泵在运动中很少发生过载。

2）具有闭环控制和 PID 调节功能。水泵在具体运行时常常需要进行闭环控制，如在供水系统中，要求进行恒压供水控制；在中央空调系统中要求恒温控制、恒温差控制等。故此类变频器大多设置了 PID 调节功能。

3）具有“1 控 X”的切换功能。为了减少设备投资，常采用 1 台变频器控制若干水泵的控制方式，所以许多变频器专门设置了切换功能，在选型时应注意。

（2）控制方式与 U/f 设定 对于二次方律负载，以选用 U/f 控制方式为宜。大部分变频器都给出了两条“负补偿”的 U/f 线，不同的变频器对 U/f 线的设计方法略有差异。例如，变频器对所提供的 U/f 线是从小到大编号，编号越大补偿量也越大。有些可直接预置起点补偿量，当 $f_X=0$Hz 时的补偿量为 U_C%（此值等于（U_C/U_N）×100%，U_C 为起点补偿电压）。对于水泵来说，就宜选用负补偿程度较轻的 U/f 线（如图 6-8b 中的 01 曲线）。

2. 变频器的基本功能预置

(1) 最高频率　水泵属二次方律负载，当转速超过其额定转速时，转矩将按平方规律增加。例如，当转速超过额定转速 10% （$n_X = 1.1n_N$）时，转矩将超过额定转矩 21% （$T_X = 1.21T_N$），导致电动机严重过载。因此，变频器的工作频率是不允许超过额定频率的，其最高频率只能与额定频率相等，即 $f_{max} = f_N = 50Hz$。

(2) 上限频率　一般上限频率也可以等于额定频率，但最好预置得低一点为宜，主要有如下考虑。

1) 由于变频器内部往往具有转差初始补偿功能，因此，同是在 50Hz 的情况下，水泵在变频运行时，实际转速高于工频运行时的转速，从而增大了水泵和电动机的负载。

2) 变频调速系统如在 50Hz 运行时，还不如直接在工频下运行为好，这样可减少变频器本身的损耗。

所以，将上限频率预置为 49Hz 或 49.5Hz 是恰当的。

(3) 下限频率　在供水系统中，转速过低，会出现水泵的全扬程小于实际扬程，形成水泵"空转"的现象。所以，在多数情况下，下限频率应设定为 30～35Hz。特殊需要可以设定得更低，根据具体工况而定。

(4) 起动频率　起动前，水泵叶轮全部在水中，起动时，存在着一定的阻力。在从 0Hz 开始起动时的一段频率内，实际上转不起来，应适当预置起动频率，使其在起动瞬间有一点冲力，也可采用手动或自动转矩补偿功能。如用手动可将补偿量预置得小一些，如果带负载困难时，再逐渐增加补偿量，直至能够带动负载为止。若补偿量预置得较大，则观察拖动系统在负载最轻时的电流大小。如电流过大，说明磁路严重饱和应适当降低补偿量。当起动电流为额定电流的 15% 时，起动转矩可达额定转矩的 20% 左右，现场设置应视具体工况而定。

(5) 升速与降速时间　对于水泵，它不属于频繁地起动与制动的负载，其升、降速时间的长短并不涉及生产效率问题。因此，可将升、降时间预置得长一些，通常确定升降速时间的原则是，在起动过程中其最大起动电流接近或等于电动机的额定电流，升、降速时间相等即可。

(6) 暂停功能　在日常供水系统中，夜间的用水量常常是很少的，即使水泵在下限频率下运行，供水压力仍能超过目标值。这时，可使主水泵暂停运行，如图 6-12 所示。

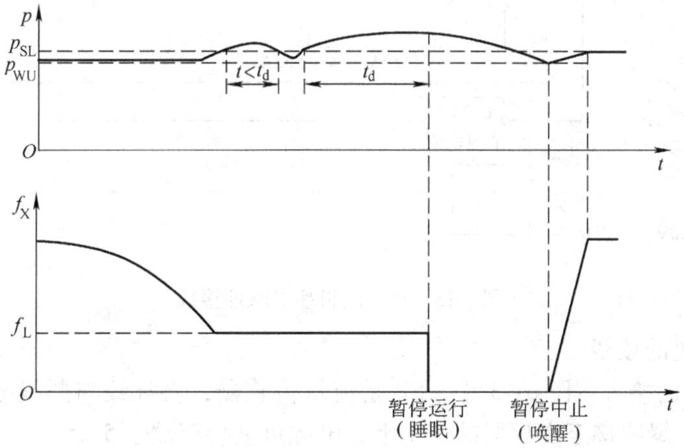

图 6-12　暂停运行功能

1）暂停运行（睡眠）功能：在恒压供水系统中，当由于用水流量太小而使压力超过其预置值（如图6-12中的p_{SL}所示）时，便开始计时。如在预置的时间t_d内压力又低于预置值p_{SL}时，则不必暂停；但如压力大于预置值的时间超过了t_d时，则令主水泵暂停（睡眠）。在主水泵停机期间，为了不影响个别用户的用水，应起动附加的小功率水泵以保证供水，也有采用气压罐来保证一定的供水能力。

2）暂停中止（唤醒）功能：当由于用水流量增大，使供水压力低于压力下限值p_{WU}时，暂停中止（唤醒），重又进入正常的恒压供水运行状态。

三、变频器的PID调节功能的实现

PID控制属于闭环控制，是使控制系统的被控量在各种情况下，都能迅速而准确地无限接近控制目标的一种手段。具体地说，就是随时将传感器测得的实际信号（称为反馈信号）与被控量的目标信号相比较，以判断是否已经达到预定的控制目标。如尚未达到，则根据两者的差值进行调整，直至达到预定的控制目标为止。

1. 变频器的PID接线

各种系列的变频器都有标准接线端子，只不过标识的符号各厂家有所区别，它们的这些接线端子、功能和使用要求相差不大。

（1）PID控制基本原理接线　PID控制基本原理接线如图6-13所示。

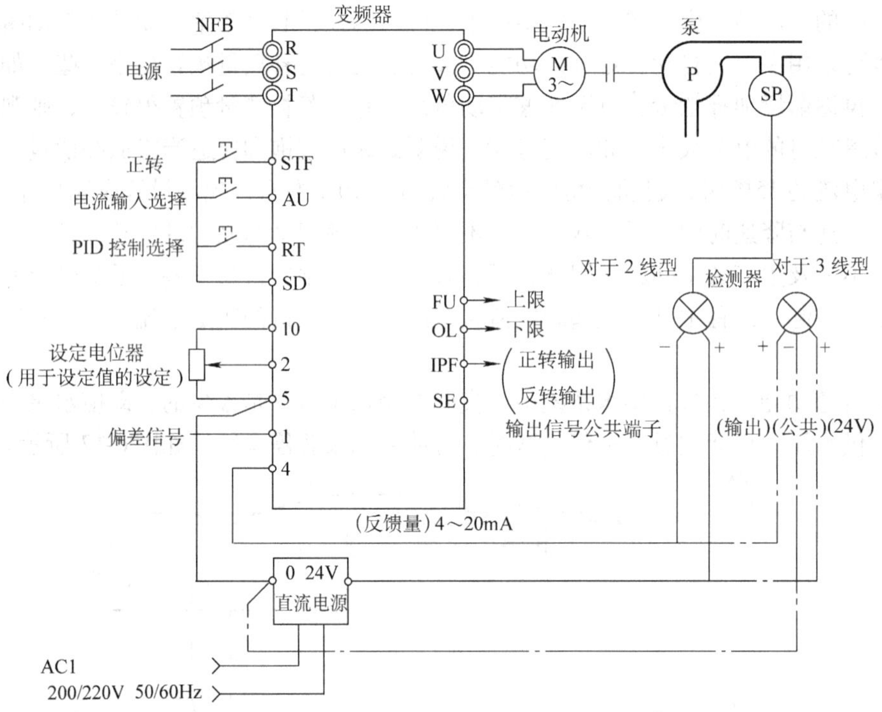

图6-13　PID控制基本原理接线

（2）控制系统的接线

1）反馈信号的接入。图6-13中，SP是流量传感器，将红线与黑线分别接至外接电源+24V与负极上，绿线接至变频器端子4上，电源负极接至端子5上。

2）目标信号的接入。这里采用由电位器输入目标信号的方式，目标信号通常接在给定频率的输入端，当变频器预置为 PID 工作方式时，端子 2 所得到的便是目标值信号。

2. PID 控制的工作过程

PID 控制的基本工作过程流程如图 6-14 所示。

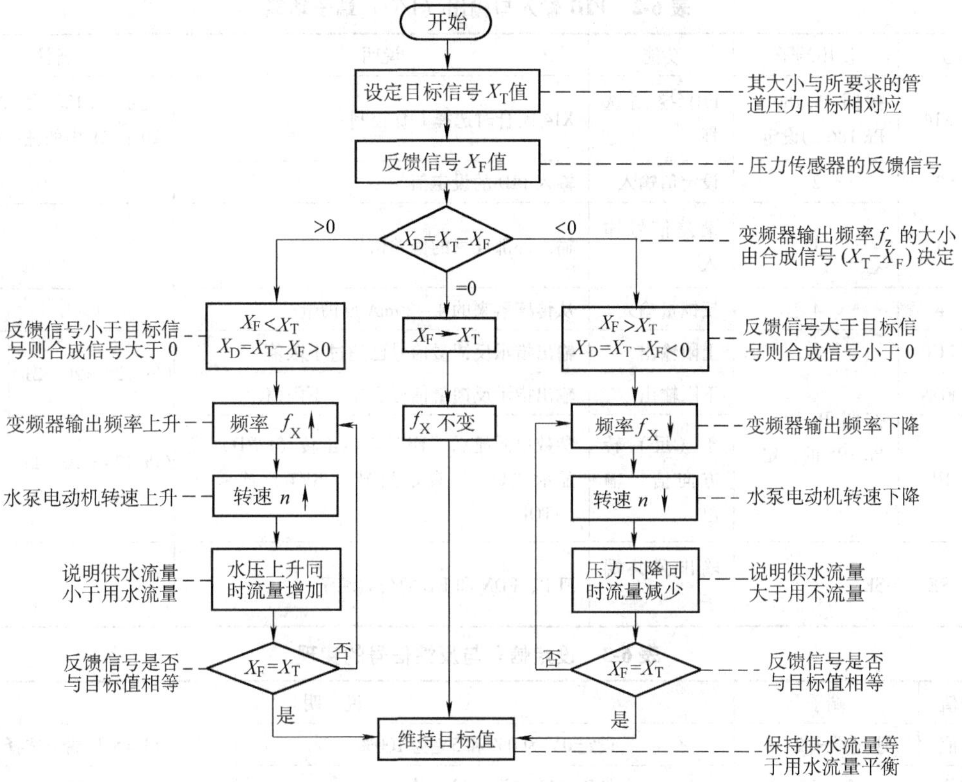

图 6-14　PID 控制的基本工作过程流程

图 6-15 模拟了 PID 控制的整个控制工作过程以及各参数在过程控制时的功能，这样便于帮助理解。

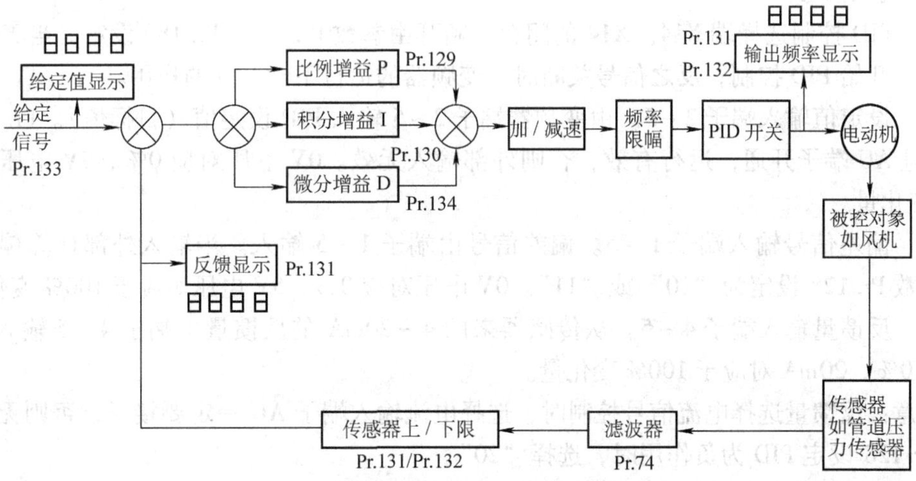

图 6-15　PID 控制过程中各参数的功能

3. 变频器中PID的调节功能设定和调整

（1）PID输入与输出（I/O）端子功能 PID输入与输出（I/O）端子功能见表6-2。设定信号与反馈信号的实现见表6-3。

表6-2 PID输入与输出（I/O）端子功能

<table>
<tr><th colspan="2">信号</th><th>使用端子</th><th>功能</th><th>说明</th><th colspan="2">备注</th></tr>
<tr><td rowspan="4">输入</td><td>X14</td><td>按照Pr. 180～Pr. 186的设定</td><td>PID控制选择</td><td>X14闭合时选择PID控制</td><td colspan="2">设定Pr. 128为10、11、20和21中的任一值</td></tr>
<tr><td>2</td><td>2</td><td>设定值输入</td><td>输入PID的设定值</td><td colspan="2"></td></tr>
<tr><td>1</td><td>1</td><td>偏差信号输入</td><td>输入外部计算的偏差信号</td><td colspan="2"></td></tr>
<tr><td>4</td><td>4</td><td>反馈量输入</td><td>从传感器来的4～20mA反馈量</td><td colspan="2"></td></tr>
<tr><td rowspan="4">输出</td><td>FUP</td><td rowspan="3">按照Pr. 191～Pr. 195的设定</td><td>上限输出</td><td>输出指示反馈量信号已超过上限值</td><td rowspan="2">(Pr. 128＝20、21)</td><td rowspan="3">集电极开路输出</td></tr>
<tr><td>FDN</td><td>下限输出</td><td>输出指示反馈量信号已超过下限值</td></tr>
<tr><td>RL</td><td>正（反）转方向信号输出</td><td>参数单元显示“Hi”表示正转（FWD）或显示“Low”表示反转（REV）或停止（STOP）</td><td>(Pr. 128＝10、11、20、21)</td></tr>
<tr><td>SE</td><td>SE</td><td>输出公共端子</td><td>FUP、FDN和RL的公共端子</td><td colspan="2"></td></tr>
</table>

表6-3 设定信号与反馈信号的实现

信号值	端子	说　明	
设定值	通过端子2～5	设定0V为0%和5V为100%	当Pr. 73＝5时端子选择为5V
设定值	Pr. 133	在Pr. 133中设定设定值（%）	0%～100%
偏差信号	通过端子1～5	设定－5V为－100%，0V为0%和＋5V为＋100%	Pr. 73＝5时端子1输入电压无效
反馈值	通过端子4～5	4mA相当于0%，20mA相当于100%	AU端子需开通

1）输入信号。

① PID控制选择端X14。X14的闭合、断开由参数Pr. 180～Pr. 186设定。当X14信号接通时，开始PID控制；反之信号关断时，变频器的运行不含PID的作用。

② 设定值输入端子2～5。由变频器端子2～5输入PID设定值（目标值）。Pr. 73设定为5，且AU端子开通，运行有效；否则外部输入无效。0V电压对应0%，5V电压对应于100%变化量。

③ 偏差信号输入端子1～5。偏差信号由端子1～5输入。当输入外部计算偏差信号时，参数Pr. 128设定为“10”或“11”。0V电压对应0%，5V电压对应于100%变化量。

④ 反馈量输入端子4～5。从传感器来的4～20mA的反馈量由端子4～5输入。4mA对应于0%，20mA对应于100%变化量。

注意：反馈量选择电流信号控制时，选择电流输入端子AU一定要接通，否则无效。该例中Pr. 128设定PID为负作用时，选择“20”。

2）输出信号。

① 上限输出端FUP：输出指示反馈量信号已超过上限值。

② 下限输出端 FDN：输出指示反馈量信号已超过下限值。

③ 正（反）转方向信号输出端子 RL：按照参数 Pr. 191 ~ Pr. 195 的要求设定。参数单元显示“Hi”表示正转（FWD）或显示“Low”表示反转（REV）或停止（STOP）。

④ 输出公共端子 SE 是 FUP、FDN 和 RL 的公共端子。

（2）端子功能设定

1）设定 PID 控制用的输入端子功能。由参数 Pr. 180 ~ Pr. 186 的功能选择决定，具体见表 6-4。

表 6-4　参数功能的选定（一）

参数号	端子符号	信号名称	设定值	功　能	备　注
Pr. 183	RT	X14	14	PID 控制有效	“ON”有效“off”无效
Pr. 184	AU	AU	4	电流输入选择	“ON”有效“off”无效

2）设定 PID 控制用的输出端子功能。由参数 Pr. 190 ~ Pr. 195 的功能选择决定，具体见表 6-5。

表 6-5　参数功能的选定（二）

参数号	端子符号	信号名称	设定值	功能
Pr. 191	SU	SU	1	频率到达输出信号
Pr. 192	IPF	RL	16	PID 正反转方向显示
Pr. 193	OL	FDN	14	PID 下限
Pr. 194	FU	FUP	15	PID 上限

（3）PID 参数功能的设定

1）PID 参数的功能。

① Pr. 128。PID 动作选择，该功能设定范围为 0 ~ 34 种控制方式，具体说明如下。

参数值为 10：对于加热或压力等控制，PID 为负作用。

参数值为 11：对于冷却等控制，PID 为正作用。

上述两种控制对应于端子 1，偏差信号输入有效。本例即取偏差电压信号与给定电压信号叠加，输入有效。以给定电压信号为主速控制信号，偏差电压信号为辅助输入信号。

参数值为 20：对于加热或压力等控制，PID 为负作用。

参数值为 21：对于冷却等控制，PID 为正作用。

上述两种对应于端子 4，检测值输入有效。本例即取电流信号为主速设定，给定信号为辅助信号。

② Pr. 129。P 增益，该功能设定范围分为两种控制。一种是无比例控制，参数值为 9999；另一种是有比例控制，参数设置范围为 0.1 ~ 10。

P（增益）是决定 P 动作对偏差响应程度的参数，增益取大时响应快，增益取小时响应滞后，但过大将产生振荡。偏差在 100% 时，最高频率为 100%，P 增益为 1。一般设定在 1.0 ~ 1.5s 之间。

③ Pr. 130。I 积分时间常数，该功能设定范围分为两种控制。一种是无积分控制，设定值为 9999；另一种是有积分控制，参数设定范围为 0.1 ~ 3600s。积分时间长时响应迟缓，对外部扰动的控制能力变差；积分时间短时，响应速度快，过小时将发生振荡。通常在 0.1

~0.5s 之间。

④ Pr.131、Pr.132。PID 检测值的上限与下限，该功能设定范围同样分为两种方式控制。一种是上、下限功能无效；另一种是上、下限功能有效。当设定上限、下限时，如果检测值超过此设定范围，就输出 FUP 信号与报警信号，检测值的 4mA 等于 0%，20mA 等于 100% 变化量。

⑤ Pr.133。用 PU 操作面板模式设定 PID 目标值，设定值范围 0% ~100%。仅在 PU 操作或 PU/外部组合模式下对于 PU 指令有效。

对于外部操作，频率设定电压值由端子 2 ~5 间的电压决定。频率设定电压的偏置和增益，要用 Pr.902 设定值等于 0V 时的偏置频率对应于 0%、Pr.903 设定值等于 Pr.73 设定电压的输出频率对应于 100% 来校正。频率设定是由电流偏差确定，要用 Pr.904 设定值等于 4mA 时的偏置频率对应于 0% 的输出频率、Pr.905 设定值等于 20mA 设定的偏差频率对应于 100% 的输出频率来校正。

⑥ Pr.134。D 微分时间常数，该功能设定范围也同样分为两种控制。一种是无微分控制，参数值为 9999；另一种是有微分控制，参数值在 0.01 ~10.00s 之间。微分时间常数仅向微分作用提供一个与比例作用相同的检测值，随着时间的增加，偏差改变会有较大的响应。通常在 0.01 ~0.2s 之间设定。

2）PID 功能参数的设定。

Pr.128 =20	压力控制为负作用
Pr.129 =10	比例控制 P
Pr.130 =5s	积分时间
Pr.131 =100%	控制范围上限
Pr.132 =0%	控制范围下限
Pr.134 =0.1 ~0.3s	微分时间

4. PID 控制的调试

（1）正作用和负作用

1）正作用：当偏差 f_X 为负时，增加执行量（输出频率上升）；如果偏差 f_X 为正值，则减小执行量（输出频率下降）。

例如，制冷或流量控制如下：

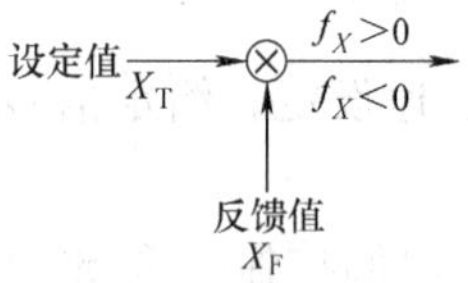

	制冷		输出频率		流量
$f_X>0$	太冷	→	下降	←	减小
$f_X<0$	太热	→	上升	←	增加

在空调机中，室内温度太高，要求电动机制冷转速也越高；反之，室内温度太低，要求电动机制冷转速要降低，以保持恒温。

在恒压供水中，用户用水流量增加时，水泵电动机转速上升加快；用户用水流量减小时，水泵电动机转速下降，以保持一定的压力和流量。

2）负作用：就是当偏差 f_X 值为正时，增加执行量（输出频率上升）；当偏差 f_X 为负值，则减小执行量（输出频率下降）。

例如，加热或压力控制如下：

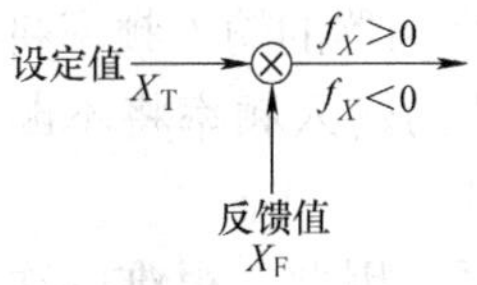

	加热		输出频率		压力
$f_X>0$	冷	→	上升	←	低
$f_X<0$	热	→	下降	←	高

在空压机的恒压控制中，压力越高，要求电动机转速越低；反之压力降低了，要求电动机转速升高，以保持一定压力。

在电炉加热控制中，炉料冷态，温度低，要求电炉加热升温；当温度超过时，要求电炉停止加热温度下降，以保持一定温度。

偏差与执行量（输出频率）之间的关系见表6-6。

表6-6　偏差与执行量之间的关系

偏差 / 执行量 / 作用	偏差：正	偏差：负
负作用	↗	↘
正作用	↘	↗

（2）PID控制的模拟调试

1）手动模拟调试。在系统运行之前，可以先用手动模拟的方法对PID功能进行初步的调试，PID功能手动模拟调试如图6-16所示。

① 模拟量确定。Pr. 73 = 5 即模拟量电压0～5V，0V对应于设定输出值为0%，5V对应于设定输出值为100%。控制运转频率范围50～0Hz，实际频率设定为30Hz左右。实际控制压力范围0～1MPa。

② 给定电压范围是0～5V。目标值设定为0.5MPa，对应的电压为2.5V，变化量为50%。

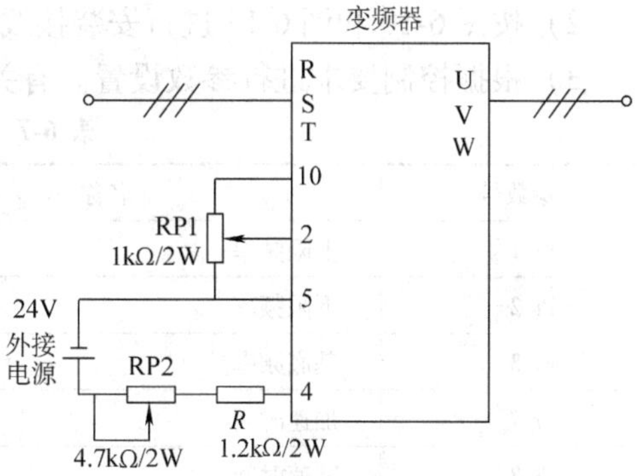

图6-16　PID功能手动模拟调试

2）反馈信号确定。

① 模拟量选择：电压外接0～24V。

② 模拟电流信号范围：电流变化随RP2的阻值变化而变化，最小值为24V/（4.7+1.2）kΩ=0.0041A，最大值为24V/1.2kΩ=0.02A；4mA对应于传感器的输出值为0%，20mA对应于传感器的输出值为100%。

3）执行量信号调整范围：流量传感器压力为0～1MPa，对应于RP2电阻值变化引起的流量传感器内电流值变化如下：

0MPa（0%）　→　2550Ω　→　6.4mA
0.5MPa（50%）→　605Ω　→　12.8mA
1MPa（100%）→　300Ω　→　16mA

将目标值预置到实际的数值，即调节图6-16中RP1将给定电压设置为2.5V左右，将一个手控的电压或电流信号（参看图6-16中调节RP2电阻值为600Ω左右）接至变频器的反馈信号输入端子4。

缓慢的调节反馈信号，正常情况是当反馈信号超过目标信号时，变频器的输入频率将不断上升，直至最高频率；反之，当反馈信号低于目标信号时，变频器的输入频率将不断下降，直至频率为下限或0Hz。上升或下降的快慢反映了积分时间的大小。

（3）系统调试　由于PID的取值与系统的惯性大小有很大的关系，因此，很难一次调定，这里根据经验介绍一个大致的调试过程。

调试过程中，首先将微分功能D调为0，即无微分控制。在许多要求不高的控制系统中，微分功能可以不用，将比例放大，积分时间可设定较大一点或保持变频器出厂设定值不变，使系统运行起来，观察其工作情况。

如果在压力下降或上升后难以恢复，说明反应太慢，则应加大比例增益K_P，修正Pr. 129参数，直至比较满意为止。在增大K_P后，虽然反应快了，但却容易在目标值附近波动，说明系统有振荡，应加大积分时间（即修正Pr. 130参数），直至基本不振荡为止。

总之，在反应太慢时，应增大K_P，或减小积分时间；在发生振荡时，应调小K_P或加大积分时间；最后调整微分时间，使D微分增大，过程控制更加稳定。至此调试结束。

四、基本技能训练

1. 步骤训练

1）根据控制要求选择合适的器件及型号，并合理选择变频器。

2）按图6-10和图6-13进行安装接线。

3）根据控制要求进行参数设置。有关参数的设置见表6-7。

表6-7　有关参数的设置

参数号	名称	设定值
Pr. 1	上限频率	45Hz
Pr. 2	下限频率	20Hz
Pr. 3	基底频率	50Hz
Pr. 7	加速时间	15s
Pr. 8	减速时间	20s
Pr. 9	电子过电流保护	根据电动机额定电流确定
Pr. 19	基底频率电压	380V
Pr. 41	频率到达动作范围	±5%

4）对变频恒压供水系统进行模拟调试。

2. 成绩评定

成绩评定见表6-8。

表6-8　成绩评定

项目名称	恒压供水调速系统调试		鉴定时限		
序号	要求	配分	等级	评分细则	得分
1	根据考核图进行电路接线	30分	30	电路接线完全正确	
			20	电路接线错1处，能自行修改	
			10	电路接线错2处，能自行修改	
			0	电路接线错2处以上，或不能连接	

（续）

项目名称	恒压供水调速系统调试		鉴定时限		
序号	要求	配分	等级	评 分 细 则	得分
2	参数设定	30分	30	参数完全正确	
			20	参数错1处	
			10	参数错2处	
			0	参数多处出错	
3	通电调试并记录测量	30分	30	通电调试结果完全正确	
			20	测试及测量错1处	
			10	测试及测量错2处	
			0	通电调试失败，无法实测	
4	安全生产	10分	10	安全文明生产，符合操作规程	
			8	操作基本规范	
			6	经提示后能规范操作	
			0	不能文明生产，不符合操作规程	

3. 能力测试

若采用PLC控制代替本任务中的有关继电器—接触器控制，试设计有关控制电路，并编写控制程序，以及进行安装调试。

复习思考题

1. 试解释管阻的概念。
2. 试分析供水系统的主要参数及其含义。
3. 试分析管阻特性。
4. 叙述调节流量的方法。
5. 试解释变频恒压供水系统的睡眠与苏醒功能。

第七章　变频器在风机系统中的应用

本章应知

1. 了解风机的机械特性和主要参数。
2. 理解变频器调速节能原理。

本章应会

1. 掌握冲天炉风机系统的变频调速控制方法。
2. 掌握变频器对鼓风机进行调速的控制方法。

第一节　冲天炉风机系统的变频调速控制

在铸造企业，鼓风机是冲天炉熔炼生产中最重要的设备之一，其主要作用是：将大量的空气，经过压缩后形成高压高速流，通过管道送往冲天熔炼炉内，与焦炭充分燃烧产生高温使钢铁熔化变成铁水，供浇注成产品，以便于加工制造。空气的充足与否直接影响到产品的质量，所以必须不断的送入大量的空气，以保证冲天熔炼炉的正常工作。

某铸造厂5t冲天炉鼓风机，电动机功率为22kW，原来是通过调节输入风量来控制的，现要求改为变频调速控制。因炉前温度较高，不适宜由司炉工在炉前进行操作控制，现要求将变频器放在较远处的配电柜内。那么该如何实现呢？下面我们结合风机变频调速的改造来学习其有关知识。

一、风机系统介绍

1. 风机的机械特性与主要参数

（1）风机的机械特性　风机是一种压缩和输送气体的机械，通过风机后排出风的压力较小者为通风机，较大者为鼓风机，统称为风机。

1）二次方律风机。该风机机械特性具有二次方律的特点，如图7-1所示。属于这种类型的有：离心式风机、混流式风机、轴流式风机等，其中以离心式风机应用得最为普遍，其特性也最为典型。图7-2所示是鼓风机典型的风量-压力曲线。

2）恒转矩鼓风机。该类型主要是罗茨风机，其基本结构如图7-3a所示。由图可知，在机壳内有两个形状相同的叶轮，它们装在互相平行的两根轴上，两轴上还装有完全相同，且互相啮合的一对齿轮，一为主动轮，一为从动轮。在主动轮的带动下，两个叶轮同步反向旋转，使低压腔的容积逐渐增大，气体经进气口进入低压腔，并随着叶轮的旋转而进入高压腔。在高压腔内，又由于容积的逐渐减小而压缩气体，使气体从排气口排出。罗茨风机主要用于要求气压较高的场合，其机械特性具有恒转矩的特点如图7-3b所示。

（2）风机的主要参数和特性

1）主要参数。

①　风压。风压是指管路中单位面积上风的压力，用 p_F 表示。本任务中风机的静压为34320Pa。

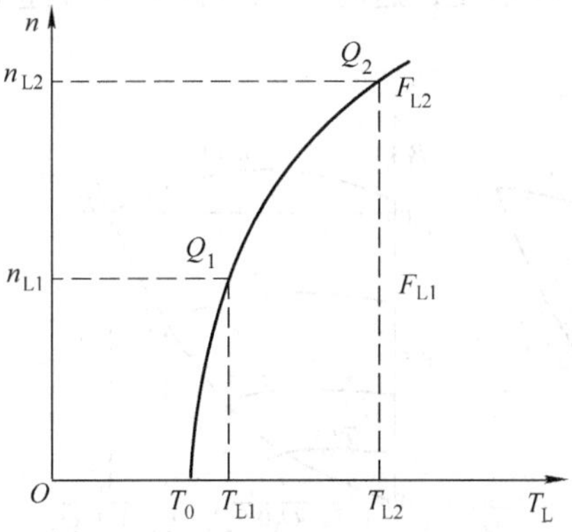

图 7-1　风机的机械特性

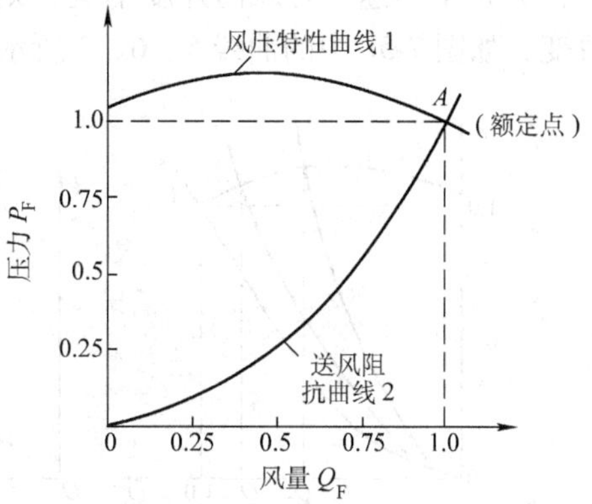

图 7-2　风机的风量-压力特性

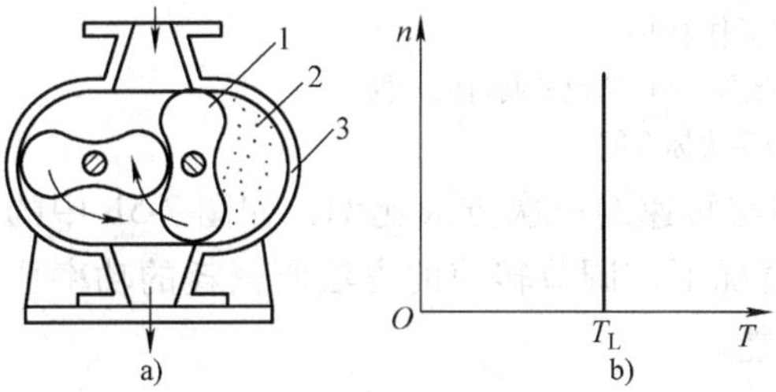

图 7-3　罗茨风机

a）构造　b）机械特性

1—叶轮　2—气体容积　3—机壳

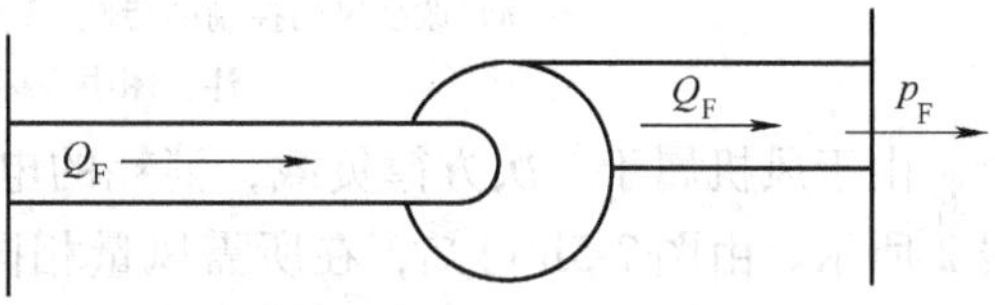

图 7-4　风机运行示意图

② 风量。即空气的流量，指单位时间内排出气体的量，用 Q_F 表示。本任务中风机的风量为 21.8m³/min，如图 7-4 所示。

2）风压特性：在转速不变的情况下，风压 p_F 和风量 Q_F 之间的关系曲线，称为风压特性曲线，如图 7-2 中的曲线 1 所示。风压特性与水泵的扬程特性相当，但在风量很小时，风压也较小；随着风量的增大，风压也逐渐增大；增大到一定程度后，风量再增大，风压又开始减小。因此，风压特性呈中间高两边低的形状。

3）风阻特性：在风门开度不变的情况下，表示风量与风压关系的曲线，如图 7-2 中曲线 2 所示。风阻特性与供水系统的管阻特性相当，形状也类似。

4）通风系统的工作点：风压特性与风阻特性的交点，即为通风系统的工作点，如图 7-2 中的 A 点所示，图中坐标所标数字为标么值。

2. 风机的控制方法

通常调节风量和压力大小的方法有两种。

（1）调节风门的开度　若转速不变，则风压特性也不变。这时，风阻特性则随风门开度的改变而改变，如图 7-5a 中的曲线 3 和 4 所示。

由于风机消耗的功率与风压和风量的乘积成正比。在通过关小风门来减小风量时，消耗的电功率虽然也有所减小，但减小得不多，如图 7-5b 的曲线 1 所示。

采用这种方式的优点是：投资小，控制简单；缺点是：风量调节范围小，进风量稳定性差，风量损失严重，能耗大。

（2）调节转速　若风门开度不变，则风阻特性也不变，这时风压特性则随转速的改变而改变，如图7-5c中的曲线5、6、7所示。

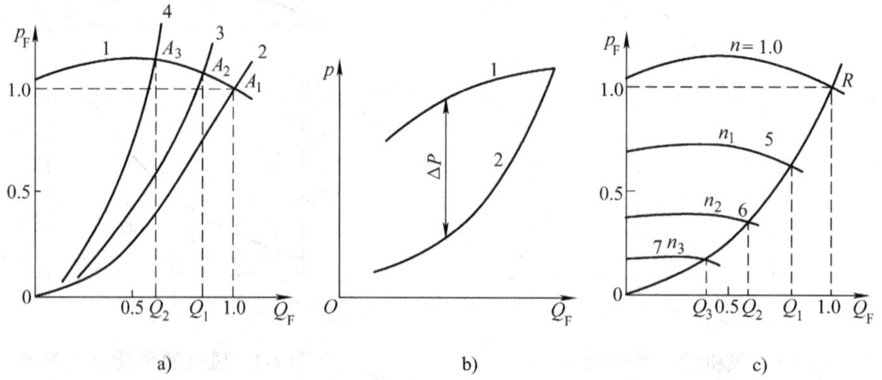

图7-5　风机的工作特性

a）改变风门控制的特性　b）节能效果　c）调速控制时的特性

注：图中坐标所标数字为标么值。

由于风机属于二次方律负载，消耗的电功率与转速的三次方成比例，如图7-5b中的曲线2所示。由图7-5b可知，在所需风量相同的情况下，调节转速的方法所消耗的功率比调节风门开度的方法所消耗的功率要小得多，即节能。

3. 节能分析

由图7-5b中曲线1和2对比可知，所需风量相同的情况下，调节转速的方法所消耗的功率要小得多，其差为ΔP。风机的风量Q_F、压力p_F、轴功率P与转速n间的关系是：风量Q_F正比于n；压力p_F正比于n^2；轴功率P正比于n^3。从而可以推出下列关系式

$$Q_{F1}=Q_{F2}\left(\frac{n_1}{n_2}\right) \tag{7-1}$$

$$p_{F1}=p_{F2}\left(\frac{n_1}{n_2}\right)^2 \tag{7-2}$$

$$P_1=P_2\left(\frac{n_1}{n_2}\right)^3 \tag{7-3}$$

轴功率P（kW）的计算公式如下：

$$P=\frac{Q_F p_F}{\eta_c \eta_b}\times 10^{-3} \tag{7-4}$$

式中　Q_F——风量（m^3/s）；

p_F——压力（Pa）；

η_b——鼓风机的效率；

η_c——传动装置效率，直接传动时为1。

当采用不同的调节方法时，电动机的输入功率、轴输出功率（即风机轴功率）与风量的关系特性曲线如图7-6所示，图中坐标所标数字为标么值。从图中可以看出，采用不同的调节方法时电动机的输入功率、轴功率不同。最下面一条曲线为调速控制时风机所需的轴输入功率，即电动机的轴输出功率。而输出端风门控制方法因其耗能大，现已很少采用，风门

控制一般均在输入端进行。

例如，当风量 Q_F 减小到 80% 时，转速 n 也下降至 80% 时，风机的风压将下降到 64%，而轴功率 P 将下降到 51.2%，即

$Q_F = 80\%$　　$n = 80\%$　　$p_F = Q_F n \times 100\% = 80\% \times 80\% \times 100\% = 64\%$

$P = p_F n \times 100\% = 64\% \times 80\% \times 100\% = 51.2\%$

由此，可列出调速风机转速 n 与风量 Q_F、风压 p_F、轴功率 P 间的关系，见表 7-1。

表 7-1　调速风机转速 n 与风量 Q_F、风压 p_F、轴功率 P 间的关系

转速 n（%）	风量 Q_F（%）	风压 p_F（%）	轴功率 P（%）
100	100	100	100
90	90	81	72.9
80	80	64	51.2
70	70	49	34.3
50	50	25	12.5
40	40	16	6.4

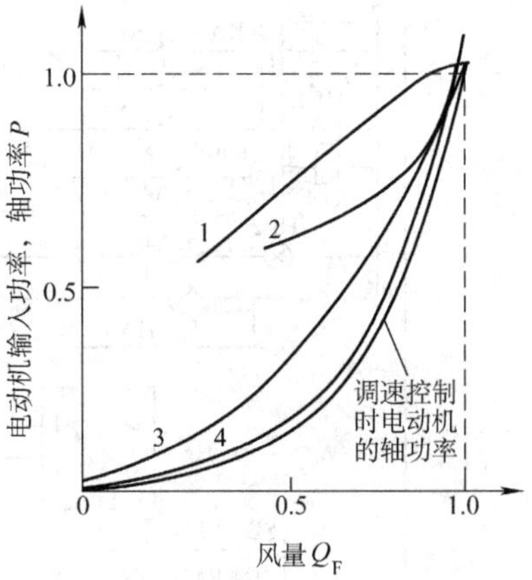

图 7-6　风机的输入功率与风量特性曲线
1—输出端风门控制时电动机的输入功率
2—输入端风门控制时电动机的输入功率
3—转差功率调速控制时电动机的输入功率
4—变频器调速控制时变频器的输入功率

当风量为 50% 时，可节约的电能如图 7-7 所示，图中坐标所标数字为标么值。图中画斜线部分的面积表示风量调节到 50% 时的节电量。当采用变频调速时，所需电源功率仅为全风量的 12.5%。当然这是理想情况下得到的结果，还需要考虑到由于转速下降引起的效率下降及附加控制装置的效率等。即使这样，其节能效果还是十分显著的，因此，采用变频调速对风机进行控制是节能的有效途径。

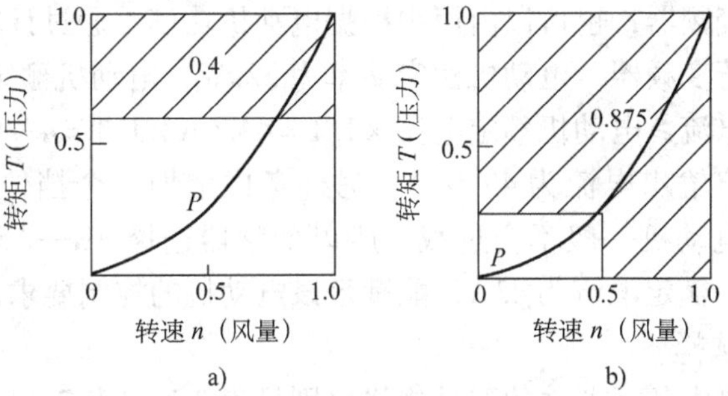

图 7-7　不同控制方法的电动机轴功率
a）输入端风门控制　b）变频调速控制

二、冲天炉风机的变频调速系统

1．控制电路

对于冲天炉风机系统的鼓风机，其变频调速控制电路如图 7-8 所示。

该电路采用升降速远程控制功能，图 7-8 中 SA 为 KA2 电源控制开关，按钮 SB1 和 SB2 用于控制中间继电器 KA3，由 KA3 控制接触器 KM，从而控制变频器的通电与断电。ST 和 SF 用于控制继电器 KA4，从而控制变频器的运行与停止。KM 和 KA4 之间具有联锁关系：KM 未接通之前，KA4 不能通电；KA4 未断开时，KM 也不能断电。

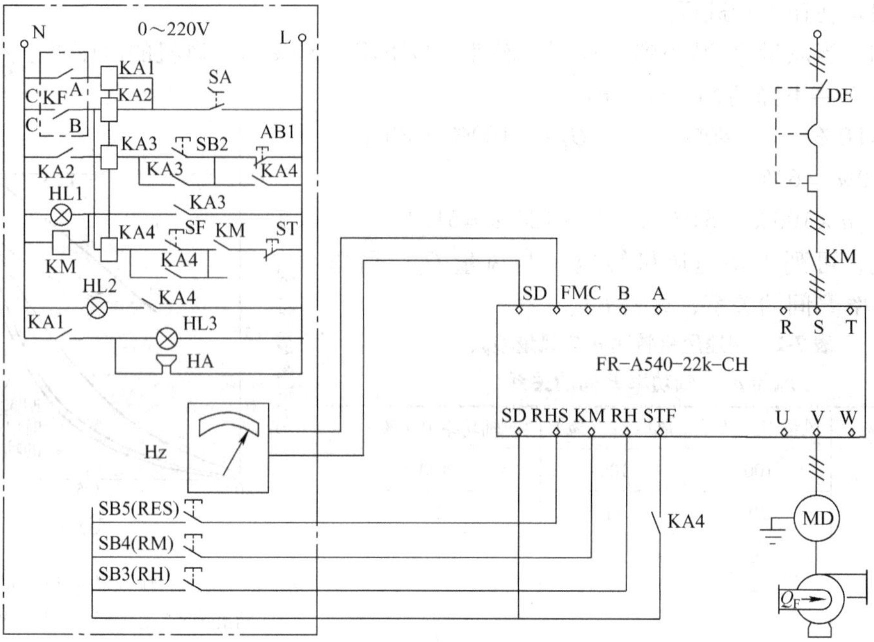

图 7-8　冲天炉鼓风机的变频调速控制电路

SB3 为升速按钮，SB4 为降速按钮，SB5 为复位按钮，KA1 为报警控制，KA2 为电源控制，KM 是变频器通电控制，KA4 是启动运行控制，HL1 是变频器通电指示，HL2 是变频器运行指示，HL3 和 HA 是变频器发生故障时进行声光报警，Hz 是频率指示。

2. 主要器件的选择

（1）变频器的选择　选择途径有两个：既可以根据用途，参照变频器说明书上的适配电动机功率，来选择变频器；也可以由用户根据电动机功率，通过计算来选配变频器。

本任务中选择三菱变频器，电动机额定功率为 22kW，电动机额定电流为 44.6A。

变频器额定输出电流≥电动机额定电流 ×1.1 =44.6A ×1.1 =49.06A

变频器应选择额定输出电流为 49.06A，另外考虑增加一个挡位电流，使其费用较高。但对于风机、泵类的电动机一般不会过载，所以变频器选择 FR—A540—22kW—CH，其额定容量为 32.8kV · A，额定电流为 43A，能满足该电动机的控制要求。

（2）主要器件的选择

主电路及控制电路中各元器件的型号规格分别见表 7-2 和表 7-3。

表 7-2　主电路中各元器件的型号规格

名称	选择要求	型号规格及参数	说明
三相交流电源	电源容量是负载的 1.2 ~ 1.5 倍	(1.2 ~ 1.5) P_N	P_N 负载的额定功率
输入侧电缆	导线安全载流量应大于等于负载电流	PVC 绝缘铜电缆 BV—500 3 ×25 +1 ×16mm^2	
断路器	I_{QN} = (1.3 ~ 1.4) I_N = (1.3 ~ 1.4) ×43A = 55.9 ~ 60.2A 选 I_{QN} = 63A	DZ20—100/63A	I_{QN} 断路器的额定电流 I_N 变频器的额定电流

（续）

名称	选择要求	型号规格及参数	说明
交流接触器	$I_{KN} \geqslant I_N$ $I_{KN}=50A$	CJ20—63 220V 63A	I_{KN}主触头的额定电流
变频器	变频器额定输出电流≥电动机额定电流×1.1	440 系列 FR—A540—22kW—CH 32.8kV·A/43A	对风机、泵类应用一般不会过载
输出侧电缆	导线安全载流量应大于负载电流。接地线应尽量用粗的，线径越短越好	PVC 绝缘铜电缆 BV—500 $3\times25+1\times16mm^2$	按公式 $\Delta U=3I_{MN}R_0L/1000$ 计算，I_{MN}电机额定电流（A），L 导线长度（m），R_0 单位导线的电阻（Ω/m）
交流电动机	满足设备负载要求	型号 Y—200L2—6 电压 380V、电流 44.6A 功率 22kW、频率 50Hz 转速 980r/min	
罗茨鼓风机	满足加工工艺要求	型号 L30X40LD—1 流量 $21.8m^3/min$ 功率 22kW 转速 980r/min 静压 34320Pa 介质密度 $1.2kg/m^3$ 振率≤6.3mm/s	

表 7-3　控制电路中各元器件的型号规格

名称	型号规格	数量
信号灯	AD_1—220V	3
蜂鸣器	AG16—22SM/220V	1
中间继电器	SQX—10F—33/220V	4
按钮	LA19—11	7
自锁按钮	LAY3—11	7
多股线	RV—500	若干
I/O 线	$0.1mm^2$ RVVP 多股屏蔽线	若干
接地线	$2.5mm^2$	若干

3. 能力训练

1）按控制电路（如图 7-8 所示），对所选元器件进行安装、接线。

2）设置运行参数，见表 7-4。

表 7-4 运行参数设置

功能参数	名称	设定值	单位	备注
Pr. 0	转距补偿	2%		基底频率电压
Pr. 1	上限频率	49.5	Hz	
Pr. 2	下限频率	20	Hz	
Pr. 3	基底频率	50	Hz	
Pr. 7	加速时间	30	s	
Pr. 8	减速时间	60	s	
Pr. 9	电动机额定电流	44.6	A	50Hz
Pr. 14	适用负载选择	1		变转矩负载
Pr. 19	基底频率电压	380	V	
Pr. 59	遥控频率记忆	1		
Pr. 71	恒转距电动机△联结	18		
Pr. 79	外部控制模式	2		
Pr. 180	清除	0		
Pr. 181	减速	1		
Pr. 182	加速	2		

3）接线完毕，经检查无误后，在老师指导下进行通电试车。

4）修改运行频率 Pr. 7、Pr. 8、Pr. 181、Pr. 182 参数，反复调试远程控制变频器通断电和调试远程控制变频器启停。

5）注意事项：

① 先看懂控制原理图，然后认真按原理图接线。

② 通电试车前，先检查控制电源部分，看 KM 能否控制变频器的电源进线 RST，再逐一检查各元器件动作顺序是否正确。经反复检查无误后，再将变频器电源进线 RST 通电输入，进行试车调试。

③ 现场调试要注意安全。

6）成绩评定见表 7-5。

表 7-5 成绩评定

项目名称	冲天炉风机变频调速系统调试		鉴定时限		
序号	要求	配分	等级	评 分 细 则	得分
1	根据控制图进行电路接线	30 分	30	电路接线完全正确	
			20	电路接线错 1 处，能自行修改	
			10	电路接线错 2 处，能自行修改	
			0	电路接线错 2 处以上，或不能连接	
2	参数设定	30 分	30	参数完全正确	
			20	参数错 1 处	
			10	参数错 2 处	
			0	参数多处出错	

（续）

项目名称	冲天炉风机变频调速系统调试		鉴定时限		
序号	要求	配分	等级	评分细则	得分
3	通电调试并记录测量	30分	30	通电调试结果完全正确	
			20	测试及测量错1处	
			10	测试及测量错2处	
			0	通电调试失败，无法实测	
4	安全生产	10分	10	安全文明生产，符合操作规程	
			8	操作基本规范	
			6	经提示后能规范操作	
			0	不能文明生产，不符合操作规程	
合计					

4. 能力测试

若采用可编程序控制器（PLC）代替本任务中的继电控制电路部分，变频调速部分不变。试设计有关控制电路，编写有关程序，进行安装调试。

第二节 利用变频器对鼓风机进行程控调速控制

目前，在纺织行业中，仍有不少企业依旧使用变极的方法对风机进行调速，其不但调节灵活性差，而且耗电量也大。若使用变频调速技术，利用变频器的程控调速功能对风机进行速度控制，就能根据纺织车间的不同季节对车间温度、湿度的要求不同，合理调节风量，做到通风换气、降温除湿，达到自动保持温度、湿度恒定的要求。这样，既可降低劳动强度和生产成本，又可实现节能增效。

某纺织厂有5个纺织车间，每个车间有两台鼓风机，其中一台为30kW、另一台为37kW，若利用变频器对其鼓风机进行程控调速改造，就能达到上述的要求。那么，具体又如何实现呢？本任务将学习这方面的有关知识。

一、利用变频器对鼓风机进行程控调速改造

1. 查询有关资料

根据未改造前的相关记录，统计全年运行时间。若每月运行30天，每天按24h计算，全年总运行时间为8640h。其中，夏季高温期为4个月（6~9月份），累计时间为 t_1 = 2880h；春秋冬季中低温期为8个月（1~5月、10~12月），累计时间为 t_2 = 5760h。在夏季高温期每天的10~18时段是室外温度最高时间，而每天的22时至次日7时段是当日温度最低时间，其余时段为当日平均温度时间。因此，变频器对风机控制的频率只有根据不同时段的温度差异来设定，才能使车间室内温度保持相对恒定。

2. 测定与计算控制频率

夏季高温期	10~18时	最高频率设定为48Hz
	22~7时	最低频率设定为35~38Hz
	其余时段	综合频率设定为43Hz

春秋冬季中低温期	10～18 时	最高频率设定为 28Hz
	21～7 时	最低频率设定为 15～18Hz
	其余时段	综合频率为 23Hz

3. 有关电路

（1）主电路　保持原电气柜中减压起动装置及换极控制部分（以作备用），增加变频器调速控制电路。主电路如图 7-9 所示。

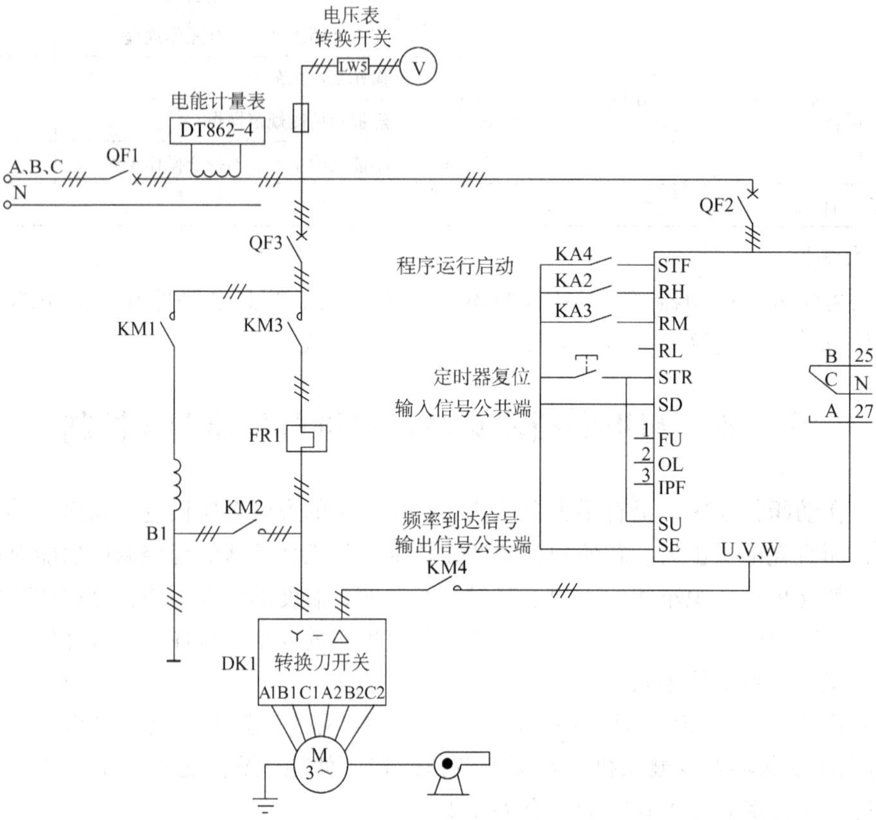

图 7-9　主电路

（2）控制电路　控制电路如图 7-10 所示。起动设备前，首先将电动机Y—△刀开关拨至△联结挡位（高速），其次将选择开关拨至工频或变频位置。

若选择高频运行，SK1 的 1—2 接通，按图顺序启动工频运行；若选择变频运行，SK1 的 1—3 接通，将选择开关拨至夏季高温期或春秋冬中低温期运行。

若选择高温运行，SK2 的 17—18 接通，然后按图顺序启动变频运行；若选择中低温运行，SK2 的 17—19 接通，其余操作同上。

二、节能分析

1. 运行时间

全年总运行时间为 8640h，其中，高温期为 4 个月，累计时间为 $t_1=2880h$；春秋冬中低温期为 8 个月，累计时间为 $t_2=5760h$。

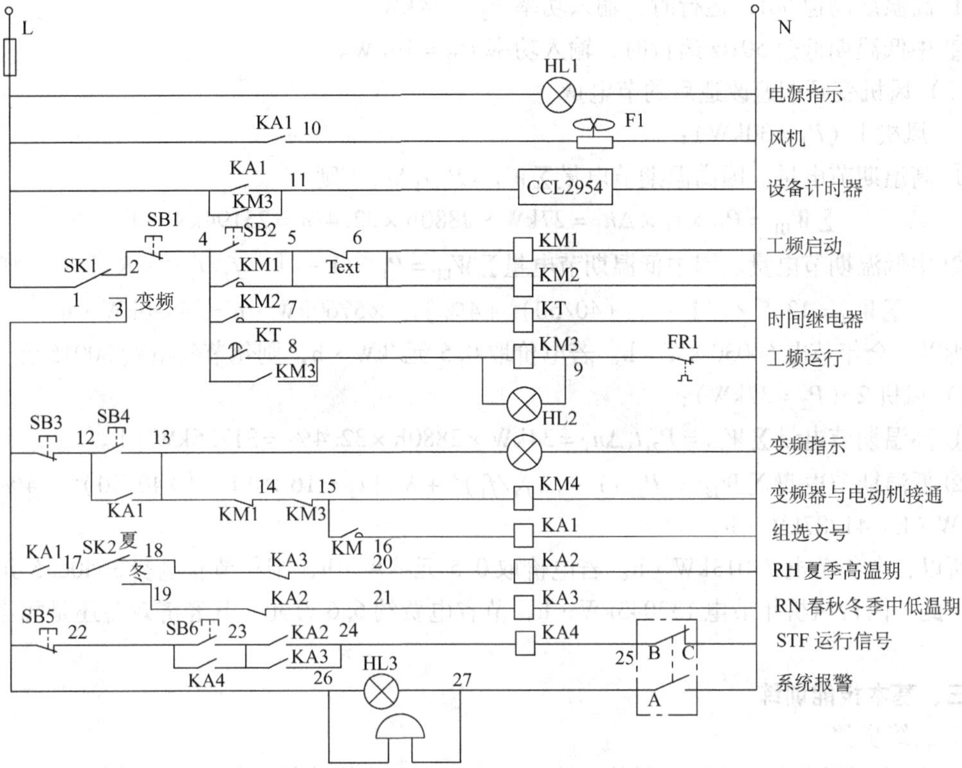

图 7-10　控制电路

2. 节电率

根据高温期综合频率设定为 43Hz、春秋冬中低温期综合频率设定为 23Hz，计算公式如下：

$$\Delta n_1 = [1-(f_X/f_1)^3] \times 100\% - K \quad (7\text{-}5)$$

式中　f_X——设定运行频率；

f_1——供电电源频率；

K——高温期变频损耗及影响节电因素的扣减系数，一般范围取 2%～6%。

1）高温期平均节电率：此处 K 取 4%，则

$$\Delta n_1 = [1-(43 \div 50)^3] \times 100\% - 4\% = 36.4\% - 4\% = 32.4\%$$

2）中低温期的平均节电率：此处 K 取 6%，则

$$\Delta n_2 = [1-(23 \div 50)^3] \times 100\% - 6\% = 90.27\% - 6\% = 84.27\%$$

3. 节电量

（1）风机变频调速改造前的消耗功率

1）风机 1（$P_1 = 30\text{kW}$）：

① 高温期高速 50Hz 运行时，输入功率 $P_{11} = 27\text{kW}$。

② 中低温期低速 50Hz 运行时，输入功率 $P_{12} = 13.5\text{kW}$。

2）风机2（$P_2=37\text{kW}$）：

① 高温期高速50Hz运行时，输入功率 $P_{21}=34\text{kW}$。

② 中低温期低速50Hz运行时，输入功率 $P_{22}=16\text{kW}$。

（2）风机变频调速改造后的节电量

1）风机1（$P_1=30\text{kW}$）：

① 高温期节电量。因高温期节电量 $\sum W_H=P_{11}t_1\Delta n_1$，则

$$\sum W_{H1}=P_{11}\times t_1\times\Delta n_1=27\text{kW}\times2880\text{h}\times32.4\%=25194\text{kW}\cdot\text{h}$$

② 中低温期节电量。因中低温期节电量 $\sum W_{L1}=P_{12}\ \{1-[\ (f_X/f_1)^3+K]\}\ t_2$，则

$$\sum W_{L1}=13.5\times\ \{1-[\ (40/50)^3+4\%\ ]\}\ \times5760\text{kW}\cdot\text{h}=34836\text{kW}\cdot\text{h}$$

所以，全年节电 60030 kW·h。若电价取0.5元/kW·h，则年节省电费30015元。

2）风机2（$P_2=37\text{kW}$）：

① 高温期节电量 $\sum W_{H2}=P_{21}t_1\Delta n_1=34\text{kW}\times2880\text{h}\times32.4\%=31726\text{kW}\cdot\text{h}$。

② 低温期节电量 $\sum W_{L2}=P_{21}\{1-[(f_X/f_1)^3+K]\}t_2=16\times\{1-[(40/50)^3+4\%]\}\times5760\text{kW}\cdot\text{h}=41287\text{kW}\cdot\text{h}$。

所以，全年节电73013kW·h。若电价取0.5元/kW·h，则年节省电费36506.5元。

由此，两台风机年节电133043kW·h，节省电费约6.6万元。其经济效益还是相当可观的。

三、基本技能训练

1. 训练步骤

1）按控制要求合理选择元器件。选择方法可参考本模块任务一中的有关叙述。

2）按照图7-9和图7-10安装连接主电路和控制电路。

3）设置运行参数。具体参数见表7-6。

表7-6　基本参数设定值

序号	参数号	设定值	说明	序号	参数号	设定值	说明
1	Pr. 1	49Hz	上限频率	7	Pr. 20	50Hz	加减速基准频率
2	Pr. 2	0Hz	下限频率	8	Pr. 76	3s	程序运行到输出时间
3	Pr. 3	50Hz	基底频率	9	Pr. 79	5	程序运行模式
4	Pr. 7	20s	加速时间	10	Pr. 200	3	运行时间以小时为单位
5	Pr. 8	30s	减速时间	11	Pr. 231		现场基准时间设定
6	Pr. 13	5Hz	启动频率				

4）按运行曲线如图7-11所示，参照表7-7，模拟夏季高温期设置参数。所接电路和设置的参数经检查无误后，在老师的指导下进行通电调试。

注意：如果在执行预定程序过程中，变频器电源断开后又接通（包括瞬间停电），内部定时器将复位，并且电源恢复后变频器也不会重新启动。若要再继续开始运行，则必须关断预定程序开始信号STF，然后再打开，重新启动，就可以了。

表 7-7　夏季高温期参数设定

序号	运　行			参数设定值		
1	正转	35	0 点整	Pr. 201 = 1	35	0：00
2	正转	43	7 点整	Pr. 202 = 1	43	7：00
3	正转	48	10 点整	Pr. 203 = 1	48	10：00
4	正转	43	14 点整	Pr. 204 = 1	43	14：00
5	正转	40	18 点整	Pr. 205 = 1	40	18：00
6	正转	35	21 点整	Pr. 206 = 1	35	21：00

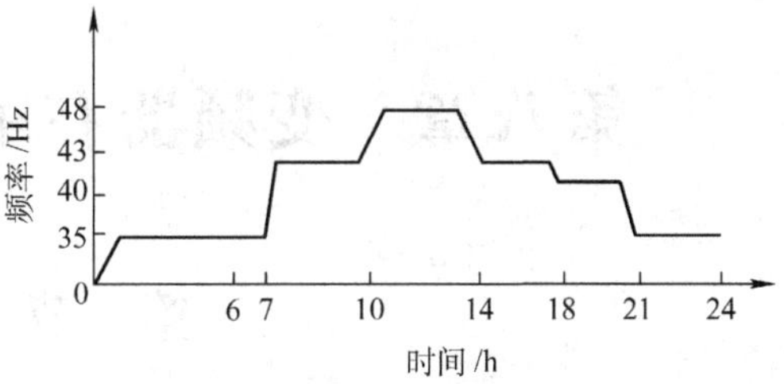

图 7-11　夏季高温期调速时间及运行频率

5）按运行曲线如图 7-12 所示，参照表 7-8，修改运行参数，模拟春秋冬季中低温期设置参数，在老师的检查和指导下进行通电调试。

表 7-8　春秋冬季中低温期参数设定

序号	运　行			参数设定值		
1	正转	18	0 点整	Pr. 201 = 1	18	0：00
2	正转	23	7 点整	Pr. 201 = 1	23	7：00
3	正转	28	10 点整	Pr. 201 = 1	28	10：00
4	正转	23	14 点整	Pr. 201 = 1	23	14：00
5	正转	21	18 点整	Pr. 201 = 1	21	18：00
6	正转	18	21 点整	Pr. 201 = 1	18	21：00

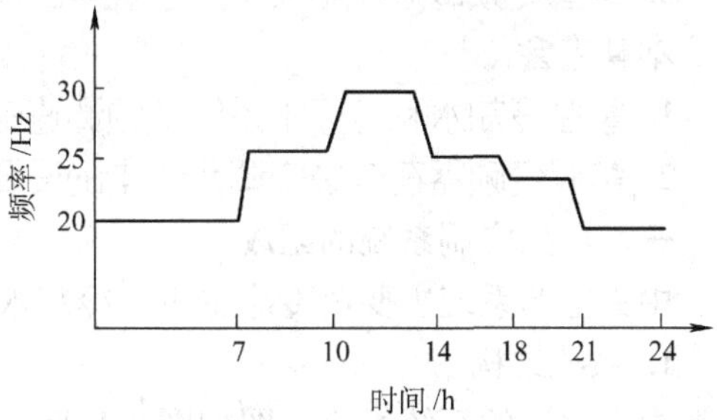

图 7-12　春秋冬季中低温期调速时间及运行频率

2. 能力测试

若采用可编程序控制器（PLC）对本任务中的鼓风机进行控制，变频调速部分不变。试设计有关控制电路，编写有关程序，进行安装调试。

复习思考题

1. 风机主要有哪些类型？其主要参数和特性有哪些？
2. 试简述调节风机风量的两种方法及其特点。
3. 风机的风量 Q_F、压力 p_F、轴功率 P 与转速 n 间的关系是什么？
4. 试简述变频调速的节能原理。
5. 试简述对鼓风机进行变频调速改造的步骤。

第八章　变频器在中央空调系统中的应用

第一节　概　　述

本章应知

1. 熟悉中央空调系统的组成和工作原理。
2. 了解循环水系统的作用与特点。
3. 掌握变频调速在中央空调系统中的应用。

本章应会

1. 掌握冷却水和冷冻水系统变频调速的改造方法。
2. 掌握变频器在中央空调系统中的设置。

一、中央空调系统的组成

中央空调系统主要由冷冻主机、冷却水塔与外部热交换系统等部分组成。

1. 系统结构

中央空调的系统组成框图如图 8-1 所示，主要由下列几部分组成。

（1）冷冻主机　冷冻主机也叫制冷装置，是中央空调的制冷源，通往各个房间的循环水由冷冻主机进行“内部热交换”，降温为“冷冻水”。冷冻主机近年来也有采用变频调速的。

（2）冷却水塔　冷冻主机在制冷过程中必然会释放出热量，使机组发热。冷却水塔用于为冷冻主机提供“冷却水”。冷却水在盘旋流过冷冻主机后，带走冷冻主机所产生的热量，使冷冻主机降温。

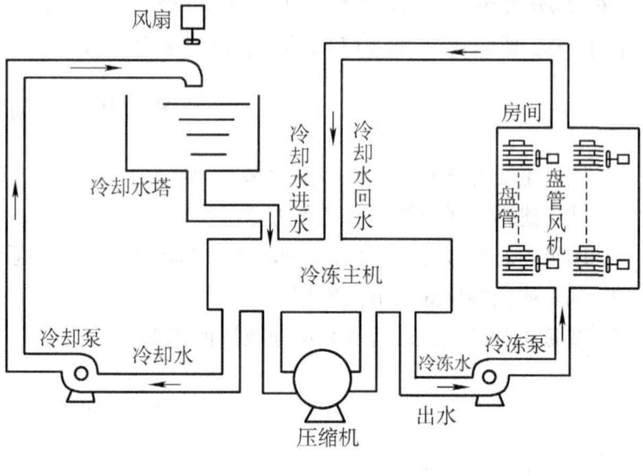

图 8-1　中央空调的系统组成

（3）外部热交换系统

1）冷冻水循环系统。冷冻水循环系统由冷冻泵及冷冻水管组成。水从冷冻机组流出，冷冻水由冷冻泵加压送入冷冻水管道，在各房间内进行热交换，带走房间内的热量，使房间内的温度下降。同时，冷冻水的温度升高，温度升高了的循环水经冷冻主机后又变成冷冻水，如此往复循环。

从冷冻机组流出、进入房间的冷冻水简称为“出水”；流经所有的房间后回到冷冻机组的冷冻水简称为“回水”。由于回水的温度高于出水的温度，因而形成温差。

2）冷却水循环系统。冷却泵、冷却水管道及冷却塔组成了冷却水循环系统。冷却主机在进行交换、使水温冷却的同时，释放出大量的热量，该热量被冷却水吸收，使冷却水温度升高。冷却泵将升温的冷却水压入冷却塔，使之在冷却塔中与大气进行热交换，然后再将降了温的冷却水送回到冷却机组。如此不断循环，带走了冷冻主机释放的热量。

流进冷却主机的冷却水简称为“进水”；从冷却主机流回冷却塔的冷却水简称为“回水”。同样，回水的温度高于进水的温度，也形成了温差。

（4）冷却风机　冷却风机有两种情况。

1）室内风机（盘管风机）。安装于所有需要降温的房间内，用于将由冷冻水冷却了的冷空气吹入房间，加速房间内的热交换。

2）冷却塔风机。用于降低冷却塔中的水温，加速将“回水”带回的热量散发到大气中去。

可以看出，中央空调系统的工作过程是一个不断地进行热交换的能量转换过程。在这里，冷冻水和冷却水循环系统是能量的主要传递者。因此，对冷冻水和冷却水循环系统的控制便是中央空调控制系统的重要组成部分。

（5）温度检测　通常使用热电阻或温度传感器，检测冷冻水和冷却水的温度变化，与PID 调节器和变频器组成闭环控制系统。

二、中央空调系统实训装置认识

某中央空调实验装置如图 8-2 所示，主要由以下几部分组成：

1. 压缩机

系统采用全封闭活塞式压缩机，正常工作温度仅为 0℃，安全可靠、结构紧凑、噪声低、密封性好，制冷剂为 R22。

2. 蒸发器

制冷系统采用透明水箱式蒸发器，易于观察，蒸发器组浸于水中，制剂在管内蒸发，水在水泵的作用下在水箱内流动，以增强制冷效果。

3. 冷凝器

制冷系统采用螺旋管式冷凝器，这是一种热交换设备，用两条平行的铜管卷制而成，是具有两个螺旋通道的螺旋体。中间的螺旋体是冷却水通道，外部的螺旋体是高压制冷剂的通道。

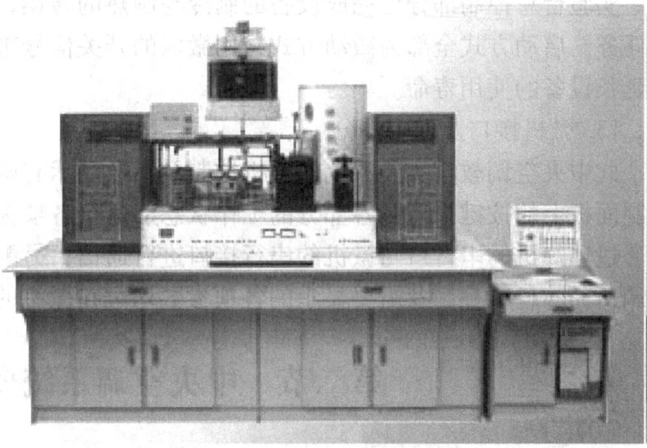

图 8-2　中央空调实验装置

4. 喷淋式冷却塔

该设备的冷凝方式采用逆流式冷却塔，全透明结构，吸风机装在塔的顶部，结构完全仿真、直观。冷却塔采用吸风式强迫通风，塔内填有填充物，以提高冷却效果。从冷凝器出来的温水由冷却水泵送入塔顶后，由布水器的喷嘴旋转向下喷淋。

5. 锅炉

锅炉是中央空调制热系统的核心部件，采用英格莱电热管使水与电完全隔离，具有超温保护、防干烧保护、超压保护，确保人机安全。采用进口聚氨发泡保温技术，保温性能好。

6. 模拟房间

模拟房间用全透明有机玻璃制作，外形美观、小巧、占地面积少、结构紧凑，具有全透明结构，一目了然。房间装有盘管、盘管风机、温度控制调节仪。

7. 温度控制

本设备实验台的面板上装有温度控制显示仪，可控制温度的范围，能巡回检测出各关键部位的温度。

8. 模拟演示

该设备配有 500mm×300mm 系统工作演示板一块，采用环氧敷铜板，四色（红、绿、蓝、黄），LED 形象、逼真地显示冷、热管道的温度和工作状态。

9. 温度控制检测仪

两个模拟房间分别装有数码显示的温度控制调节器，温度范围可自行设定。仪器可根据房间温度的具体设定情况自动调节温度，达到设定值。

10. 高、低压保护装置

为安全起见，制冷系统装有高、低压保护继电器，可保护压缩机及系统的正常运行。

11. 水箱

为节约用水，系统循环使用水资源。通过加水箱来完成媒介水的加入、自动调节、过滤等任务，并装有自动加水系统。如果系统水资源缺乏，加水系统会自动启动补给。

12. 中央控制部分

实验台总控制部分可完成设备的制冷与制热的转换，以及在制冷状态或制热状态的关闭等任务。启动方式全部为微动方式，用微弱的开关信号来控制微处理器，驱动电路工作，从而延长设备的使用寿命。

13. 微机接口及控制部分

此中央空调教学实验系统的整机控制及参数显示有两种方式。第一种方式是通过实验台控制面板上的按键来控制各部分的工作状态、进行各项参数的设定及动态显示；第二种方式是通过单片机的串行口与微机的串行接口进行通信，另配有全中文的应用软件，从而使中央空调所需的各项控制及需要显示的各项参数均可在微机的屏幕上完成。

第二节　中央空调系统变频控制

一、循环水系统的组成

循环水系统由两部分组成：一种是冷却水循环系统，另一种是冷冻水循环系统。其结构示意图如图 8-3 所示。

二、循环水系统的特点

一般来说，水泵属于二次方律负载，工作过程中消耗的功率与转速的三次方成正比。这是因为，水泵的主要用途是供水，对于一般供水系统来说，上述结论是正确的。然而，在某些非供水系统中，例如，中央空调的循环水系统，上述结论却不一定是正确的。

1. 循环水的特点

（1）用水特点　在循环水系统中，所用的水是不消耗的。从水泵流出的水又将流回水泵的进口处，并且回水本身具有一定的动能和势能，将反馈到水泵的进口处。

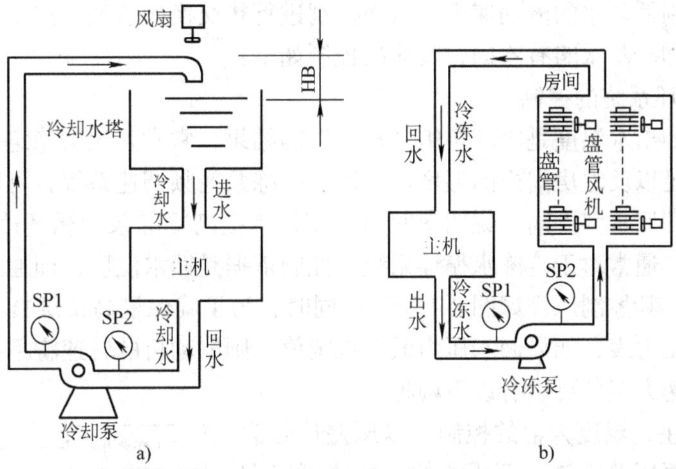

图 8-3　循环水系统

a）冷却水系统　b）冷冻水系统

（2）调速特点　在循环水系统中，当通过改变转速来调节流量时，水在封闭的管路中具有连续性，即使水泵的转速很低，循环水也能在管路中流动。在水泵转速为“0”的状态下，回水管与出水管中的最高水位永远是相等的。因此，水泵的转速只是改变水的流量，而与扬程无关。

2. 压差的概念与功率的计算

循环水系统的工作情形与电路十分类似，水泵的做功情形也可通过水泵出水与回水的压力差 p_D 来描绘。

$$p_D = p_1 - p_2 \tag{8-1}$$

式中　p_1——出水压力；

p_2——回水压力。

水泵的功率可以计算如下：

$$P = p_D Q = Q^2 R \tag{8-2}$$

式中　R——循环水路的管阻；

Q——循环水的流量；

p_D——压差。

由于流量和转速成正比，所以在循环水系统中，水泵的功率与转速的三次方律成正比，即

$$\frac{P_1}{P_2} = \frac{n_1^3}{n_2^3} \tag{8-3}$$

式中　P_1、P_2——水泵转速变化前、后的功率；

n_1、n_2——水泵转速变化前、后的转速。

可见在循环水系统中，当通过改变转速来调节流量时，其节能效果略微逊色于供水系统。

三、利用变频器控制的循环水系统

冷冻水和冷却水两个循环系统主要完成中央空调系统的外部热交换。循环水系统的回水与进（出）水温度之差，反映了需要进行热交换的热量。因此，一般根据回水与进（出）

水温度之差来控制循环水的流动速度，从而控制进行热交换的速度，这是比较合理的控制方法，但是冷冻水和冷却水略有不同，具体的控制如下：

1. 冷冻水循环系统的控制

由于冷冻水的出水温度是冷冻机组“冷冻”的结果，常常是比较稳定的。因此，单是回水温度的高低就足以反映房间内的温度。所以，冷冻泵变频调速系统，可以简单地根据回水温度进行控制。即回水温度高，说明房间温度高，应提高冷冻泵的循环速度，以节约能源。反之相反。总之，通常对于冷冻水循环系统，控制依据是回水温度，即通过变频调速，实现回水的恒温控制。其控制原理如图 8-4 所示。同时，为了确保最高楼层具有足够的压力，在回水管上接一个压力表，如果回水压力低于规定值，则电动机的转速将不再下降。这样，冷冻水系统变频调速方案就可以有以下两种。

（1）压差为主，温度为辅的控制　以压差信号为反馈信号，进行恒压差控制。而压差的目标值可以在一定范围内根据回水的温度进行适当调整。当房间温度较低时，使压差的目标值适当下降一些，减小冷冻泵的平均转速，提高节能效果。这样，既考虑了环境温度的因素，又改善了节能效果。

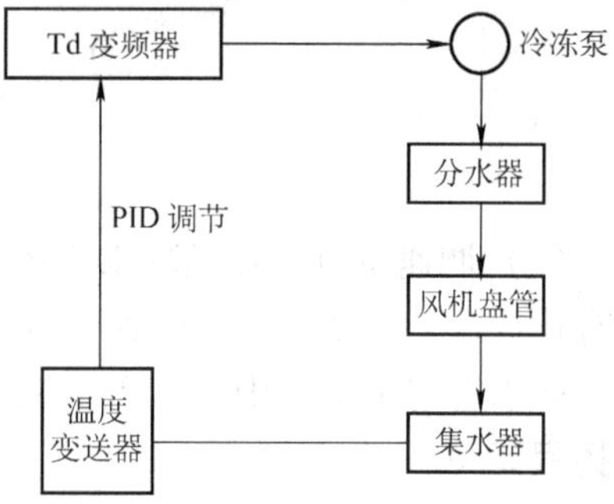

图 8-4　恒温控制原理

（2）温度（差）为主，压差为辅的控制　以温度或温差信号为反馈信号，进行恒温度（差）控制，而目标信号可以根据压差大小作适当的调整。当压差偏高时，说明其负荷较重，应该适当提高目标信号，增加冷冻泵的平均转速，以确保最高楼层具有足够的压力。

2. 冷却水循环系统的控制

（1）控制的基本情况和依据　冷却水的进水温度就是冷却水塔内的水温，它取决于环境温度和冷却风机的工作情况。由于冷却塔的水温是随环境温度而变的，单测水温不能准确地反映冷冻机组内产生热量的多少。所以，对于冷却泵，以进水和回水间的温差作为控制依据，实现进水和回水间的恒温差控制是比较合理的。温差大，说明冷冻机组产生的热量大，应提高冷却泵的转速，增大冷却水的循环速度；温差小，说明冷冻机组产生的热量小，可以降低冷却泵的转速，减缓冷却水的循环速度，以节约能源。

实践证明，冷却泵的变频调速采用进水和回水间的温差作为控制依据的控制方案是可取的，即进水温度低的时候，应主要着眼于节能效果，温差的目标可以适当地高一点；而在进水温度高的时候，则从保证冷却效果出发，应将温差的目标定得低一些。

（2）控制方案　在这里我们介绍一种冷却泵的控制方案，即利用变频器内置的 PID 调节功能，兼顾节能效果和冷却效果的控制方案。

1）反馈信号：反馈信号是由温差控制器得到的与温差 Δt 成正比的电流或电压信号。

2）目标信号：目标信号是一个与进水温度 t_A 相关的、并且与目标温差成正比的值，如图 8-5 所示。其基本考虑是：当进水温度高于 32℃时，温差的目标值定为 3℃；当进水温度低于 24℃时，温差的目标值定为 5℃；当进水温度在 24℃和 32℃之间变化时，温差的目标将按照这个曲线自动调速。

根据此控制要求，我们可以设计此冷却水循环系统的控制原理框图，如图 8-6 所示。

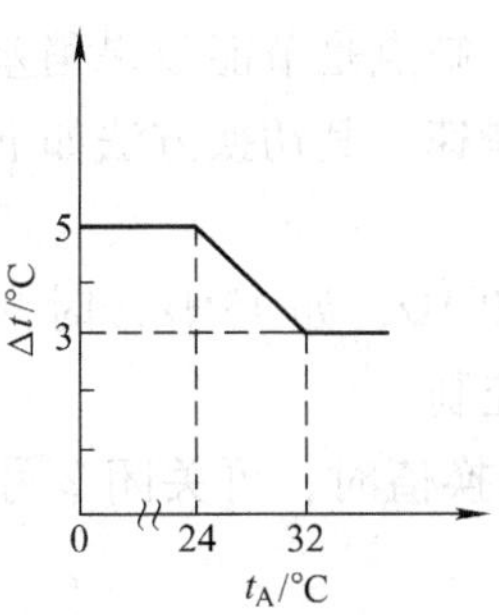

图 8-5　目标值范围

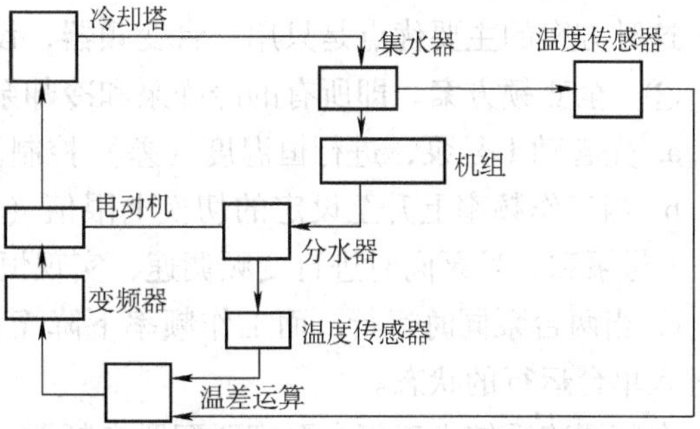

图 8-6　冷却水循环系统的控制原理框图

四、基本技能训练

1. 控制要求

中央空调的水循环系统一般都由若干台水泵组成（如冷却水泵、冷冻水泵等）。现在采用变频调速，要求对 3 台泵进行控制。具体控制要求有：

1）某空调冷却系统有 3 台水泵，按设计要求每次运行两台，一台备用，10 天轮换一次。

2）冷却进回水温差超出上限温度时，一台水泵全速运行，另一台变频高速运行；冷却进回水温差小于下限温度时，一台水泵变频低速运行。

3）3 台泵分别由电动机 M1、M2、M3 拖动，全速运行由 KM1、KM2、KM3 3 个接触器控制，变频调速分别由 KM4、KM5、KM6 3 个接触器控制。

2. 训练要求

1）根据要求，能够选择控制方案。

2）正确设置以下变频器参数：Pr. 0、Pr. 1、Pr. 2、Pr. 3、Pr. 7、Pr. 8、Pr. 9、Pr. 20、Pr. 78、Pr. 27、Pr. 26、Pr. 25、Pr. 24、Pr. 6、Pr. 5、Pr. 4。

3）正确地编程并调试运行。

3. 训练内容

（1）选择控制方案

1）根据回水与进（出）水温度之差来控制循环水的流动速度，从而达到控制热交换的速度，是比较合理的控制方法。

2）中央空调变频调速系统的切换方式：中央空调的水循环系统的 3 台水泵，采用变频调速时，可以有两种方案。

①　一台变频器方案。各台泵之间的切换方法如下：

a. 先起动 1 号泵（M1 拖动），进行恒温度（差）控制。

b. 当 1 号泵的工作频率上升至 50Hz 时，将它切换至工频电源；同时，将变频器的给定频率迅速降到 0Hz，使 2 号泵（M2 拖动）与变频器相接，并开始起动，进行恒温度（差）控制。

c. 当 2 号泵的工作频率上升至 50Hz 时，切换至工频电源；同时，将变频器的给定频率迅速降到 0Hz，进行恒温度（差）控制。

当冷却进回水温差超出上限温度时，1 号水泵工频全速运行，2 号切换到变频状态高速运行；冷却进回水温差小于下限温度时，断开 1 号水泵，使 2 号水泵变频低速运行。

d. 若有一台水泵出现故障，则3号水泵（M3拖动）立即投入使用。

这种方案的主要优点是只用一台变频器，设备投资较少；缺点是节能效果稍差。

② 全变频方案。即所有的冷冻泵和冷却泵都采用变频调速，其切换方法如下：

a. 先起动1号泵，进行恒温度（差）控制。

b. 当工作频率上升至设定的切换上限值（通常可小于50 Hz，如45Hz）时，起动2号泵，1号泵和2号泵同时进行变频调速，实现恒温度（差）控制。

c. 当两台泵同时运行，而工作频率下降至设定的下限切换值时，可关闭2号泵，使系统进入单台运行的状态。

全频调速系统由于每台泵都要配置变频器，故设备投资较高，但节能效果却要好得多。

（2）参数设置　变频调速通过变频器的7段速度实现控制，需要设定的参数见表8-1和表8-2。

表8-1　7段速参数

速度	1速	2速	3速	4速	5速	6速	7速
参数号	Pr. 27	Pr. 26	Pr. 25	Pr. 24	Pr. 6	Pr. 5	Pr. 4
设定值/Hz	10	15	20	25	30	40	50

表8-2　相关参数设置

参数号	设定值	意义
Pr. 0	3%	起动时的转矩
Pr. 1	50Hz	上限频率
Pr. 2	10Hz	下限频率
Pr. 3	50Hz	基底频率
Pr. 7	5s	加速时间
Pr. 8	10s	减速时间
Pr. 9	6	电子过电流保护
Pr. 20	50Hz	加减速基准频率
Pr. 78	1	防逆转

（3）主电路接线　主电路接线和PLC与变频器的控制接线如图8-7和图8-8所示。

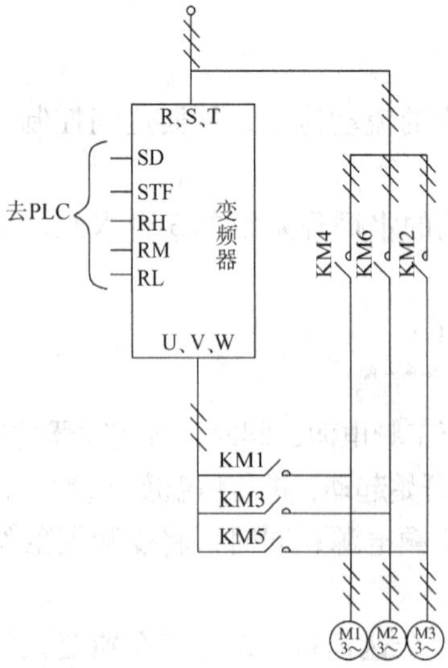

图8-7　主电路接线

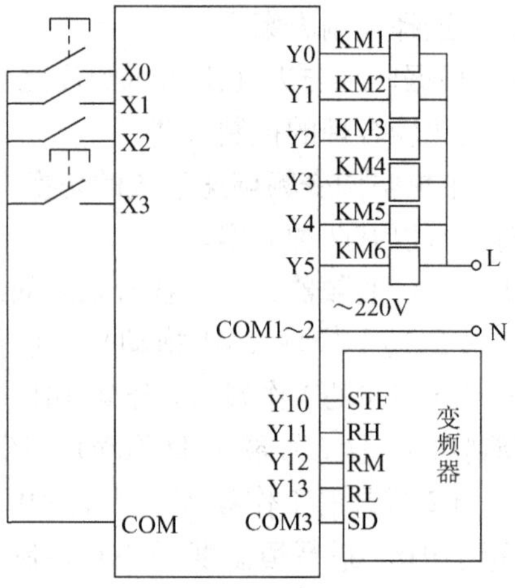

图8-8　PLC与变频器控制接线

（4）根据状态流程图，编写和调试程序　根据控制功能，该系统的状态流程如图 8-9 所示。

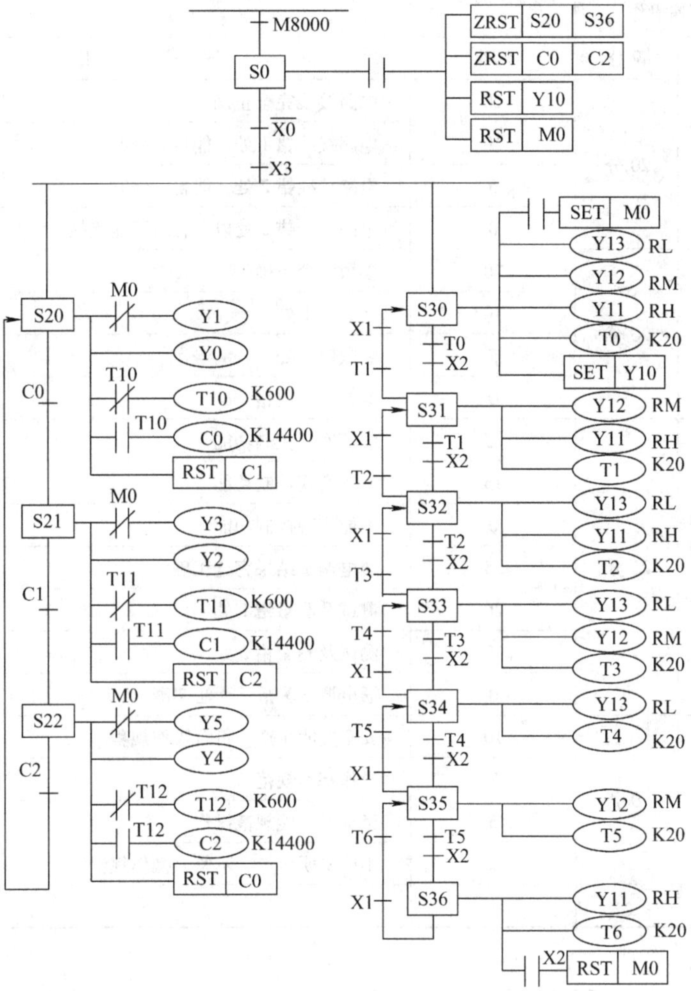

图 8-9　控制流程

（5）通电观察转速变化　通电后按照控制要求正确操作，并观察转速的变化情况。

（6）注意事项

1）由于一台变频器分时控制不同电动机，因此必须通过接触器、起停按钮、转换开关进行电气和机械互锁以确保一台变频器只拖动一台水泵，以免一台变频器同时拖动两台水泵而过载。

2）切不可将 R、S、T 与 U、V、W 端子接错，否则，会烧坏变频器。

3）PLC 的输出端子只相当于一个触点，不能接电源，否则会烧坏电源。

4）运行中若出现报警现象，要复位后重新操作。

5）操作完成后注意断电，并且清理现场。

(7) 成绩评定　成绩评定见表8-3。

表8-3　成绩评定

项目名称	中央空调的变频调速操作		鉴定时限		
序号	要求	配分	等级	评分细则	得分
1	根据考核图进行电路接线	20分	20	电路接线完全正确	
			10	电路接线错1处，能自行修改	
			5	电路接线错2处，能自行修改	
			0	电路接线错2处以上，或不能连接	
2	参数设定	20分	20	参数完全正确	
			10	参数错1处	
			5	参数错2处	
			0	参数多处出错	
3	程序编写通电调试并记录测量	25分	25	能够实现控制功能	
			15	基本实现控制功能	
			0	不能实现控制功能	
			25	通电调试结果完全正确	
			20	测试及测量错1处	
			10	测试及测量错2处	
			0	通电调试失败，无法实测	
4	安全生产	10分	10	安全文明生产，符合操作规程	
			8	操作基本规范	
			6	经提示后能规范操作	
			0	不能文明生产，不符合操作规程	
合计					

4. 能力测试

用两台电动机拖动两台气泵，为了实现恒压供气，用一台变频器控制一台电动机实现变频调速，另一台工频运行。当一台气泵变频到50Hz压力还不够时，另一台泵全速运行；当压力超过上限压力时，变频泵速度逐渐下降，当降至最低时压力还高，切断全速泵，由一台变频泵变频调速控制压力。请设计该控制系统，进行实际安装，编写有关程序，设置变频器参数，进行调试运行。

第三节　中央空调系统的改造

某酒店的中央空调系统目前的主要设备和控制方式是：450t冷气主机2台，型号为特灵二极式离心机，两台并联运行；冷冻水泵和冷却水泵各有3台，型号均为TS—200—150315，扬程为32m，配用功率为37kW，均采用两用一备的方式运行。冷却塔3台，风扇电动机7.5kW，并联运行。

其冷冻主机可以根据负载变化随之加载或减载，而冷冻水泵和冷却水泵却不能随负载变化作出相应的调节，几乎长期在100%负载下运行，造成了能量的极大浪费，也恶化了中央空调的运行环境和运行质量。因而，需要进行改造。

随着变频技术的日益成熟，利用变频器、PLC、数/模转换模块、温度传感器、温度模块等器件的有机结合，构成温差闭环自动控制系统，自动调节水泵的输出流量，可达到节能的目的。

一、两种控制方法的比较

与变频调速不同，老式空调是用阀门、自动阀调节管路流量，不仅增大了系统节流损失，而且由于对空调的调节是阶段性的，造成整个空调系统工作在波动状态；而通过在冷却泵、冷冻泵上加装变频器，则可一劳永逸地解决该问题，还可实现自动控制，并可通过变频节能收回投资。同时，变频器的软起动功能及平滑调速的特点可实现对系统的平稳调节，使系统工作状态稳定，并延长机组及管网的使用寿命。

另外，由于冷冻泵输送的冷量不能跟随系统实际负荷的变化而变化，使其热力工况的平衡只能由人工调整冷冻主机出水温度和由大流量小温差来掩盖。这样，不仅浪费能量，也恶化了系统的运行环境、运行质量。特别是在环境温度偏低、某些末端设备温控稍有失灵或灵敏度不高时，将会导致大面积空调室温偏冷，感觉不适，严重干扰中央空调系统的运行质量。

二、节能改造的可行性分析

1. 改造方案

方案一是通过关小水阀门来控制流量，经测试达不到节能效果，且控制不好会引起冷冻水末端压力偏低，造成高层用户温度过高，也常引起冷却水流量偏小，造成冷却水散热不够，温度偏高。方案二是根据制冷主机负载较轻时实行间歇停机，但再次起动主机时，主机负荷较大，实际上并不省电，且易造成空调时冷时热，令人产生不适感。方案三是采用变频器调速，由人工根据负荷轻重调整变频器的频率，这种方法人为因素较大，虽然投资较小，但达不到最大节能效果。方案四是通过变频器、PLC、数模转换模块、温度模块和温度传感器等构成温差闭环自动控制，根据负载轻重自动调整水泵的运行频率，排除了人为操作错误的因素。虽然一次投入成本较高，但这种方法在实际中已经被广泛应用，被证实是切实可行的高效节能方法。现采用方案四对酒店冷冻、冷却泵进行节能改造。

2. 具体分析

（1）系统结构　如图8-10所示，中央空调系统的工作过程是一个不断进行能量转换以及热交换的过程。其理想运行状态是：在冷冻水循环系统中，在冷冻泵的作用下冷冻水流经冷冻主机，在蒸发器进行热交换，吸热降温后（7℃）被送到终端盘管风机或空调风机，经表冷器吸收空调室内空气的热量升温后（12℃），再由冷冻泵送到主机蒸发器形成闭合循环。在冷却水循环系统中，在冷却泵的作用下冷却水流经冷冻机，在冷凝器吸热升温后（37℃）被送到冷却塔，经风扇散热后（32℃）再由冷却泵送到主机，形成循环。在这个过程里，冷冻水、冷却水作为能量传递的载体，在冷冻泵、冷却泵得到动能不停地循环在各自的管道系统里，不断地将室内的热量经冷冻机的作用，由冷却塔排出。

在中央空调系统设计中，冷冻泵、冷却泵的装机容量是取系统最大负荷再增加10%～20%余量作为设计安全系数。据统计，在传统的中央空调系统中，冷冻水、冷却水循环用电

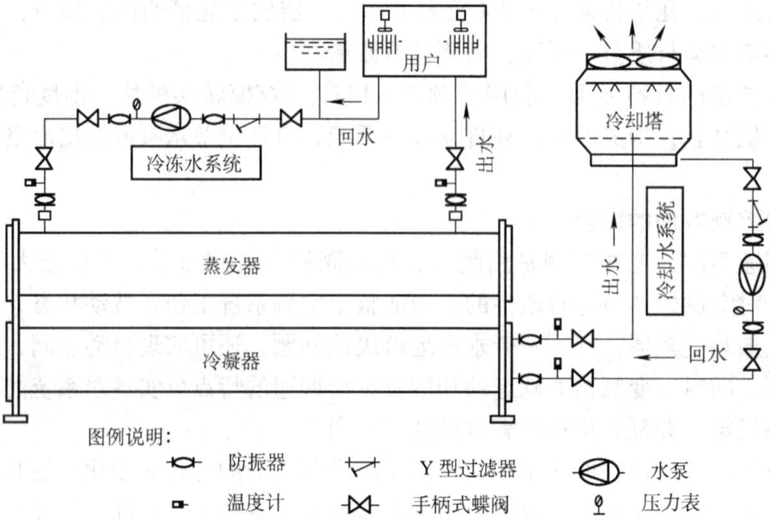

图 8-10　设备结构

约占系统用电的 12% ~24%，而在冷冻主机低负荷运行时，冷却水、冷冻水循环用电就高达 30% ~40%。因此，实施对冷冻水和冷却水循环系统的能量自动控制是中央空调系统节能改造及自动控制的重要组成部分。

（2）泵的特性分析与节能原理

1）泵的特性分析：泵的流量 Q、扬程 H 及泵的轴功率 T_N 与转速 n 的关系为

$$Q_1 = Q_2(n_1/n_2) \quad H_1 = H_2(n_1^2/n_2^2) \quad T_{N1} = T_{N2}(n_1^3/n_2^3) \tag{8-4}$$

式（8-4）表明，泵的流量与其转速成正比；泵的扬程与其转速的二次方成正比；泵的轴功率与其转速的三次方成正比。当电动机驱动泵时，电动机的轴功率 P(kW) 可按下式计算：

$$P = (\rho QH/\eta_c\eta_F) \times 10^{-2} \tag{8-5}$$

式中　P——电动机的轴功率（kW）；

Q——流量（m^3/s）；

ρ——液体的密度（kg/m^3）；

η_c——传动装置效率；

η_F——泵的效率；

H——全扬程（m）。

2）节能分析：如图 8-11 所示，曲线 1 是阀门全部打开时供水系统的阻力特性；曲线 2 是额定转速时泵的扬程特性。这时供水系统的工作点为 A 点：流量 Q_A、扬程 H_A。由式（8-5）可知，电动机的轴功率与面积 OQ_AAH_A 成正比。若欲将流量减少为 Q_B，主要的调节方法有两种。

① 转速不变，将阀门关小。这时，阻力特性如图 8-11 中的曲线 3 所示，工作点移至 B 点：流量 Q_B、扬程 H_B。电动机的轴功率与面积 OQ_BBH_B 成正比。

② 阀门开度不变，降低转速。这时，扬程特性曲线如图 8-11 中的曲线 4 所示，工作点移至 C 点：流量仍为 Q_B，但扬程为 H_C。电动机的轴功率与面积 OQ_BCH_C 成正比。

对比以上两种方法，可以十分明显地看出，采用调节转速的方法调节流量，电动机所用的功率将大为减小，是一种能够显著节约能源的方法。

根据以上分析，结合酒店中央空调的运行特征，利用变频器、PLC、数/模转换模块、温度模块和温度传感器等组成温差闭环自动控制，对中央空调水循环系统进行节能改造是切实可行、较完善的高效节能方案。

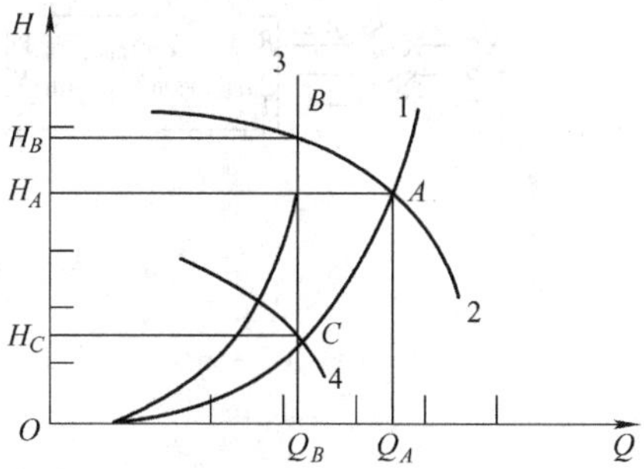

图 8-11　特性曲线

三、变频节能改造

某酒店中央空调的变频节能系统结构如图 8-12 所示。变频器的启停及频率自动调节由 PLC、数模转换模块、温度传感器、温度模块进行温差闭环控制，手动/自动切换和手动频率上升、下降由 PLC 控制。

1. 对冷冻泵进行变频改造

如图 8-12 所示，PLC 控制器通过温度模块及温度传感器将冷冻机的回水温度和出水温度读入控制器内存，并计算出温差值；然后根据冷冻机的回水与出水的温差值来控制变频器的转速，调节出水的流量，控制热交换的速度。温差大，说明室内温度高，系统负荷大，应提高冷冻泵的转速，加快冷冻水的循环速度和流量，加快热交换的速度；反之温差小，则说明室内温度低，系统负荷小，可降低冷冻泵的转速，减缓冷冻水的循环速度和流量，减缓热交换的速度以节约电能。

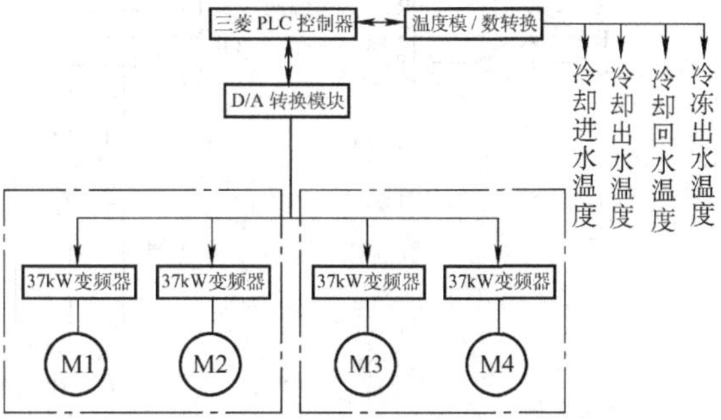

图 8-12　变频节能系统结构

2. 对冷却泵进行变频改造

由于冷冻机组运行时，其冷凝器的热交换量是由冷却水带到冷却塔散热降温，再由冷却泵送到冷凝器进行不断循环的。冷却水进水出水温差大，说明冷冻机负荷大，需冷却水带走的热量大，应提高冷却泵的转速，加大冷却水的循环量；温差小，则说明，冷冻机负荷小，需带走的热量小，可降低冷却泵的转速，减小冷却水的循环量，以节约电能。

3. 电路设计

根据具体情况，同时考虑到成本，原有的电器设备尽可能的加以利用。冷冻水泵及冷却水泵均采用两用一备的方式运行，因备用泵转换时间与空调主机转换时间一致，均为一个月转换一次，切换频率不高，所以冷冻水泵和冷却水泵电动机的主备切换控制仍然利用原有电器设备，通过接触器、起停按钮、转换开关进行电气和机械互锁。确保每台水泵只能由一台变频器拖动，避免两台变频器同时拖动同一台水泵造成交流短路事故；并且每台变频器任何时间只能拖动一台水泵，以免一台变频器同时拖动两台水泵而过载。冷冻水泵与冷却水泵改造后的主电路和控制电路如图 8-13 所示。

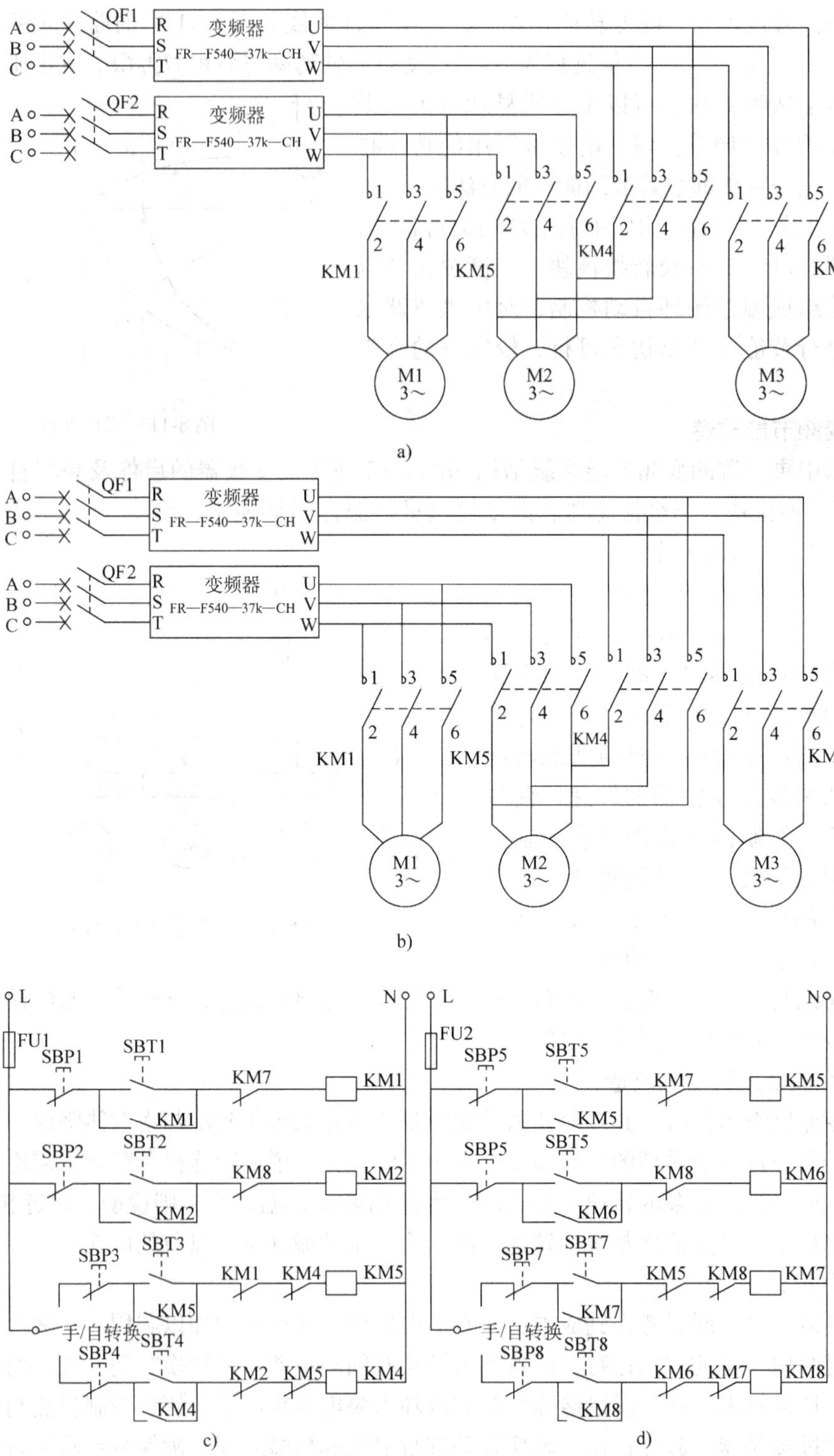

图 8-13　冷冻水泵与冷却水泵改造后的主电路和控制电路

a）冷却泵一次接线　b）冷冻泵一次接线

c）冷却泵二次接线　d）冷冻泵二次接线

四、主要设备选型

考虑到设备的运行稳定性及性价比，以及水泵电动机的匹配。选用三菱 FR—F540—37kW—CH 变频器；PLC 所需 I/O 点数为输入 24 点、输出 14 点，考虑到输入输出需留一定的备用量，以及系统的可靠性和价格因素，选用 FX2N—64MR 三菱 PLC；温度传感器模块选用 FX2N—4AD—PT，该模块是温度传感器专用的模拟量输入 A/D 转换模块，有 4 路模拟信号输入通道（CH1、CH2、CH3、CH4），接收冷冻水泵和冷却水泵进出水温度传感器输出的模拟量信号；温度传感器选用 PT—100 3850RPM/℃ 电压型温度传感器，其额定温度输入范围为 -100 ~ 600℃，电压输出 0 ~ 10V，对应的模拟数字输出 -1000 ~ 6000；模拟量输出模块型号为 FX2N—4DA，是 4 通道 D/A 转换模块，每个通道可单独设置电压或电流输出，是一种具有高精确度的输出模块。

1. 需要增加的设备

由于保留了原有的继电器接触器的控制结构，因此，添置的材料种类相对有限，具体见表 8-4。

表 8-4　元器件类型及型号

名　称	数　量	型　号
PLC	1	FX2N—64MR
变频器	4	FR—F540—37kW—CH
温度传感器输入模块	1	FX2N—4AD—PT
温度传感器	4	PT—100 3850RPM/℃
模拟量输出模块	1	FX2N—4DA
转换开关	2	250V/5A
起动按钮	18	250V/5A
停止按钮	2	250V/5A

2. 三菱 FR—F540—37kW—CH 变频器主要参数的设定

Pr. 160：0	允许所有参数的读/写
Pr. 1：50.00	变频器的上限频率为 50Hz
Pr. 2：30.00	变频器的下限频率为 30Hz
Pr. 7：30.0	变频器的加速时间为 30s
Pr. 8：30.0	变频器的减速时间为 30s
Pr. 9：65.00	变频器的电子热保护为 65A
Pr. 52：14	变频器 DU 面板的第三监视功能为变频器的输出功率
Pr. 60：4	智能模式选择为节能模块
Pr. 73：0	设定端子 2 和 5 间的频率设定为电压信号 0 ~ 10V
Pr. 79：2	变频器的操作模式为外部运行

3. PLC 的 I/O 口分配

根据控制要求，三菱 PLC 控制器 FX2N—64MR 与三菱 FR—F540—37kW—CH 变频器的 I/O 口功能分配见表 8-5。

表 8-5 I/O 口的功能分配

输入	功能说明	输出	功能说明
X0	1#冷却泵报警信号	Y2	冷却泵自动调速信号
X1	1#冷却泵运行信号	Y3	冷冻泵自动调速信号
X2	2#冷却泵报警信号	Y4	1#冷却泵报警信号
X3	2#冷却泵运行信号	Y5	2#冷却泵报警信号
X4	1#冷冻泵报警信号	Y6	1#冷冻泵报警信号
X5	1#冷冻泵运行信号	Y7	2#冷冻泵报警信号
X6	2#冷冻泵报警信号	Y10	1#冷却泵起动
X7	2#冷冻泵运行信号	Y11	1#冷却泵变频器报警复位
X10	冷却泵报警复位	Y12	2#冷却泵起动
X11	冷冻泵报警复位	Y13	2#冷却泵变频器报警复位
X12	冷却泵手/自动调速切换	Y14	1#冷冻泵起动
X13	冷冻泵手/自动调速切换	Y15	1#冷冻泵变频器报警复位
X14	冷却泵手动频率上升	Y16	2#冷冻泵起动
X15	冷却泵手动频率下降	Y17	2#冷冻泵变频器报警复位
X16	冷冻泵手动频率上升		
X17	冷冻泵手动频率下降		
X20	1#冷却泵起动信号		
X21	1#冷却泵停止信号		
X22	2#冷却泵起动信号		
X23	2#冷却泵停止信号		
X24	1#冷冻泵起动信号		
X25	1#冷冻泵停止信号		
X26	2#冷冻泵起动信号		
X27	2#冷冻泵停止信号		

4. PLC 与变频器的连接

PLC 与变频器的连接如图 8-14 所示。

五、基本技能训练

1. 训练要求

1）掌握对老式中央空调进行变频改造的一般步骤与方法。

2）能正确设置变频器参数。

3）会对设备进行模拟调试。

2. 训练内容

1）设置参数。需要设置的参数为 Pr. 160 、Pr. 1 Pr. 2 、Pr. 7、Pr. 8、Pr. 9、Pr. 52、Pr. 60、Pr. 73、Pr. 79 。

2）按照图 8-14 所示，进行电路连接。

3）编程和输入控制程序，进行模拟调试运行。部分参考程序及说明如下。

① 冷冻水出回水和冷却水进出水的温度检测及温差计算程序。该功能程序梯形图如图 8-15 所示。根据计算出来的冷冻水出回水温差和冷却水进出水温度差，分别对冷冻泵变频器

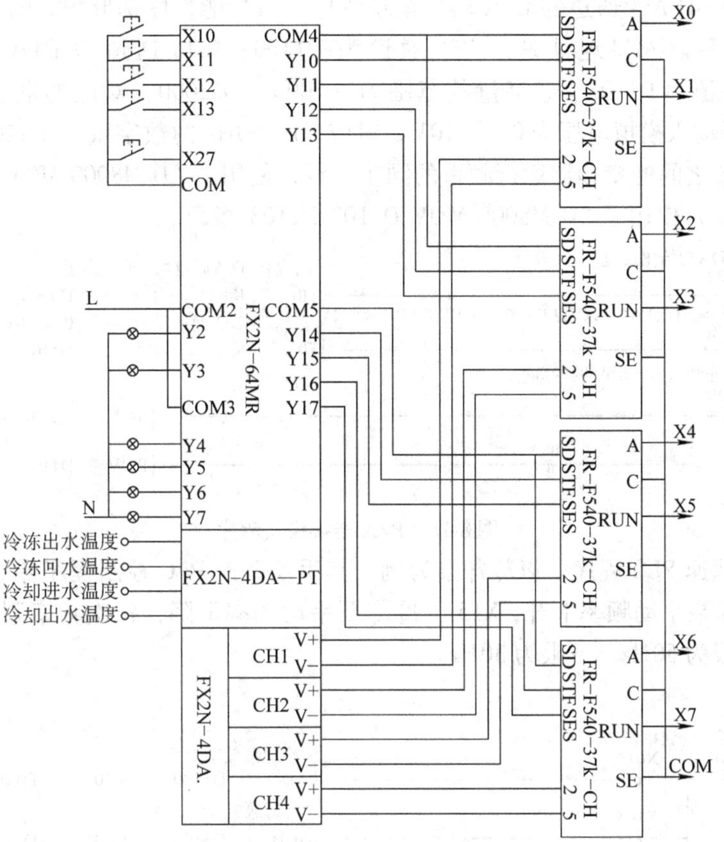

图 8-14　PLC 与变频器的连接

和冷却泵变频器进行无级调速的自动控制。温差变小，变频器的运行频率下降（频率下限为 30Hz）；温差变大，则变频器的运行频率上升（频率上限 50Hz）。从而实现恒温差的控制，实现最大限度的节能运行。

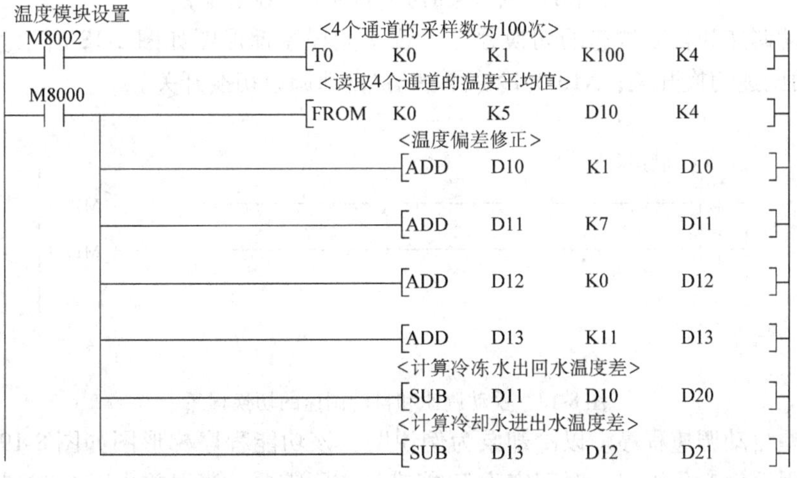

图 8-15　温度检测及温差计算程序

② FX2N—4DA 4 通道的 D/A 转换模块程序。该功能程序梯形图如图 8-16 所示。D/A 转换模块的数字量入口地址是：CH1 通道为 D1100；CH2 通道为 D1101；CH3 通道为 D1102；CH4 通道为 D1103。数字量的范围为 -2000 ~ +2000，对应的电压输出为 -10 ~ +10V，变频器输入模拟电压为 0 ~ +10V，对应 30 ~ 50Hz 的数字量为 +1200 ~ +2000。为保证 2 台冷却泵之间的变频器运行频率的同步一致，使用了 LD M8000 MOV D1100 D1101 指令；2 台冷冻泵也使用了 LD M8000 MOV D1102 D1103 指令。

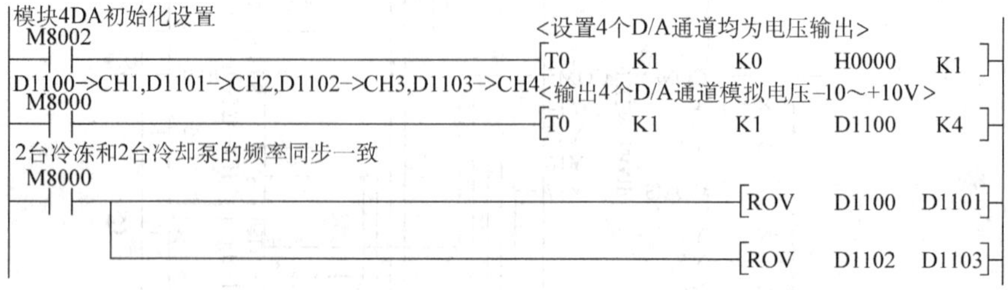

图 8-16 D/A 转换模块程序

③ 手动调速 PLC 程序。以冷却泵为例，其手动调速 PLC 控制程序梯形图如图 8-17 所示，X14 为冷却泵手动频率上升，X15 为冷却泵手动频率下降，每次频率调整 0.5Hz，所有手动频率的上限为 50Hz，下限为 30Hz。

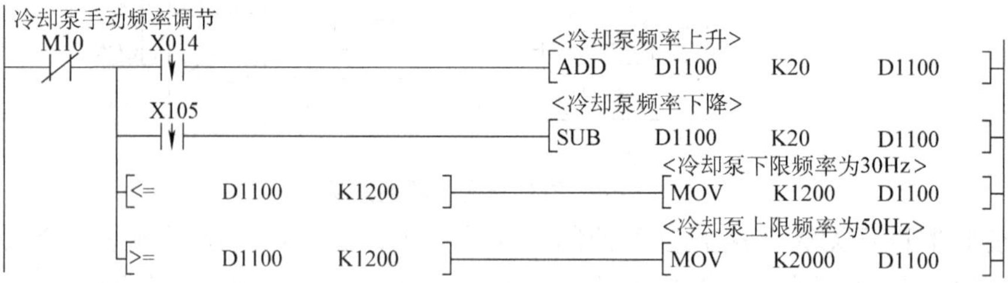

图 8-17 冷却泵的手动调速 PLC 控制程序

④ 手动调速和自动调速的切换程序。该功能程序梯形图如图 8-18 所示。X12 为冷却泵手动/自动调速切换开关；X13 为冷冻泵手动/自动调速切换开关。

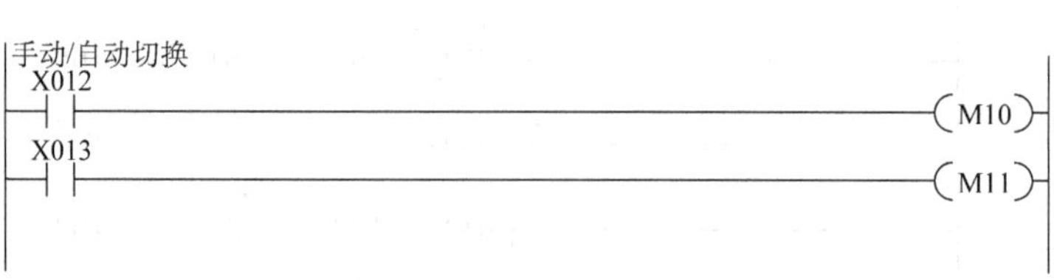

图 8-18 手动调速和自动调速的切换程序

⑤ 温差自动调速程序。以冷却泵为例说明，该功能程序梯形图如图 8-19 所示。温差采样周期，因温度变化缓慢，时间定为 5s 能满足实际需要。当温差小于 4.8℃时，变频器运行频率下降，每次调整 0.5Hz；当温差大于 5.2℃时，变频器运行频率上升，每次调整

0.5Hz；当冷却进出水温差在4.8～5.2℃时不调整变频器的运行频率。从而保证冷却泵进出水的温差恒定，实现节能运行。

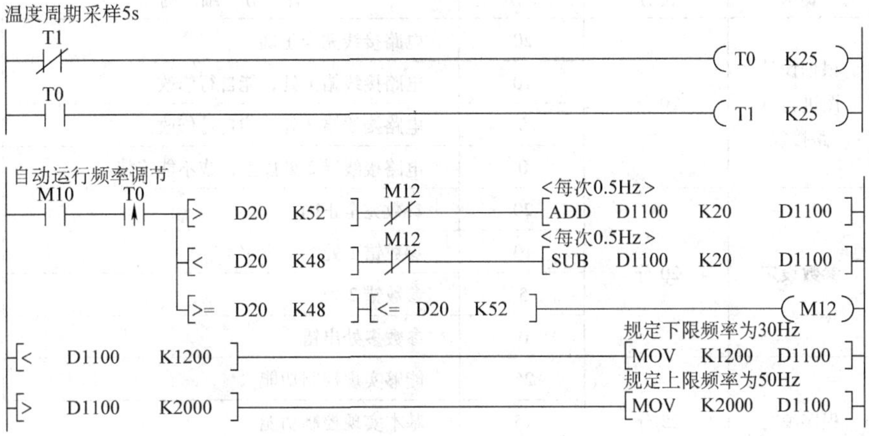

图8-19　温差自动调速程序

⑥ 变频器的保护和故障复位控制。变频器的过电流电子热保护动作时，PLC能自动检测，给出报警信号，提醒值班人员及时处理。该功能程序梯形图如图8-20所示。

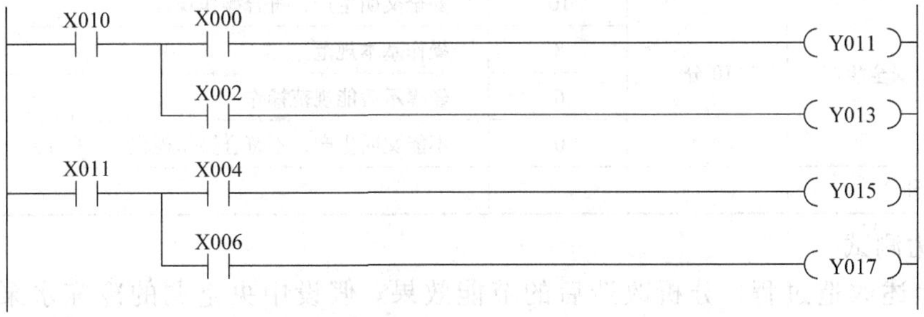

图8-20　变频器故障后的PLC复位程序

⑦ 冷冻泵和冷却泵的变频器运行和停止控制。两台变频器驱动的冷却泵和两台变频器驱动的冷冻泵的起停控制可用简单逻辑顺序进行控制，PLC程序此处略，请读者自行补充。

3. 注意事项

1）在模拟调试过程中，如果没有传感器等设备，可用触点的强制或数值的修改来验证程序。

2）整套设备安装完毕后，先将编好的程序写入PLC，设定变频器参数，检查电器部分，然后进行逐级通电调试。

3）冷冻泵和冷却泵运行的下限频率应根据实际情况调整在25～35Hz之间较好。

4）用高精度温度计检测各点温度，以便检验温度传感器的精确度及校验各工况状态。

4. 成绩评定

成绩评定见表8-6。

表 8-6 成绩评定

项目名称	中央空调改造操作		鉴定时限		
序号	要求	配分	等级	评 分 细 则	得分
1	根据设计图进行电路接线	20 分	20	电路接线完全正确	
			10	电路接线错 1 处，能自行修改	
			5	电路接线错 2 处，能自行修改	
			0	电路接线错 2 处以上，或不能连接	
2	参数设定	20 分	20	参数完全正确	
			10	参数错 1 处	
			5	参数错 2 处	
			0	参数多处出错	
	程序编写	25 分	25	能够实现控制功能	
			15	基本实现控制功能	
			0	不能实现控制功能	
3	通电调试并记录测量	25 分	25	通电调试结果完全正确	
			20	测试及测量错 1 处	
			10	测试及测量错 2 处	
			0	通电调试失败，无法实测	
4	安全生产	10 分	10	安全文明生产，符合操作规程	
			8	操作基本规范	
			6	经提示后能规范操作	
			0	不能文明生产，不符合操作规程	
合计					

5. 能力测试

根据上述改造过程，分析改造后的节能效果。假设中央空调的冷冻水泵功率 P_N = 37kW，全速时供水量为 Q_N，每天的平均流量为 80% Q_N，泵的空载损耗约为 15% P_N，则消耗功率是多少？节电率是多少？如果每天的平均流量为 90% Q_N，则消耗功率为多少？节电率又是多少？

复习思考题

1. 简述中央空调系统的组成及工作过程。
2. 在中央空调中冷却水循环系统和冷冻水循环系统是如何来控制的，它的控制依据是什么？
3. 中央空调的改造思路与步骤有哪些？
4. 用变频器改造中央空调后除了可以节省大量的电能外还具有哪些优点？

第九章　变频器在注塑机中的应用

本章应知

1. 熟悉注塑机的组成和工作过程。
2. 掌握用变频器改造注塑机的方法。
3. 理解相关变频器参数的意义。

本章应会

1. 掌握变频器的接线。
2. 掌握 PLC 编程方法及变频器参数设置。

第一节　概　　述

注塑机是塑料成型加工设备，在一个注塑零件成型过程中，有近一半时间液压泵电动机是近似空载运转，效率很低。对注塑机实行变频改造，从节能效果上是很明显的。

一、注塑机的基本结构

图 9-1 所示为一台注塑机的外形。主要由机身、射台、料箱、顶尖、模板、液压泵、液压缸、各种液压阀门等组成。机身下面是大小液压泵及电动机、各种液压阀；射台上面有加热筒、注射嘴、搅料螺杆以及带动搅料螺杆的液压马达等。左半面是固定模具用的模板，分静模板和动模板，生产用的模具固定在上面，中间有开合模液压缸，顶尖液压缸。控制面板上有各种操作按键，用以控制注塑机的各种动作。

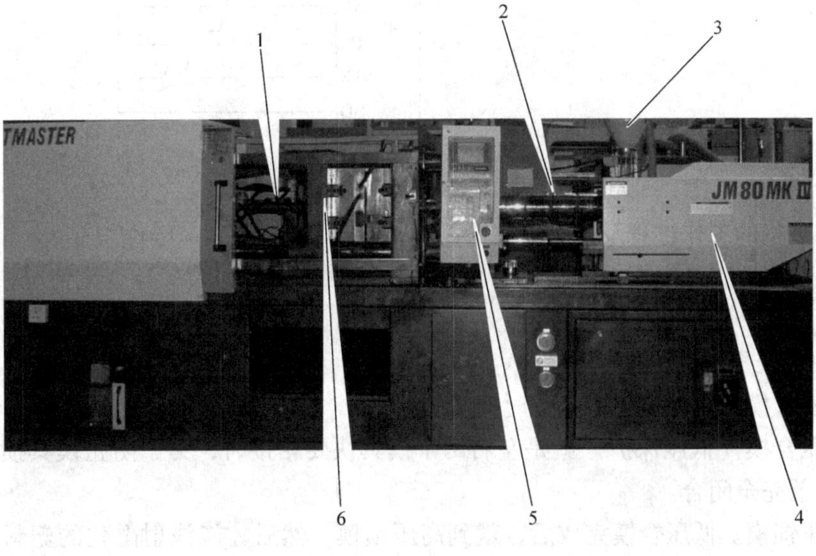

图 9-1　注塑机的外形

1—顶尖　2—加热筒　3—料箱　4—射台　5—操作面板　6—动模板

二、注塑机的工作过程

根据需要加工的零件，安装调整好模具，首先烘料、熔胶，达到温度即开始工作。起动液压泵，工作程序是：关门→合模→高压合模→射台前进→注射塑料→搅料→保温（冷却）→开模→顶出。

在整个工作过程中，高压合模和注射塑料的环节需要的压力很高，射台运动和顶出环节需要的压力小，保温冷却环节基本上液压泵是空载运行，而这段时间最长。所以，根据注塑机的工作特点，对其实施变频改造，使其在不同的工作环节，根据负载压力的高低变化，调节液压泵的转速，减少无谓的空载运行，节能效果是非常明显的。

第二节　注塑机的改造

一、注塑机主电路接线

按图 9-2 所示电路对注塑机主液压泵电动机的主电路进行接线操作。图中的 KM2 是手动操作，当发生故障或调整模具时接通；KM1、KM3 是自动位接通，变频运行；KA1 和 KA2 由 PLC 程序控制。

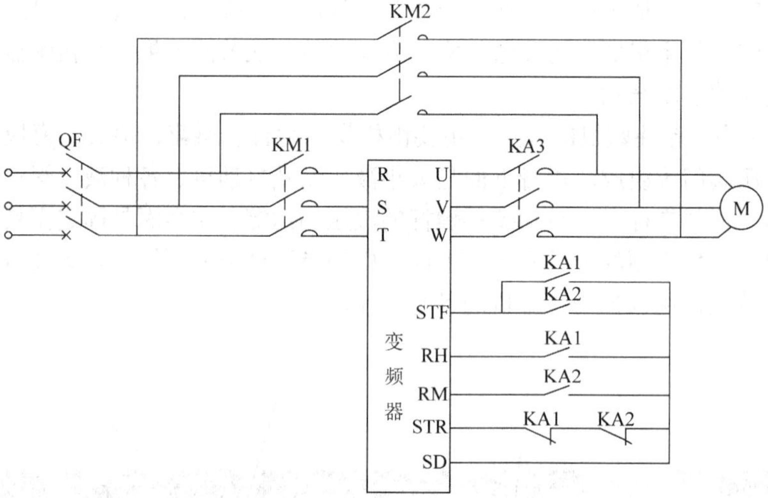

图 9-2　注塑机主液压泵电动机的主电路

二、注塑机的工作过程及压力变化分析

注塑机在一个工作周期内的合模射胶与开模顶尖压力（即频率）变化情况如图 9-3、9-4 所示。

1. 合模射胶压力变化过程

1）快速合模需要低压适中，但时间较短。

2）低压合模（低压保护）就是左右两个模具快要相接时，为了防止模具损伤，慢速切入合紧，直至完全闭合。

3）高压锁模。低压合模完成后，就到高压锁模，然后才能注射融化的塑料，这一段要求的压力最高，时间较短。

4）射台前进。只有高压锁模信号完成后，射台才能前进。

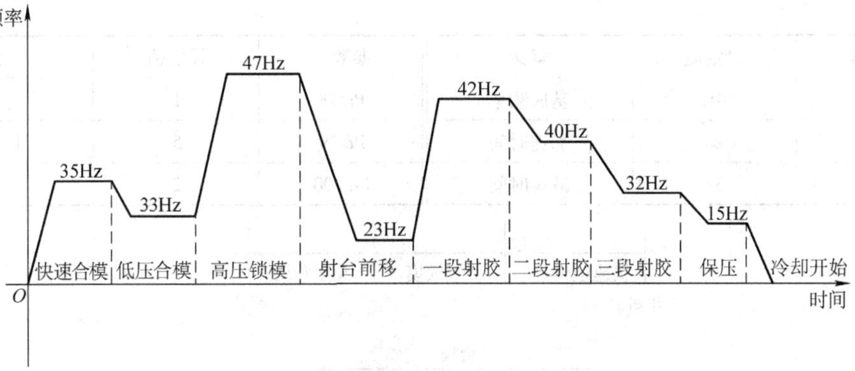

图 9-3　注塑机合模射胶压力变化

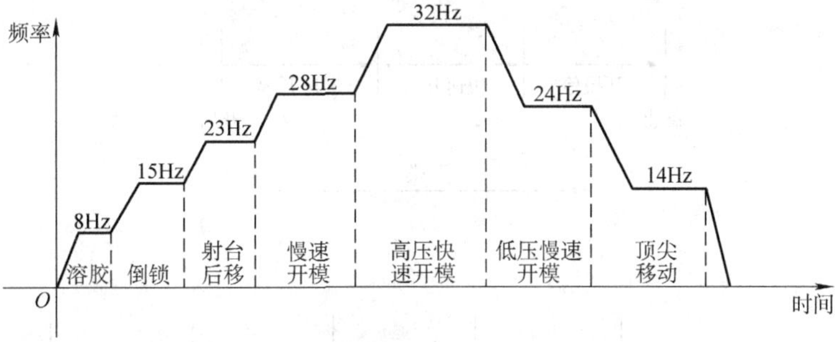

图 9-4　注塑机开模顶尖压力变化

5）一段射胶。射台前进到位后，第一阶段射胶，时间较长。

6）二段射胶。与第一阶段速度不同（由产品形状决定）。

7）三段射胶。与第一、二段速度不同（由产品形状决定）。

8）保压。射胶完成后冷却阶段。

2. 开模顶尖压力变化过程

1）熔胶。射胶完成后，螺杆向回旋转搅料，为下一次射胶准备。

2）倒索（回抽）。为了防止料嘴往出流料，螺杆向后直拉一下。

3）射台后移。螺杆回到位后射台才能后退。

4）慢速开模。射台退到位后，冷却时间到，才开始开模，这时速度较慢。

5）高压快速开模。当模具分开后快速开模以减少开模时间。

6）低压慢速开模。当模具快速后退快到位时，为了减少冲击，变为慢速。

7）顶尖移动。当开模到位后，顶尖移动顶出零件，一个周期结束。

整个工作流程如图 9-5 所示。

三、变频器参数的设置

（1）基本运行参数　基本运行参数的设置见表 9-1。

表 9-1　基本运行参数

参数号	设定值	意义	参数号	设定值	意义
Pr. 1	50Hz	上限频率	Pr. 9	40	电子过电流保护
Pr. 2	5Hz	下限频率	Pr. 76	3	报警指令输出选择

（续）

参数号	设定值	意义	参数号	设定值	意义
Pr. 3	50Hz	基底频率	Pr. 78	1	防止反转
Pr. 7	2s	加速时间	Pr. 79	5	程序运行
Pr. 8	3s	减速时间	Pr. 200	2	时间单位

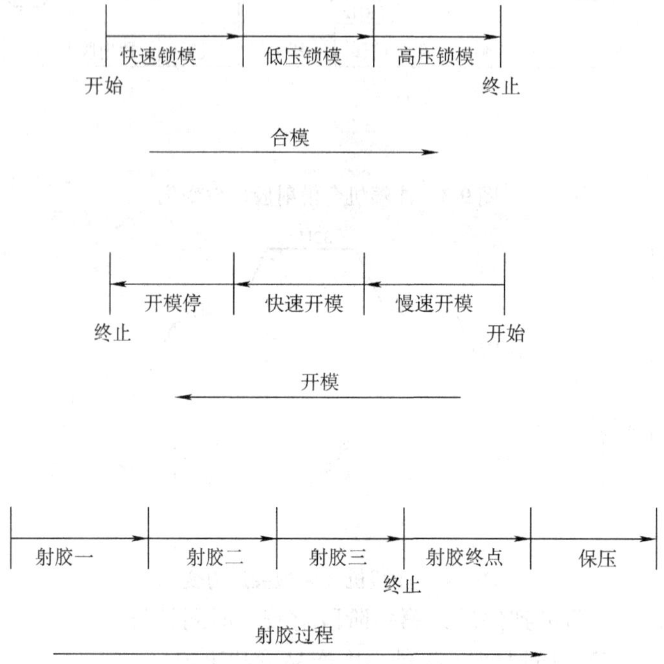

图 9-5　注塑机工作流程

（2）程序运行参数　程序运行参数的设置见表 9-2。

表 9-2　程序运行参数的设置

参数号	设定值	参数号	设定值
Pr. 201	1，　35　0. 00	Pr. 211	1，　8　0. 00
Pr. 202	1，　33　0. 02	Pr. 212	1，　15　0. 03
Pr. 203	1，　47　0. 06	Pr. 213	1，　23　0. 05
Pr. 204	1，　23　0. 08	Pr. 214	1，　28　0. 08
Pr. 205	1，　42　0. 10	Pr. 215	1，　32　0. 11
Pr. 206	1，　40　0. 13	Pr. 216	1，　24　0. 13
Pr. 207	1，　32　0. 15	Pr. 217	1，　14　0. 16
Pr. 208	1，　15　0. 17	Pr. 218	0，　0　0. 22
Pr. 209	1，　0　0. 19		

（3）操作步骤　以上参数对于不同的模具是不相同的，对所有的新模具刚开始均要调试确定出相应的加工参数，输入计算机当中需要时即可调出。表 9-1、表 9-2 中所列的参数仅是对某一个模具而言，压力变化曲线也是由相应的模具确定，不同的形状模具注塑过程可能不同。

1）在［PU 模式］下设定表 9-1 的参数值。

2）在 Pr. 79 =5 下设定表 9-2 的值。

3）接通 SD 与 STF、SD 与 RH 运行第一组。

4）接通 SD 与 STF、SD 与 RM 运行第二组。

5）同时接通 SD 与 STF，SD 与 RM，SD 与 RH，先运行 RM 组，再运行 RH 组。

6）在接通 SD 与 SE 和 SU 与 STR 的情况下，重复运行以上两组。

四、基本技能训练

1. 训练内容

图 9-6 所示为胶印机的电动机运行速度曲线，采用 Y2 系列电动机，功率为 3kW，要求调速动态性能较好。试：选择变频器型号；用多段速度的方式用 PLC 控制运行此曲线；设计梯形图（状态转移图）；绘制控制电路。

图 9-6 中，横坐标所标的数字是各段的运行时间，各段的加减速时间如下：

1）2 ~3 段；4 ~5 段；8 ~9 段；10 ~11 段；加速时间 4s，减速时间 2s。

2）6 ~7 段加速时间 6s，减速时间 3s。

3）12 ~13 段加速时间 8s，减速时间 4s。

4）其他参数按图 9-6 中所标注的数据设定。

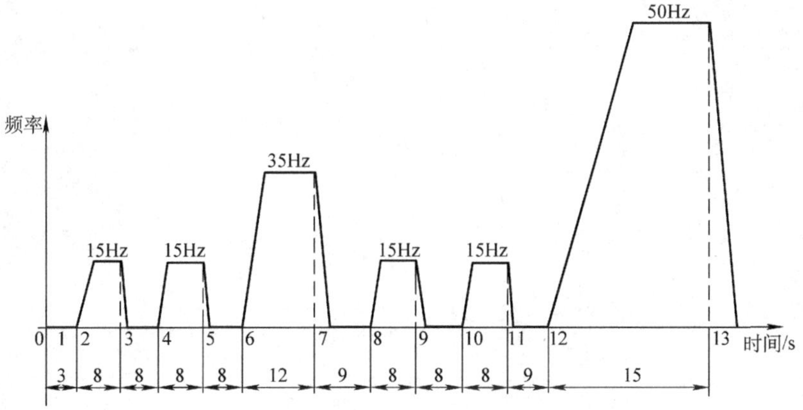

图 9-6　胶印机运行速度曲线

2. 成绩评定

成绩评定见表 9-3。

表 9-3　成绩评定

项目	操作内容	配分	扣分	得分
注塑机实训	画出 PLC 与变频器的联合控制接线	10 分	画错不得分	
	设定变频器参数	5 分	错一处扣 2 分	
	PLC 与变频器控制的接线	5 分	错一处扣 2 分	
	PLC 的程序设计	15 分	错一处扣 5 分	
	输入程序	5 分	错误不得分	
	操作运行	5 分	不会操作不得分	

（续）

项目	操作内容	配分	扣分	得分
练习题操作	变频器的选择（确定出规格和型号）	10分	错一处扣3分	
	画出PLC与变频器联合控制的接线	10分	错一处扣3分	
	设计PLC的程序	10分	错一处扣5分	
	输入程序	5分	错误不得分	
	PLC与变频器的联合接线	5分	错一处扣3分	
	变频器的参数设定	10分	错一处扣3分	
	操作运行	5分	不会操作不得分	

复习思考题

1. 注塑机的基本结构有哪些？
2. 注塑机的工作过程是怎样的？
3. 如何分析注塑机工作过程中的压力变化？
4. 如何设置变频器的基本运行参数？
5. 如何设置变频器的程序运行参数？

附　　录

附录 A　FR—A540 变频器的主要参数

变频器参数出厂设定值均被设置为完成简单的变速运行，如需按照负荷和操作要求设定参数，则可用操作面板上的键盘来实现参数值的设定、修改和确定。设定参数之前，必须先选定参数号。设定参数分两种情况：一种是停机 STOP 方式下重新设定参数，这时可以设定所有的参数；另一种是在运行时设定，这时只允许设定一部分参数号、功能、名称、设定范围、最小设定单位、出厂设定及简单注释，见表 A-1。

表 A-1　FR—A540 变频器的主要参数

功能	参数号	名　称	设定范围	最小设定单位	出厂设定	备注
基本功能参数	1	上限频率	0～120Hz	0.01Hz	120Hz	
	2	下限频率	0～120Hz	0.01Hz	0Hz	
	3	基底频率	0～400Hz	0.01Hz	50Hz	按电动机额定频率设定
	4	多段速度设定(高速)	0～400Hz	0.01Hz	60Hz	速度 1
	5	多段速度设定(中速)	0～400Hz	0.01Hz	30Hz	速度 2
	6	多段速度设定(低速)	0～400Hz	0.01Hz	10Hz	速度 3
	7	加速时间	0～3600s/0～360s	0.01s	5s	
	8	减速时间	0～3600s/0～360s	0.01s	5s	
	9	电子过电流保护	0～500A	0.01A	额定输出电流	通常设定为 50Hz 额定电流
标准运行功能参数	10	直流制动动作频率	0～120Hz	0.01Hz	3Hz	
	11	直流制动动作时间	0～10s	0.1s	0.5s	
	12	直流制动电压	0%～30%	0.1%	4%	
	13	启动频率	0～60Hz	0.01Hz	0.5Hz	设定在启动信号 ON 时的频率
	14	适应负载选择	0～5	1	0	
	15	点动频率	0～400Hz	0.01Hz	5Hz	
	16	点动加/减速时间	0～3600s/0～360s	0.01s/0.01s	0.5s	不能分别设定
	17	MRS 输入选择	0,2	1	0	
	18	高速上限频率	120～400Hz	0.01Hz	120Hz	
	19	基底频率电压	0～1000V	0.1V	9999	
	20	加减速参考频率	1～400Hz	0.01Hz	50Hz	
	21	加减速时间单位	0,1	1	0	
	22	失速防止动作水平	0%～200%	0.1%	150%	

（续）

功能	参数号	名　　称	设定范围	最小设定单位	出厂设定	备注
标准运行功能参数	23	倍速时失速防止动作水平补正系数	0% ~200% ,9999	0.1%	9999	
	24	多段速度设定	0 ~400Hz,9999	0.01Hz	9999	速度4
	25	多段速度设定	0 ~400Hz,9999	0.01Hz	9999	速度5
	26	多段速度设定	0 ~400Hz,9999	0.01Hz	9999	速度6
	27	多段速度设定	0 ~400Hz,9999	0.01Hz	9999	速度7
	29	加/减速曲线	0,1,2,3	1	0	
	31	频率跳变1A	0 ~400Hz,9999	0.01Hz	9999	9999:功能无效
	32	频率跳变1B	0 ~400Hz,9999	0.01Hz	9999	9999:功能无效
	33	频率跳变2A	0 ~400Hz,9999	0.01Hz	9999	9999:功能无效
	34	频率跳变2B	0 ~400Hz,9999	0.01Hz	9999	9999:功能无效
	35	频率跳变3A	0 ~400Hz,9999	0.01Hz	9999	9999:功能无效
	36	频率跳变3B	0 ~400Hz,9999	0.01Hz	9999	9999:功能无效
	71	适用电动机	0 ~8,13 ~18,20,23,24	1	0	
	73	0 ~5V/0 ~10V 选择	0 ~5,10 ~15	1	1	
	76	报警编码输出选择	0,1,2,3	1	0	见表 A-2
	77	参数写入禁止选择	0,1,2	1	0	见表 A-3
	79	操作模式选择	0 ~8	1	0	见表 A-4
工频切换功能参数	135	工频电源切换输出端子选择	0,1	1	0	
	136	MC 切换互锁时间	0 ~100.0s	1	1.0s	
	137	启动等待时间	0 ~100.0s	1	1.0s	
	138	报警时的工频电源切换选择	0,1	1	0	
	139	工频/变频自动切换选择	0 ~60.00Hz,9999	0.1s	9999	
输入端子功能选择参数(见表 A-5)	180	PL 端子功能选择	0 ~99,9999	1	0	出厂设定为低速运行指令
	181	RM 端子功能选择	0 ~99,9999	1	1	出厂设定为中速运行指令
	182	RH 端子功能选择	0 ~99,9999	1	2	出厂设定为高速运行指令
	183	RT 端子功能选择	0 ~99,9999	1	3	出厂设定为第二功能选择
	184	AU 端子功能选择	0 ~99,9999	1	4	出厂设定为电流输入选择

（续）

功能	参数号	名　　称	设定范围	最小设定单位	出厂设定	备注
输入端子功能选择参数(见表A-5)	185	JOG 端子功能选择	0 ~ 99,9999	1	5	出厂设定为点动运行选择
	186	CS 端子功能选择	0 ~ 99,9999	1	6	出厂设定为瞬时停电自动再启动选择
输出端子功能选择参数见表A-6	190	RUN 端子功能选择	0 ~ 199,9999	1	0	出厂设定为变频器运行
	191	SU 端子功能选择	0 ~ 199,9999	1	1	出厂设定为频率到达
	192	IPF 端子功能选择	0 ~ 199,9999	1	2	出厂设定为瞬时停电/低电压
	193	OL 端子功能选择	0 ~ 199,9999	1	3	出厂设定为过负荷报警
	194	PU 端子功能选择	0 ~ 199,9999	1	4	出厂设定为频率检测
	195	A、B、C 端子功能选择	0 ~ 199,9999	1	99	出厂设定为报警输出
程序运行参数	200	程序运行分/秒选择	0 ~ 3	1	0	表 A-7
	201 ~ 210	程序设定 1,1 ~ 10	0 ~ 2	1	0	旋转方向
			0 ~ 400,9999	0.1Hz	9999	频率
			0 ~ 99,5	分或秒	0	时间
	211 ~ 220	程序设定 2, 11 ~ 20	0 ~ 2	1	0	旋转方向
			0 ~ 400,9999	0.1Hz	9999	频率
			0 ~ 99,59	分或秒	0	时间
	221 ~ 230	程序设定,21 ~ 30	0 ~ 2	1	0	旋转方向
			0 ~ 400,9999	0.1Hz	9999	频率
			0 ~ 99,59	分或秒	0	时间
	231	时间设定	0 ~ 99,59		0	
多段速度运行参数	232	多段速度设定	0 ~ 400Hz,9999	0.01Hz	9999	速度 8
	233	多段速度设定	0 ~ 400Hz,9999	0.01Hz	9999	速度 9
	234	多段速度设定	0 ~ 400Hz,9999	0.01Hz	9999	速度 10
	235	多段速度设定	0 ~ 400Hz,9999	0.01Hz	9999	速度 11
	236	多段速度设定	0 ~ 400Hz,9999	0.01Hz	9999	速度 12
	237	多段速度设定	0 ~ 400Hz,9999	0.01Hz	9999	速度 13
	238	多段速度设定	0 ~ 400Hz,9999	0.01Hz	9999	速度 14
	239	多段速度设定	0 ~ 400Hz,9999	0.01Hz	9999	速度 15
校准功能参数	900	FM 端子校准				
	901	AM 端子校验				
	902	频率设定电压偏置	0 ~ 10V　0 ~ 60Hz	0.01Hz	0V　0Hz	
	903	频率设定电压增益	0 ~ 10V　1 ~ 400Hz	0.01Hz	5V　50Hz	
	904	频率设定电流偏置	0 ~ 20mA　0 ~ 60Hz	0.01Hz	4mA　0Hz	
	905	频率设定电流增益	0 ~ 20mA　1 ~ 400Hz	0.01Hz	20mA　50Hz	

表 A-2 报警代码输出

Pr. 76 设定值	输出端子			
	SU	IPF	OL	FU
0	报警代码不输出(由 Pr. 190 ~ Pr. 195)决定			
1	报警代码第 3 位	报警代码第 2 位	报警代码第 1 位	报警代码第 3 位
2	当报警发生时,输出报警代码信号(输出信号同 1);当正常运行时,输出运行状态信号(输出信号同 0)			
3(程序运行时)	到时输出	第 3 组运行	第 2 组运行	第 1 组运行

表 A-3 参数写入禁止选择

Pr. 77 设定值	功 能
0	在 PU 模式下,仅限于停止时可写入参数
1	仅可写入 Pr. 75,Pr. 77, Pr. 79 等参数
2	即使运行时也可写入参数

表 A-4 操作模式选择

Pr. 79 设定值	功 能
0	PU 或外部操作可切换
1	PU 操作模式
2	外部操作模式
3	外部 PU 组合操作模式 1: 运行频率——从 PU 设定(直接设定,或设定) 或外部输入信号(仅限多段速度设定) 启动信号——外部输入信号(端子 STF,STR)
4	外部 PU 组合操作模式 2: 运行频率——外部输入(端子 2,4,1,点动,多段速度选择) 启动信号——从 PU 输入([FWD]键,[REV]键)
5	程序运行模式:可设定 10 个不同的启动时间,旋转方向和运行频率各三组,即 运行开始——STF;定时器复位——STR;组数选择——RH,RM,RL
6	切换模式:运行时可进行 PU 操作、外部操作和计算机通信操作的切换

表 A-5 Pr. 180 ~ Pr. 186 输入端子功能的设定

设定值	端子名称	功能		相关参数
0	RL	Pr. 59 = 0	低速运行指令	Pr. 4 ~ Pr. 6, Pr. 24 ~ Pr. 27, Pr. 232 ~ Pr. 239
		Pr. 59 = 1,2 *	遥控设定(加速)	Pr. 59
		Pr. 79 = 5 *	程序运行速度组选择	Pr. 79, Pr. 200, Pr. 201 ~ Pr. 210, Pr. 211 ~ Pr. 220, Pr. 221 ~ Pr. 230, Pr. 231
		Pr. 270 = 1. 3 *	挡块定位选择 0	Pr. 270, Pr. 275, Pr. 276
1	RM	Pr. 59 = 0	中速运行指令	Pr. 4 ~ Pr. 6, Pr. 24 ~ Pr. 27, Pr. 232 ~ Pr. 239

（续）

设定值	端子名称	功能		相关参数
1	RM	Pr. 59 = 1,2 *	遥控设定（减速）	Pr. 59
1	RM	Pr. 79 = 5 *	程序运行速度组选择	Pr. 79, Pr. 200, Pr. 201 ~ Pr. 210, Pr. 211 ~ Pr. 230, Pr. 231
2	RH	Pr. 59 = 0	高速运行指令	Pr. 4 ~ Pr. 6, Pr. 24 ~ Pr. 27, Pr. 232 ~ Pr. 239
2	RH	Pr. 59 = 1,2 *	遥控设定（设定清零）	Pr. 59
2	RH	Pr. 79 = 5 *	程序运行速度组选择	Pr. 79, Pr. 200, Pr. 201 ~ Pr. 210, Pr. 221 ~ Pr. 220, Pr. 221 ~ Pr. 230, Pr. 231
3	RL	第 2 功能选择		Pr. 4 ~ Pr. 50
3	RL	Pr. 270 = 1,3 *	挡块定位选择 1	Pr. 270, Pr. 275, Pr. 276
4	AU	电流输入选择		
5	JOG	JOG 运行选择		Pr. 15, Pr. 16
6	CS	瞬时停电自动再启动选择		Pr. 57, Pr. 58, Pr. 162 ~ Pr. 165
7	OH	外部热继电器输入，通过设置在外部的加热保护，用过电流保护继电器，或者电动机内置型的温度继电器等的动作停止变频器工作		
8	REX	15 速选择（同 RL，RM，RH 的 3 速组合）		Pr. 4 ~ Pr. 6, Pr. 24 ~ Pr. 27, Pr. 232 ~ Pr. 239
9	X9	第 3 功能选择		Pr. 110 ~ Pr. 116
10	X10	FR-HC 连接（变频器允许运行）		Pr. 30, Pr. 70
11	X11	FR-HC 连接（瞬时停电检测）		Pr. 30, Pr. 70
12	X12	PU 运行外部互锁		Pr. 79
13	X13	外部直流制动启动		Pr. 10 ~ Pr. 12
14	X14	PID 控制有效端子		Pr. 128 ~ Pr. 134
15	BRI	制动开启完成信号		Pr. 278 ~ Pr. 285
16	X16	PU 运行，外部运行互换		Pr. 79
17	X17	负荷曲线选择正转反转提升		Pr. 14
18	X18	先进磁通矢量控制 *U/f* 控制切换		Pr. 80, Pr. 81, Pr. 89
19	X19	负荷转矩高速频率		Pr. 271 ~ Pr. 274
20	X20	S 字减速 C 切换端子（仅限实装 FR—A5AP 选项时）		Pr. 380 ~ Pr. 383
22	X22	定向指令（仅限实装 FR—A5AP 选项时）		Pr. 50 ~ Pr. 369
23	LX	预备励磁（仅限实装 FR—A5AP 选项时）		Pr. 80, Pr. 81, Pr. 359, Pr. 369, Pr. 370
9999		如某个参数设为 9999，表示无此功能		

表 A-6 Pr. 190 ~ Pr. 195 输出端子功能的设定

设定值	信号名称	功能	动作	相关参数
0	RUN	变频器运行	运行期间当变频器输出频率上升或超过启动频率时输出	
1	SU	频率到达		Pr. 14
2	IPF	瞬时停电/低电压	当瞬时停电/低压时输出	
3	OL	过负荷报警	超速防止功能动作期间动作	Pr. 22、Pr. 23
4	FU	频率检测	当频率超过 Pr. 42、Pr. 43 设定的值输出	Pr. 42、Pr. 43
5	FU2	第二频率检测		Pr. 50
6	FU3	第三频率检测		Pr. 116
9	PRG	程序运行模式	程序运行时输出	Pr. 79、Pr. 200 ~ Pr. 231
10	PU	PU 操作模式		
14	FDN	PID 上限		Pr. 128 ~ Pr. 134
15	FUP	PID 下限		
16	RL	PID 正反向输出		
17	MC1	工频电源—变频器切换 MC1		Pr. 135 ~ Pr. 139
18	MC2	工频电源—变频器切换 MC2		
19	MC3	工频电源—变频器切换 MC3		

表 A-7 程序运行分秒选择

Pr. 200 设定值	功能	
0	分/秒	单位(电压监视)
1	小时/分	单位(电压监视)
2	分/秒	单位(时间监视)
3	小时/分	单位(时间监视)

附录 B FR—A540 变频器的保护功能

操作面板显示 (FR—DU04)	参数单元 (FR—PU04)	名称	说明	
E. OC1	OC During Acc	加速时	过电流断路	当变频器输出电流达到或超过大约额定电流的200%时,保护回路动作,停止变频器输出
E. OC2	Steady Spd OC	定速时		
E. OC3	OC During Dec	减速时停止时		
E. OV1	OV During Acc	加速时	再生过电压断路	如果来自运行电动机的再生能量使变频器内部直流主回路电压上升达到或超过规定值,保护回路动作,停止变频输出。也可能是由电源系统的浪涌电压引起的
E. OV2	Steady Spd OV	定速时		
E. OV3	OV During Dec	减速时停止时		
E. THM	Motor Overload	过负荷断路(电子过电流保护)	电动机	变频器的电子过电流保护功能检测到由于过负荷或恒定转速运行时冷却能力降低引起的电动机过热。当达到预设值的85%时,预报警(TH 指示)发生。当达到规定值时,保护回路动作,停止变频器输出。当像多极电动机类的特殊电动机或两台以上电动机运行时,不能用电子过电流保护电动机,需在变频器输出回路安装热继电器

（续）

操作面板显示（FR—DU04）	参数单元（FR—PU04）	名 称	说 明
E. THT	Inv Overload	过负荷断路（电子过电流保护）	变频器 如果电流超过额定输出电流的150%而未发生过电流断路（OC）（200%以下），反时限特性使电子过电流保护动作，停止变频器的输出。（过负荷延时：150%，60s）
E. DPF	Inst. Pwr. Loss	瞬时停电保护	停电（变频器输入电源断路也一样）超过15ms时，此功能动作，停止变频器输出，以防止控制回路误动作，同时，报警输出接点，打开（B-C）和闭合（A-C）。如果停电时间持续超过100ms，报警不输出；如果电源恢复时，启动信号是闭合的，变频器将再启动（如果瞬时停电在15ms以内，控制回路仍然运行）
E. UVT	Under Voltage	低电压保护	如果变频器电源电压降低，控制回路将不能正常动作，导致电动机转矩降低或发热增加，因此，如果电源电压降至300V。此功能停止变频器输出 当P-P1间无短路片地，低电压保护功能也动作
E. FIN	H/Sink O/Temp	散热片过热	如果散热片过热，温度传感器动作使变频器停止输出
FN	Fan Fault	风扇故障	变频器内含有一冷却风扇，当冷却风扇由于故障或运行与Pr. 244“冷却风扇动作选择”的设定不同时，操作面板上显示FN并且输出风扇故障信号（FAN）和轻微故障信号（LF）
E. BE	Br. Cct. Fault	制动晶体管报警	由于制动晶体管损坏使制动回路发生故障，此功能停止变频器输出。在此情况下，变频器电源必须立刻关断
E. GF	Ground Fault	输出侧接地故障过电流保护	变频器启动时，变频器的输出侧（负载）发生接地故障和对地有漏电流时，变频器的输出停止。在低接电阻时发生接地故障，可能过电流保护（OC1～OC3）动作
E. OHT	Oh Fault	外部热继电器动作	为防止电动机过热安装的外部继电器或电动机内部安装的温度继电器断开（继电器触点“打开”），这类触点信号进入变频器使变频器输出停止，如果继电器触点自动复位，变频器只有在复位后才能重新启动
E. OLT（当失速防止动作降低运行频率到0Hz，失速防止动作出现OL.）	Stll Prev Stp（失速防止动作时显示OL）	加速时	如果电流超过变频器额定输出电流，此功能降低输出频率使负载电流减小，以防止变频器出现过电流跳闸。当负载电流降到150%以下后，此功能再增大频率使变频器加速到达设定频率
		恒速运行时	如果电流超过变频器额定输出电流，此功能降低输出频率使负载电流减小，以防止变频器出现过电流跳闸。当负载电流降到150%以下后，此功能再增大频率到达设定值

（续）

操作面板显示（FR—DU04）	参数单元（FR—PU04）	名称	说明
E. OLT（当失速防止动作降低运行频率到0Hz，失速防止动作出现OL.）	Stll Prev Stp（失速防止动作时显示OL）	减速运行时	如果电动机再生能量超过制动能力，此功能增大频率以防止过电压跳闸。如果电流超过变频器额定输出电流，此功能增大输出频率使负载电流减小，以防止变频器出现过电流跳闸。当负载电流降到150%以下后，此功能再降低频率
E. OPT	Option Fault	选件报警	如果变频器内置专用选件由于设定错误或连接（接口）故障将停止变频器输出。当选择了提高频率因数转换器时，如果将交流电源连接到R，S，T端，此报警也会显示
E. PE	Corrupt Memry	参数错误	如果存储参数设定时发E2PROM故障，变频器将停止输出
E. PUE	PU. Leave Out	PU脱出发生	当在Pr. 75复位选择/PU脱出检测/PU停止选择中设定“2”，“3”，“16”或“17”。如果变频器和PU之间的通信发生中断，例如，操作面板或参数单元脱出，此功能将停止变频器的输出。当Pr. 121的值设定为“9999”用RS—485通过PU接口通信时，如果连续发生通信错误次数超过允许再试次数，此功能将停止变频器的输出。如果通信停止时间达到Pr. 122设定的时间，此功能将停止变频器的输出
E. PET	Retry No Over	再试次数超出	如果在再试设定次数内运行没有恢复，此功能将停止变频器的输出
E. LF	—	输出相断开保护	当变频器输出侧（负载侧）三相（U、V、W）中有一相断开时，此功能停止变频器的输出
E. CPU	CPU Fault	CPU错误	如果内置CPU算术运算在预定时间内没有结束，变频器自检将发生报警并且停止输出
E. E6	CPU Fault	CPU错误	如果内置CPU的外围电路的运算不在设定时间内完成，则自行判断为异常，变频器的输出停止
E. E7	CPU Fault	CPU错误	内置CPU外围电路的数据中发生异常后，变频器的输出停止
E. P24	—	直流24V电源输出短路	当从PC端子输出的直流24V电源被短路，此功能切断电源输出，同时，所有外部接点输入关断。通过输入RES信号不能复位变频器，需要复位时，用操作面板复位或关断电源，重新再合闸
E. CTE	—	操作面板电源短路	当操作面板电源（PU接口的P5S），此功能切断电源输出，同时，不能用操作面板（参数单元）和通过PU接口用RS—485通信进行复位，需要复位，输入RES信号或关断电源，再重新合闸
—	—	制动电阻过热保护	变频器内含有一制动电阻。当来自电动机的再生制动率达到规定值的85%时，预报警（RB指示）发生。如果超过规定值，制动回路暂时停止动作，防止制动电阻过热（如果此时，制动功能动作，将发生再生过电压跳闸）。当制动电阻冷却后，恢复制动功能

（续）

操作面板显示（FR—DU04）	参数单元（FR—PU04）	名　称	说　明
E. MB1 ~ MB7	—	顺序制动错误	如果在使用顺序制动功能（Pr. 278 ~ Pr. 285）时发生顺序错误，此功能将停止变频器的输出
Err	—	错误	在内置 CPU 发生错误动作时，变频器的输出停止

注：1. Pr. 195（A，B，C 端子功能选择）设定为出厂设定。

2. 通过 Pr. 190 ~ Pr. 195 安排使用的端子。

3. 仅当 Pr. 180 ~ Pr. 186（输入端子功能选择）中任一个设定为“OH”时，外部热继电器动作才有效。

4. Pr. 902 ~ Pr. 905 在 PID 运行时设定。

参考文献

[1] 宋峰青. 变频技术[M]. 北京:中国劳动社会保障出版社,2004.

[2] 张燕宾. 电动机变频调速图解[M]. 北京:中国电力出版社,2003.

[3] 王廷才,王伟. 变频器原理及应用[M]. 北京:机械工业出版社,2005.

[4] 张燕宾. SPWM 变频调速应用技术[M]. 北京:机械工业出版社,2002.

[5] 张少军,杜金城. 交流调速原理及应用[M]. 北京:中国电力出版社,2003.

[6] 王仁祥,王小曼. 通用变频器选型、应用与维护[M]. 北京:人民邮电出版社,2005.

[7] 冯垛生,张淼. 变频器的应用与维护[M]. 广州:华南理工大学出版社,2005.

[8] 张万忠,孙晋. 可编程控制器入门与应用实例[M]. 北京:中国电力出版社,2005.

[9] 丁斗章. 变频调速技术与系统应用[M]. 北京:机械工业出版社,2005.

[10] 唐修波. 变频技术[M]. 北京:中国劳动社会保障出版社,2006.

读者信息反馈表

感谢您购买《变频调速》一书。为了更好地为您服务，有针对性地为您提供图书信息，方便您选购合适图书，我们希望了解您的需求和对我们教材的意见和建议，愿这小小的表格为我们架起一座沟通的桥梁。

姓名		所在单位名称	
性别		所从事工作（或专业）	
通信地址		邮编	
办公电话		移动电话	
E-mail			

1. 您选择图书时主要考虑的因素：（在相应项前面✓）
（　）出版社　（　）内容　（　）价格　（　）封面设计　（　）其他
2. 您选择我们图书的途径（在相应项前面✓）
（　）书目　（　）书店　（　）网站　（　）朋友推介　（　）其他

希望我们与您经常保持联系的方式：

☐电子邮件信息　☐定期邮寄书目

☐通过编辑联络　☐定期电话咨询

您关注（或需要）哪些类图书和教材：

您对我社图书出版有哪些意见和建议（可从内容、质量、设计、需求等方面谈）：

您今后是否准备出版相应的教材、图书或专著（请写出出版的专业方向、准备出版的时间、出版社的选择等）：

非常感谢您能抽出宝贵的时间完成这张调查表的填写并回寄给我们，您的意见和建议一经采纳，我们将有礼品回赠。我们愿以真诚的服务回报您对机械工业出版社技能教育分社的关心和支持。

请联系我们——

地　址　北京市西城区百万庄大街22号　机械工业出版社技能教育分社

邮　编　100037

社长电话　（010）88379080　88379083　68329397（带传真）

E-mail　jnfs@mail.machineinfo.gov.cn